普通高等教育"十一五"国家级规划教材

高职高专土建类专业系列教材

工程招投标与合同管理

（第 3 版）

主　编　朱永祥　薛彦宁　张小强

副主编　曹　鸽　王　磊

参　编　刘　秦

U0364997

武汉理工大学出版社

·武　汉·

内 容 简 介

本书是普通高等教育"十一五"国家级规划教材,全书共 9 个模块,主要包括建设项目与招标投标法律体系、建设工程招标投标概述、建设工程施工招标、建设工程施工投标、建设工程施工开标、评标与定标、建设工程合同管理概述、建设工程施工合同管理,建设工程其他合同管理以及建设工程索赔等内容。本书注重现行法律、法规和政策运用的同时,采用理论与实践相结合的方法,在每模块前设有思维导图、模块导读、案例引入,在模块中配有大量相关应用案例、拓展知识,在模块末设有综合案例、学生笔记、案例与实训题、课后题库,以培养和提高学生的应用能力,帮助学生更好地学习建筑工程招投标与合同管理这门课程。

本书可作为高职高专工程造价、建筑工程技术、工程管理及其他土建类专业教材;也可作为建筑施工企业、工程监理机构、建设单位、工程招投标代理机构及相关单位的工程管理人员、技术人员的参考用书。

图书在版编目(CIP)数据

工程招投标与合同管理/朱永祥,薛彦宁,张小强主编. —3 版. —武汉:武汉理工大学出版社,2022.11

ISBN 978-7-5629-6740-8

Ⅰ.①工… Ⅱ.①朱… ②薛… ③张… Ⅲ.①建筑工程—招标—高等职业教育—教材 ②建筑工程—投标—高等职业教育—教材 ③建筑工程—经济合同—管理—高等职业教育—教材 Ⅳ.①TU723

中国版本图书馆 CIP 数据核字(2022)第 217637 号

项目负责人:戴皓华		责任编辑:戴皓华	
责 任 校 对:陈　平		排版设计:芳华时代	

出 版 发 行:武汉理工大学出版社

社　　　址:武汉市洪山区珞狮路 122 号

邮　　　编:430070

网　　　址:http://www.wutp.com.cn

经　　　销:各地新华书店

印　　　刷:武汉乐生印刷有限公司

开　　　本:787×1092　1/16

印　　　张:18.25

字　　　数:558 千字(含二维码链接内容)

版　　　次:2022 年 11 月第 3 版

印　　　次:2022 年 11 月第 1 次印刷

印　　　数:3000 册

定　　　价:49.00 元

第3版前言

本书是根据全国高职高专土建类专业的教学基本要求编写的,从职业教育的特点和高职学生的知识结构出发,运用了先进的职业教育理念,强调知识的实用性,注重专业能力的培养。

规范建筑活动参与主体的行为,就要凸显国家和政府对建筑活动的监督管理。监督管理的一个重要手段就是制定相关的法律、法规、规章,建立公平竞争机制和维护建筑市场秩序,加强对建筑市场活动参与主体的行为的规范,增强其责任意识、质量意识、安全意识,确保建筑工程的质量和安全,确保人民的生命和财产安全,从而更好地促进建筑业的健康发展。

本书以建筑工程领域涉及的《中华人民共和国招标投标法》《中华人民共和国招标投标法实施条例》和《中华人民共和国民法典》等基本法律为依据,以《房屋建筑和市政工程标准施工招标文件》《建设工程施工合同(示范文本)》和建筑工程实践为背景,对建筑工程管理中招标投标,工程施工、勘察设计、工程监理以及工程索赔等合同管理的理论与实务进行了阐述。

本书由滁州职业技术学院朱永祥、牡丹江大学薛彦宁和张小强担任主编,河南科技职业大学曹鸽、驻马店市市政工程勘测设计处王磊担任副主编,黄河科技学院刘秦参编。具体章节分工:曹鸽编写模块1、模块8,薛彦宁编写模块2~4,王磊编写模块5并提供了部分案例,张小强编写模块6、7,刘秦编写模块9。全书由朱永祥、薛彦宁统稿。

本书在编写过程中参考了大量相关资料、著作和教材,在此向原作者表示衷心感谢。书中难免有不妥甚至错误之处,诚望读者批评指正。

编　者

2022 年 7 月

目　　录

模块 1　建设项目与招标投标法律体系

【思维导图】

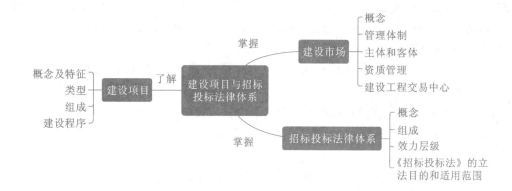

【模块导读】

建设项目的兴建是国民经济建设事业的基础。我们国家重视建设项目的计划和管理。国民经济和社会发展计划在综合平衡和专题平衡的基础上,审慎地规划一定时期内国民经济各部门、各地区建设项目的类型、数量,以便合理地确定基本建设的规模、速度、比例和布局,并充分提高基本建设投资的经济效果。

建筑市场是市场体系中的重要组成部分,却又不同于其他市场。建筑市场主体包括发包人(业主)、承包商及各种中介机构等,其中应加强对从业企业资质和专业人员职业资格的管理;建筑市场客体包括有形的建筑产品(建筑物、构筑物)和无形的建筑产品(咨询、监理等各种智力型服务)。公共资源交易中心是保障建筑市场公开、公平、公正交易,维护建筑市场秩序,确保建设工程质量的有形建筑市场。

招标投标法律体系是全部现行的与招标投标活动有关的法律法规和政策组成的有机联系的整体。在认识招标投标法律体系构成的前提下,执行有关规定时应注意其效力层级。

【案例引入】

西溪湿地位于杭州市区西部,这块农耕湿地因其具有非常深厚的历史文化,曾与西湖、西泠并称为"杭州三西"而闻名天下。

2003 年 9 月,由西湖区负责实施的西溪湿地综合保护工程正式启动。保护区总面积为 10.08 km²,保护工程总体上分三期实施。由于工程浩大,项目繁多,一时间各路建筑队伍纷纷涌来。当众多希冀中标的建筑承包商们打听到并猜出谁是最能够决定投标成败的重要人物时,便迫不及待地"登门"寻求可能的"成功"机会。

2003 年 9 月 26 日,××履职杭州市西湖区建设局副局长,在西溪湿地综合保护工程(一期)指挥部规划工程部兼任副主任,其主要工作职责是对湿地工程规划及一期工程规划设计、工程项目招标和周家村沿山河工区的工程进行管理。2006 年 6 月 3 日,该副局长兼任了西湖区西溪湿地综合保护工程(二期)指挥部总督办副主任,主要工作职责为掌管二期工程规划设计,是二期工程招标领导小组成员。

　　该副局长利用职权,在工程招标开始前,托人找好建筑承包单位。他通过与招标单位打招呼,让暗中定好的承包单位进入最后的招标投标程序。而其他几家通过电脑摇号筛选出来进入招标投标程序的承包单位,有的本来就是他托人找来的陪标者,有的事先就做好了工作。最后,西溪湿地综合保护工程招标投标的一些项目,表面上经过了严格的招标投标程序,但最终还是让指定的建筑承包单位如愿以偿。中标企业信守"潜规则",按工程结算款的一定比例向该副局长支付"好处费"。

　　案发后,经过法院审理,该副局长犯受贿罪判处死刑,缓期两年执行,剥夺政治权利终身,并处没收个人全部财产。

　　思考:(1)我国建设工程招标投标市场还存在哪些有问题的行为?

　　(2)我国采取了哪些手段和措施规范招标投标市场?

1.1　建设项目的基本知识

1.1.1　建设项目的概念及特征

1.1.1.1　项目与建设项目的概念

　　关于"项目"的定义,不同机构、不同专业人员从自己的认识出发,各自有其不同的表达。一般地说,所谓项目就是指在一定约束条件下(主要是限定资源、限定时间、限定质量),具有明确目标的有组织的一次性工作或任务。

　　项目的种类应当按照其最终成果或专业特征进行划分,如投资项目、科研项目、开发项目、工程项目、航天项目、维修项目、咨询项目和 IT 项目等。分类的目的是便于有针对性地进行管理,以提升完成任务的水平。对于每类项目还可以进一步细分。

　　建设项目是一个建设单位在一个或几个建设区域内,根据上级下达的计划任务书及批准的总体设计和总概算书,经济上实行独立核算,行政上具有独立的组织形式,严格按基建程序实施的基本建设工程。建设项目一般指符合国家总体建设规划,能独立发挥生产功能或满足生活需要,其项目建议书经批准立项和可行性研究报告经批准的建设任务。如工业建设中的一个工厂、一座矿山,民用建设中的一个居民区、一幢住宅、一所学校等均为一个建设项目。

1.1.1.2　建设项目的特征

　　建设项目除具有项目的一般特征外,还具有以下特征。

　　(1)明确的建设目标

　　每个项目都具有确定的目标,包括成果性目标和约束性目标。成果性目标是指对项目的功能性要求,也是项目的最终目标;约束性目标是指对项目的约束和限制,如时间、质量、投资等量化的条件。

　　(2)特定的对象

　　任何项目都具有具体的对象,它决定了项目的最基本特性,是项目分类的依据。

（3）一次性

项目都是具有特定目标的一次性任务,有明确的起点和终点,任务完成即告结束,所有项目没有重复。

（4）生命周期性

项目的一次性决定了项目具有明确的起止点,即任何项目都具有诞生、发展和结束的时间,也就是项目的生命周期。

（5）有特殊的组织和法律条件

项目的参与单位之间主要以合同作为纽带相互联系,并以合同作为分配工作、划分权力和责任关系的依据。项目参与方之间在此建设过程中的协调主要通过合同、法律和规范实现。

（6）涉及面广

一个建设项目涉及建设规划、计划、土地管理、银行、税务、法律、设计、施工、材料供应、设备、交通、城管等诸多部门,因而项目组织者需要做大量的协调工作。

（7）作用和影响具有长期性

每个建设项目的建设周期、运行周期、投资回收周期都很长,因此其影响面大、作用时间长。

（8）环境因素制约多

每个建设项目都受建设地点的气候、水文地质、地形地貌等多种环境因素的制约。

1.1.2　建设项目的类型

根据不同的划分标准,建设项目可分为不同的类型。

1.1.2.1　按投资建设的用途划分

按投资建设的用途,建设项目可分为生产性建设项目和非生产性建设项目。

（1）生产性建设项目

生产性建设项目是指形成物质产品生产能力的建设项目,如工业、农业、交通运输、建筑业、邮电通信等产业部门的建设项目。

（2）非生产性建设项目

非生产性建设项目是指不形成物质产品生产能力的建设项目,满足人们物质文化生活需要的项目,如公用事业、文化教育、卫生体育、科学研究、社会福利事业、金融保险等部门的建设项目。非生产性建设项目又可分为经营性项目和非经营性项目。

1.1.2.2　按投资的再生产性质划分

按投资的再生产性质,建设项目可分为基本建设项目和更新改造项目。

（1）基本建设项目

基本建设项目是指以扩大生产能力或新增工程效益为主要目的新建、扩建、改建、迁建、恢复的项目。基本建设项目一般在一个或几个建设场地上,并在同一总体设计或初步设计范围内,由一个或几个有内在联系的单项工程所组成,经济上实行统一核算,行政上有独立的组织形式,实行统一管理。通常是以一个企业、事业、行政单位或独立工程作为一个建设单位。

新建项目一般是指为经济、科学技术和社会发展而进行的平地起家的投资项目。有的单位原有基础很小,经过建设后其新增的固定资产价值超过原有固定资产原值三倍以上的也算新建。扩建项目一般是指为扩大生产能力或新增效益而增建的分厂、主要车间、矿井、铁路干线、码头泊位等工程项目。改建项目一般是指为技术进步,提高产品质量,增加花色品种,促进产品升级换代,降低消耗和成本,加强资源综合利用、"三废"治理和劳动安全等,采用新技术、新工艺、新设备、新材料等而对现有工艺条件进行技术改造和更新的项目。迁建项目一般是指为改变生产力布局而将企业或事业单位搬迁到其他地点建设的项目。恢复项目一般是指因遭受各种灾害而使原有固定资产全部或部分报废,以后又恢复建设的项目。

(2)更新改造项目

更新改造项目是指对原有设施进行固定资产更新和技术改造相应配套的工程及有关工作。更新改造项目一般以提高现有固定资产的生产效率为目的,土建工程量的投资占整个项目投资的比重按现行管理规定应在30%以下,如技术改造、技术引进、设备更新等。

1.1.2.3　按建设规模划分

按建设规模(设计生产能力或投资规模),建设项目可分为大、中、小型项目。生产单一产品的建设项目按产品的设计能力划分;生产多种产品的建设项目按其主要产品的设计能力来划分;生产品种繁多、难以按生产能力划分的建设项目按投资额划分,划分标准以国家颁布的《基本建设项目大中小型划分标准》为依据。

1.1.2.4　按资金来源划分

按资金来源,建设项目可分为内资项目、外资项目和中外合资项目。

内资项目是指运用国内资金作为资本金进行投资的工程项目;外资项目是指利用外国资金作为资本金进行投资的工程项目;中外合资项目是指运用国内和外国资金作为资本金进行投资的工程项目。

工程项目投资规模一般较大,因此,资金往往通过多种渠道筹措。除项目投资人自有资金、政府各类财政资金外,还可以利用国内银行的信贷资金、国内非银行金融机构的信贷资金、国际金融机构和外国政府提供的信贷资金或赠款,以及通过企业、社会团体等多种渠道融资。不同性质的投资对工程项目管理有着不同的要求,工作程序也有所区别。

1.1.2.5　按建设阶段划分

按建设阶段,建设项目可分为筹建项目、前期工作项目、施工(在施)项目、建成投产项目、竣工项目,以及续建和停建项目。

1.1.3　建设项目的组成

1.1.3.1　建设项目

建设项目一般指在一个场地或几个场地上,按照一个设计意图,在一个总体设计或初步设计范围内,进行施工的各个项目的总和。

1.1.3.2　单项工程

单项工程也称工程项目,是指具有独立设计文件,建成后可以独立发挥生产能力或工程效益,并有独立存在意义的工程。它是建设项目的组成部分,如一个工厂是建设项目,而厂内各个车间、办公楼及其他辅助工程均为单项工程;非工业建设项目中的各独立工程,如学校中的综合办公楼、教学楼、图书馆、实验楼、学生公寓、家属楼、礼堂、食堂、体育馆、室外运动场、电子计算中心、学术中心、培训中心及辅助项目(锅炉房、汽车库、变电所、垃圾处理设施)等均为单项工程。一个单项工程,也可以是一个独立工程(如一幢宿舍)。施工招标中多为单项工程。

1.1.3.3　单位工程

单位工程是单项工程的组成部分,一般指有单独设计,不能独立发挥生产能力(效益)而能独立组织施工的工程。一个单项工程按其构成可分为建筑工程和安装工程两类单位工程。单项工程根据其中各个组成部分可分成一般土建工程、特殊建筑物工程、工业管道工程和电气工程等单位工程。单位工程是招标划分标段的最小单位。

1.1.3.4　分部工程

分部工程是单位工程的组成部分,是单位工程分解出来的结构更小的工程。分部工程是建筑工程和安装工程的各个组成部分,按建筑工程的主要部位或工种及安装工程的种类划分,如土方工程、地基与基础工程、砌体工程、地面工程、装饰工程、管道工程、通风工程、通用设备安装工程、容器工程、自动化仪表安装工程、工业炉砌筑工程等。

1.1.3.5　分项工程

分项工程是分部工程的组成部分,是施工图预算中最基本的计算单位。它是按照不同的施工方法、不同的材料、不同的规格等,将分部工程进一步划分的。例如,钢筋混凝土分部工程可分为捣制和预制两种分项工程;预制楼板工程可分为平板、空心板、槽形板等分项工程;砖墙分部工程可分为实心墙、空心墙、内墙、外墙、一砖厚墙和一砖半厚墙等分项工程。

1.1.3.6　子项工程

子项工程(子目)是分项工程的组成部分,是构成建筑安装工程的最基本单位。分项工程进一步分为若干个子目,如人工挖地槽是分项工程,它可分为挖地槽深度 1.5 m 以内、2.5 m 以内等子目;砖墙分项工程可分为 240 砖墙、365 砖墙等子目。子项工程是计算工、料、机及资金消耗的最基本构成要素。

1.1.4　项目建设程序

项目建设程序是指建设项目在从策划决策、勘察设计、建设准备、施工、生产准备到竣工验收和考核评价的全过程中,各项工作必须遵循的先后次序。项目建设程序是人们在认识客观规律的基础上制定出来的,不能任意颠倒,但是可以合理交叉。

1.1.4.1　策划决策阶段

策划决策阶段又称为建设前期工作阶段,主要包括编报项目建议书和编报可行性研究报告两项工作内容。

(1)编报项目建议书

对于政府投资工程项目,编报项目建议书是项目建设最初阶段的工作。其主要目的是推荐建设项目,以便在一个确定的地区或部门内,以自然资源和市场预测为基础,选择建设项目。

特别提示

项目建议书经批准后,可进行可行性研究工作,但并不表明项目非上不可,项目建议书不是项目的最终决策。

(2)编报可行性研究报告

可行性研究是在项目建议书被批准后,对项目在技术上和经济上是否可行所进行的科学分析和论证。根据《国务院关于投资体制改革的决定》(国发〔2004〕20 号),对于政府投资项目须审批项目建议书和可行性研究报告。对于企业不使用政府资金投资建设的项目,一律不再实行审批制,区别不同情况实行核准制和登记备案制。对于《政府核准的投资项目目录》以外的企业投资项目,实行备案制。

1.1.4.2　勘察设计阶段

勘察设计阶段一般又划分为两个阶段,即初步设计阶段和施工图设计阶段。对于大型复杂项目,可根据不同行业的特点和需要,在初步设计之后增加技术设计阶段。初步设计是设计的第一步,如果初步设计提出的总概算超过可行性研究报告投资估算的10%以上或其他主要指标需要变动时,要重新报批可行性研究报告。初步设计经主管部门审批后,建设项目被列入国家固定资产投资计划,方可进行下一步的施工图设计。

 **特别提示**

施工图一经审查批准,不得擅自进行修改,如需修改,必须重新报请原审批部门,由原审批部门委托审查机构审查后再批准实施。

1.1.4.3　建设准备阶段

建设准备阶段主要包括:组建项目法人;征地、拆迁、"三通一平"乃至"七通一平";组织材料、设备订货;办理建设工程质量监督手续;委托工程监理;准备必要的施工图纸;组织施工招投标,择优选定施工单位;办理施工许可证等。按规定做好施工准备,具备开工条件后,建设单位申请开工,进入施工阶段。

1.1.4.4　施工阶段

建设工程具备了开工条件并取得施工许可证后方可开工。项目新开工时间,按设计文件中规定的任何一项永久性工程第一次正式破土开槽时间而定。不需开槽的以正式打桩时间作为开工时间。铁路、公路、水库等以开始进行土石方工程施工的时间作为正式开工时间。

1.1.4.5　生产准备阶段

对于生产性建设项目,在其竣工投产前,建设单位应适时地组织专门班子或机构,有计划地做好生产准备工作,包括:招收、培训生产人员;组织有关人员参加设备安装、调试、工程验收;落实原材料供应;组建生产管理机构,健全生产规章制度等。生产准备是由建设阶段转入经营的一项重要工作。

1.1.4.6　竣工验收阶段

工程竣工验收是全面考核建设成果、检验设计和施工质量的重要步骤,也是建设项目转入生产和使用的标志。验收合格后,建设单位编制竣工决算,项目正式投入使用。

1.1.4.7　考核评价阶段

这一阶段主要是为了总结项目建设成功或失误的经验教训,供以后的项目决策借鉴;同时,也可为决策和建设中的各种失误找出原因,明确责任;还可对项目投入生产或使用后还存在的问题提出解决办法,弥补项目决策和建设中的缺陷。

1.2　建筑市场的基本知识

1.2.1　建筑市场的概念

建筑市场是指以建筑产品承发包交易活动为主要内容的市场,一般称作建设市场或建筑工程市场。

建筑市场有广义的市场和狭义的市场之分。狭义的市场一般指有形建筑市场,有固定交易场所。广义的市场包括有形市场和无形市场,与工程建设有关的技术、租赁、劳务等各种要素市场,为工程建设提供专业服务的中介组织,靠广告、通信、中介机构或经纪人等媒介沟通买卖双方或通过招标投标等多种方式成交的各种交易活动;还包括建筑商品生产过程及流通过程中的经济联系和经济关系。可以说,广义的建筑市场是工程建设生产和交易关系的总和。

由于建筑产品具有生产周期长,价值量大,生产过程的不同阶段对承包方的能力和特点要求不同等特点,决定了建筑市场交易贯穿于建筑产品生产的整个过程。从工程建设的决策、设计、施工,一直到工程竣工、保修期结束,发包人与承包商、分包商进行的各种交易以及相关的商品混凝土供应、构配件生产、建筑机械租赁等活动,都是在建筑市场中进行的。生产活动和交易活动交织在一起,使得建筑市场在许多方面不同于其他产品市场。

建筑市场经过近几年来的发展已形成由发包人、承包商、为双方服务的咨询服务者和市场组织管理者组成的市场主体,由建筑产品和建筑生产过程为对象组成的市场客体,由招投标为主要交易形式的市场竞争机制,由资质管理为主要内容的市场监督管理体系,以及我国特有的有形建筑市场等,这些共同构成了完整的建筑市场体系,如图 1.1 所示。

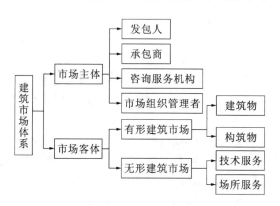

知识链接——
国民经济中
的建筑业

图 1.1　建筑市场体系

1.2.2　建筑市场管理体制

建筑市场管理体制因社会制度、国情的不同而不同,其管理内容也各具特色。例如,美国没有专门的建设主管部门,相应的职能由其他各部门设立专门分支机构解决;管理并不具体针对行业,为规范市场行为制定的法令,如《公司法》《合同法》《破产法》《反垄断法》等并不仅限于建设市场管理。日本则有针对性比较强的法律,如《建设业法》《建筑基准法》等,对建筑物安全、审查培训、从业管理等均有详细规定,政府按照法律规定行使检查监督权。

很多发达国家建设主管部门对企业的行政管理并不占重要的地位。政府的作用是建立有效、公平的建筑市场,提高行业服务质量和促进建筑生产活动的安全、健康,推进整个行业的良性发展,而不是过多地干预企业的经营和生产。对建筑业的管理主要通过政府引导、法律规范、市场调节、行业自律、专业组织辅助管理来实现。在市场机制下,经济手段和法律手段成为约束企业行为的首选方式。法制是政府管理的基础。

在管理职能方面,立法机构负责法律、法规的制定和颁布;行政机关负责监督检查、贯彻落实;司法部门负责执法和处理。此外,作为整个管理体制的补充,其行业协会和一些专业组织也承担了相当一部分工作,如制定有关技术标准、对合同的仲裁,等等。以国家颁布的法律为基础,地方政府往往也制定相对独立的法规。

我国的建设管理体制是建立在社会主义公有制基础之上的。计划经济时期,无论是建设单位还是施工企业、材料供应部门,均隶属于不同的政府管理部门,各个政府部门主要是通过行政手段管理企业,在一些基础设施部门则形成所谓行业垄断。改革开放初期,虽然政府机构进行多次调整,但分行业进行管理的格局基本没有改变。国家各个部委均有本行业关于建设管理的规章,有各自的勘察、设计、施工、招标投标、质量监督等一套管理制度,形成对建筑市场的分割。随着社会主义市场经济体制的逐步建立,政府在机构设置上也进行了很大的调整,除保留少量的行业管理部门外,撤销了众多的政府专业部门,并将政府部门与所属企业脱钩,为建设管理体制的改革提供了良好的条件,使原先的部门管理逐步向行业管理转变。

1.2.3　建筑市场的主体和客体

建筑市场的主体是指参与建筑生产交易过程的各方,主要有业主(建设单位或发包人)、承包商、工程咨询服务机构等。建筑市场的客体则为有形的建筑产品(建筑物、构筑物)和无形的建筑产品(咨询、监理等智力型服务)。

1.2.3.1　建筑市场的主体

(1)业主

业主是指既有某项工程建设需求,又具有该项工程的建设资金和各种准建手续,在建筑市场中发包工程项目建设的勘察、设计、施工任务,并最终得到建筑产品,达到其经营使用目的的政府部门、企事业单位和个人。

在我国,业主也称为建设单位,只有在发包工程或组织工程建设时才成为市场主体,故又称为发包人或招标人。因此,业主作为市场主体具有不确定性。我国的工程项目大多数是政府投资建设的,业主大多属于政府部门。为了规范业主行为,建立了投资责任约束机制,即项目法人责任制,又称业主责任制,由项目业主对项目建设全过程负责。

项目业主的产生,主要有三种方式:①业主即原企业或单位。对于企业或机关、事业单位投资的新建、扩建、改建工程,该企业或单位即为项目业主。②业主是联合投资董事会。对于由不同投资方参股或共同投资的项目,业主是共同投资方组成的董事会或管理委员会。③业主是各类开发公司。开发公司自行融资或由投资方协商组建或委托开发的工程管理公司也可成为业主。

业主在项目建设过程中的主要职能是:建设项目立项决策;建设项目的资金筹措与管理;办理建设项目的有关手续(如征地、建筑许可等);建设项目的招标与合同管理;建设项目的施工与质量管理;建设项目的竣工验收和试运行;建设项目的统计及文档管理。

（2）承包商

承包商是指拥有一定数量的建筑装备、流动资金、工程技术经济管理人员及一定数量的工人，取得建设行业相应资质证书和营业执照的，能够按照业主的要求提供不同形态的建筑产品并最终得到相应工程价款的建筑施工企业。

相对于业主，承包商作为建筑市场主体，是长期和持续存在的。因此，无论是国内还是按国际惯例，对承包商一般都要实行从业资格管理。承包商从事建设生产，一般须具备四个方面的条件：①拥有符合国家规定的注册资本；②拥有与其资质等级相适应且具有注册执业资格的专业技术和管理人员；③有从事相应建筑活动所应有的技术装备；④经资格审查合格，已取得资质证书和营业执照。

承包商可按其所从事的专业分为土建、水电、道路、港口、铁路、市政工程等专业公司。在市场经济条件下，承包商需要通过市场竞争（投标）取得施工项目，需要依靠自身的实力去赢得市场，承包商的实力主要包括四个方面：

①技术方面的实力。有精通本行业的工程师、造价师、经济师、会计师、建造师、合同管理等专业人员队伍；有施工专业装备；有承揽不同类型项目施工的经验。

②经济方面的实力。具有相当的周转资金用于工程准备，具有一定的融资和垫付资金的能力；具有相当的固定资产和为完成项目需购入大型设备所需的资金；具有支付各种担保和保险的能力；有承担相应风险的能力；承担国际工程尚需具备筹集外汇的能力。

③管理方面的实力。建筑承包市场属于买方市场，承包商为打开局面，往往需要低利润报价取得项目。必须在成本控制上下功夫，向管理要效益，并采用先进的施工方法提高工作效率和技术水平，因此必须具有一批高水平的项目经理和管理专家。

④信誉方面的实力。承包商一定要有良好的信誉，它将直接影响企业的生存与发展。要建立良好的信誉，就必须遵守法律法规，承担国外工程能按国际惯例办事，保证工程质量、安全、工期，文明施工，能认真履约。承包商招揽工程，必须根据本企业的施工力量、机械装备、技术力量、施工经验等方面的条件选择适合发挥自己优势的项目，避开企业不擅长或缺乏经验的项目，做到扬长避短，避免给企业带来不必要的风险和损失。

特别提示

我国项目发包人产生的方式有以下几种。

（1）企业、机关或单位。例如，某工程为企事业单位投资的新建、扩建、改建工程，则该企事业单位即为项目发包人。

（2）联合投资董事会。由不同投资方参股或共同投资的项目，其发包人是由共同投资方组成的董事会或管理委员会。

（3）各类开发公司。自行融资的开发公司或由投资方协商组建或委托开发的工程管理公司也可成为发包人。

（3）工程咨询服务机构

工程咨询服务机构是指具有一定注册资金，具有一定数量的工程技术、经济管理人员，取得建设咨询证书和营业执照，能为工程建设提供估算测量、管理咨询、建设监理等智力型服务并获取相应费用的企业。

工程咨询服务机构包括勘察设计机构、工程造价(测量)咨询单位、招标代理机构、工程监理公司、工程管理公司等。这类企业主要是向业主提供工程咨询和管理服务,弥补业主对工程建设过程不熟悉的缺陷,在国际上一般称为咨询公司。在我国,目前数量最多并有明确资质标准的是勘察设计机构、工程监理公司和工程造价(测量)咨询单位、招标代理机构。工程管理和其他咨询类企业近年来也有发展。

工程咨询服务虽然不是工程承发包的当事人,但其受业主委托或聘用,与业主订有协议书或合同,因而对项目的实施负有相当重要的责任。

1.2.3.2　建筑市场的客体

建筑市场的客体一般称作建筑产品,是建筑市场的交易对象,既包括有形建筑产品,也包括无形产品——各类智力型服务。

建筑产品不同于一般工业产品,因为建筑产品本身及其生产过程具有不同于其他工业产品的特点。在不同的生产交易阶段,建筑产品表现为不同的形态。它可以是咨询公司提供的咨询报告、咨询意见或其他服务,也可以是勘察设计单位提供的设计方案、施工图纸、勘察报告,还可以是生产厂家提供的混凝土构件,当然也包括承包商生产的各类建筑物和构筑物。

(1)建筑产品的特点

①建筑产品的固定性和生产过程的流动性。建筑物与土地相连,不可移动,这就要求施工人员和施工机械只能随建筑物不断流动,从而带来施工管理的多变性和复杂性。

②建筑产品的单件性。由于业主对建筑产品的用途、性能要求不同以及建设地点的差异,决定了多数建筑产品都需要单独进行设计,不能批量生产。

③建筑产品的整体性和分部分项工程的相对独立性。这个特点决定了总包和分包相结合的特殊承包形式。随着经济的发展和建筑技术的进步,施工生产的专业性越来越强。在建筑生产中,由各种专业施工企业分别承担工程的土建、安装、装饰、劳务分包,有利于施工生产技术和效率的提高。

④建筑产品生产的不可逆性。建筑产品一旦进入生产阶段,其产品不可能退换,也难以重新建造,否则双方都将承受极大的损失。所以,建筑生产的最终产品质量是由各阶段成果的质量决定的。设计、施工必须按照规范和标准进行,才能保证生产出合格的建筑产品。

⑤建筑产品的社会性。绝大部分建筑产品都具有相当广泛的社会性,涉及公众的利益和生命财产的安全,即使是私人住宅,也会影响到环境,影响到进入或靠近它的人员的生活和安全。政府作为公众利益的代表,加强对建筑产品的规划、设计、交易、建造的管理是非常必要的,有关工程建设的市场行为都应受到管理部门的监督和审查。

(2)建筑产品的商品属性

长期以来,受计划经济体制影响,工程建设由工程指挥部管理,工程任务由行政部门分配,建筑产品价格由国家规定,抹杀了建筑产品的商品属性。

改革开放以后,由于推行了一系列以市场为取向的改革措施,建筑企业成为独立的生产单位,建设投资由国家拨款改为多种渠道筹措,市场竞争代替行政分配任务,建筑产品价格也逐步走向以市场形成价格的价格机制,建筑产品的商品属性的观念已为大家所认识,这成为建筑市场发展的基础,并推动了建筑市场的价格机制、竞争机制和供求机制的形成,使实力强、素质高、经营好的企业在市场上更具竞争力,能够更快地发展,实现资源的优化配置,提高了全社会的生产力水平。

（3）工程建设标准的法定性

建筑产品的质量不仅关系到承发包双方的利益，也关系到国家和社会的公共利益，正是由于建筑产品的这种特殊性，其质量标准是以国家标准、国家规范等形式颁布实施的。从事建筑产品生产必须遵守这些标准规范的规定，违反这些标准规范的将受到国家法律的制裁。

工程建设标准涉及面很宽，包括房屋建筑、交通运输、水利、电力、通信、采矿冶炼、石油化工、市政公用设施等方面。

工程建设标准是指对工程勘察、设计、施工、验收、质量检验等各个环节的技术要求。它包括五个方面的内容：①工程建设勘察、设计、施工及验收等的质量要求和方法；②与工程建设有关的安全、卫生、环境保护的技术要求；③工程建设的术语、符号、代号、量与单位、建筑模数和制图方法；④工程建设的试验、检验和评定方法；⑤工程建设的信息技术要求。

在具体形式上，工程建设标准包括了标准、规范、规程等。工程建设标准的独特作用就在于，一方面通过有关的标准规范为相应的专业技术人员提供了需要遵循的技术要求和方法；另一方面，由于标准的法律属性和权威属性，保证了从事工程建设有关人员必须按照规定去执行，从而为保证工程质量打下了基础。

1.2.4 建筑市场的资质管理

建筑活动的专业性及技术性都很强，而且建设工程投资大、周期长，一旦发生问题，将给社会和人民的生命财产安全造成极大损失。因此，为保证建设工程的质量和安全，对从事建设活动的单位和专业技术人员必须实行从业资格管理，即资质管理制度。

建筑市场的资质管理包括两类：一类是对从业企业的资质管理；另一类是对专业人士的资格管理。

1.2.4.1 从业企业资质管理

在建筑市场中，围绕工程建设活动的主体主要是业主方、承包方（包括供应商）、勘察设计单位和工程咨询机构。《中华人民共和国建筑法》（以下简称《建筑法》）规定，对从事建筑活动的施工企业、勘察单位、设计单位和工程咨询机构（含监理单位）实行资质管理。

（1）工程勘察设计企业资质管理

我国建设工程勘察设计资质分为工程勘察资质、工程设计资质。工程勘察资质分为工程勘察综合资质、工程勘察专业资质和工程勘察劳务资质；工程设计资质分为工程设计综合资质、工程设计行业资质和工程设计专项资质。

建设工程勘察、设计企业应当按照其拥有的注册资本、专业技术人员、技术装备和勘察设计业绩等条件申请资质，经审查合格，取得建设工程勘察、设计资质证书后，方可在资质等级许可的范围内从事建设工程勘察设计活动。我国勘察设计企业的业务范围见表 1.1。国务院建设行政主管部门及各地建设行政主管部门负责工程勘察设计企业资质的审批、晋升和处罚。

（2）建筑业企业（承包商）资质管理

建筑业企业（承包商）是指从事土木工程、建筑工程、线路管道及设备安装工程、装修工程等的新建、扩建、改建活动的企业。我国的建筑业企业分为施工总承包企业、专业承包企业和劳务分包企业。施工总承包企业又按工程性质分为房屋、公路、铁路、港口、水利、电力、矿山、冶金、化工石油、市政公用、通信、机电等 12 个类别；专业承包企业又根据工程性质和技术特点划分为 60 个类别；劳务分包企业按技术特点划分为 13 个类别。

表 1.1　我国勘察设计企业的业务范围

企业类别	资质分类	等级	承担业务范围
勘察企业	综合资质	甲级	承担工程勘察业务范围和地区不受限制
	专业资质（分专业设立）	甲级	承担本专业工程勘察业务范围和地区不受限制
		乙级	可承担本专业工程勘察中、小型工程项目，承担工程勘察业务的地区不受限制
		丙级	可承担本专业工程勘察中、小型工程项目，承担工程勘察业务限定在省、自治区、直辖市行政区范围内
	劳务资质	不分级	承担岩石工程治理、工程钻探凿井等工程勘察劳务工作，承担工程勘察劳务工作的地区不受限制
设计企业	综合资质	不分级	承担工程设计业务范围和地区不受限制
	行业资质（分行业设立）	甲级	承担相应行业建设项目的工程设计业务范围和地区不受限制
		乙级	承担相应行业的中、小型建设项目的工程设计任务范围和地区不受限制
		丙级	承担相应行业的小型建设项目的工程设计业务范围和地区限制在省、自治区、直辖市行政区范围内
	专项资质（分专业设立）	甲级	承担大、中、小型专项工程设计项目，地区不受限制
		乙级	承担中、小型专项工程设计项目，地区不受限制

工程施工总承包企业资质等级分为特、一、二、三级；施工专业承包企业资质等级分为一、二、三级；劳务分包企业资质等级分为一、二级。这三类企业的资质等级标准，由国家建设部统一组织制定和发布。工程施工总承包企业和施工专业承包企业的资质实行分级审批。特级、一级资质由国家建设部审批；二级以下资质，由企业注册所在地省、自治区、直辖市人民政府建设主管部门审批。劳务分包企业资质由企业所在地省、自治区、直辖市人民政府建设主管部门审批。经审查合格的，由有权的资质管理部门颁发相应等级的建筑业企业（施工企业）资质证书。建筑业企业资质证书由国务院建设行政主管部门统一印制，分为正本（1 本）和副本（若干本），正本和副本具有同等的法律效力。任何单位和个人不得涂改、伪造、出借、转让资质证书，复印的资质证书无效。我国建筑业企业承包工程范围见表 1.2。

（3）工程咨询单位资质管理

我国对工程咨询单位也实行资质管理。目前，已有明确资质等级评定条件的有工程监理、招标代理、工程造价等咨询机构。

工程监理企业资质分为综合资质、专业资质和事务所资质。其中，专业资质按照工程性质和技术特点划分为若干工程类别。综合资质、事务所资质不分级别。专业资质分为甲级、乙级；其中，房屋建筑、水利水电、公路和市政公用专业资质可设立丙级。

综合资质可以承担所有专业工程类别建设工程项目的工程监理业务。

专业甲级资质可承担相应专业工程类别建设工程项目的工程监理业务。

表 1.2　我国建筑业企业承包工程范围

企业类别	资质等级	承包工程范围
施工总承包企业(12 类)	特级	可承租本类别各等级工程施工总承包,设计及开展工程总承包和项目管理业务
	一级	可承担下列建筑工程的施工: (1)高度 200 m 以下的工业、民用建筑工程。 (2)高度 240 m 以下的构筑物工程
	二级	可承担下列建筑工程的施工: (1)高度 100 m 以下的工业、民用建筑工程。 (2)高度 120 m 以下的构筑物工程。 (3)建筑面积 400000 m² 以下的单体工业、民用建筑工程。 (4)单跨跨度 39 m 以下的建筑工程
	三级	可承担下列建筑工程的施工: (1)高度 50 m 以下的工业、民用建筑工程。 (2)高度 70 m 以下的构筑物工程。 (3)建筑面积 12000 m² 以下的单体工业、民用建筑工程。 (4)单跨跨度 27 m 以下的建筑工程
专业承包企业(36 类)(注:以地基与基础工程为例)	一级	可承担各类地基与基础工程的施工
	二级	可承担下列建筑工程的施工: (1)高度 100 m 以下的工业、民用建筑工程和高度 120 m 以下构筑物的地基基础工程。 (2)深度不超过 24 m 的刚性桩复合地基处理和深度不超过 10 m 的其他地基处理工程。 (3)单桩承受设计荷载 5000 kN 以下的桩基础工程。 (4)开挖深度不超过 15 m 的基坑围护工程
	三级	(1)高度 50 m 以下的工业、民用建筑工程和高度 70 m 以下构筑物的地基基础工程。 (2)深度不超过 18 m 的刚性桩复合地基处理或深度不超过 8 m 的其他地基处理工程。 (3)单桩承受设计荷载 3000 kN 以下的桩基础工程。 (4)开挖深度不超过 12 m 的基坑围护工程
施工劳务分包企业(13 类)	不分级	可承担各类劳务作业

专业乙级资质可承担相应专业工程类别二级以下(含二级)建设工程项目的工程监理业务。

专业丙级资质可承担相应专业工程类别三级建设工程项目的工程监理业务。

事务所资质可承担三级建设工程项目的工程监理业务,但是,国家规定必须实行强制监理的工程除外。

工程招标代理机构,其资质等级划分为甲级和乙级。乙级招标代理机构只能承担工程投资额(不含征地费、大市政配套费与拆迁补偿费)3000万元以下的工程招标代理业务,地区不受限制;甲级招标代理机构承担工程的范围和地区不受限制。

应用案例——
无资质承揽
工程酿惨祸

工程造价咨询机构,其资质等级划分为甲级和乙级。工程造价咨询企业依法从事工程造价咨询活动,不受行政区域限制。其中,甲级工程造价咨询企业可以从事各类建设项目的工程造价咨询业务;乙级工程造价咨询企业可以从事工程造价5000万元人民币以下的各类建设项目的工程造价咨询业务。工程咨询单位的资质评定条件包括注册资金、专业技术人员和业绩三方面的内容,不同资质等级的标准均有具体规定。

1.2.4.2　专业人士资格管理

在建筑市场中,把具有从事工程咨询资格的专业工程师称为专业人士。建筑行业尽管有完善的建筑法规,但没有专业人士的知识与技能的支持,政府难以对建筑市场进行有效的管理。由于他们的工作水平对工程项目建设成败具有重要的影响,所以对专业人士的资格条件有很高要求,许多国家或地区对专业人士均进行资格管理。我国香港特别行政区将经过注册的专业人士称作"注册授权人",英国、德国、日本、新加坡等国家的法规甚至规定,业主和承包商向政府申报建筑许可、施工许可、使用许可等手续,必须由专业人士提出,申报手续除应符合有关法律规定外,还要有相应资格的专业人士签章。由此可见,专业人士在建筑市场运作中起着非常重要的作用。

对专业人士的资格管理,由于各国情况不同,专业人士的资格有的国家由学会或协会负责(以欧洲一些国家为代表)授予和管理,有的国家由政府负责确认和管理。

英国、德国政府不负责专业人士的资格管理,咨询工程师的执业资格由专业学会考试颁发并由学会进行管理。

美国有专门的全国注册考试委员会,负责组织专业人士的考试。通过基础考试并经过数年专业实践后再通过专业考试,即可取得注册工程师资格。

法国和日本由政府管理专业人士的执业资格。法国在建设部内设有一个审查咨询工程师资格的"技术监督委员会",该委员会首先审查申请人的资格和经验,申请人须高等学院毕业,并有十年以上的工作经验。资格审查通过后可参加全国考试,考试合格者,予以确认公布。一次确认的资格,有效期为两年。在日本,对参加统一考试的专业人士的学历、工作经历也都有明确的规定,执业资格的取得与法国类似。

我国专业人士制度是从发达国家引入的。目前,已经确定专业人士的种类有建筑师、结构工程师、监理工程师、造价工程师、建造师等。资格和注册条件为:大专以上的专业学历,参加全国统一考试,成绩合格,具有相关专业的实践经验。

1.2.4.3　对工程招投标进行管理

《中华人民共和国招标投标法》(以下简称《招标投标法》)将招标与投标的过程纳入法制管理的轨道,主要内容包括:通常的招标投标程序;招标人和投标人应遵循的基本规则;任何违反法律规定应承担的责任等。该法的基本宗旨是,招标投标活动属于当事人在法律规定的范围内自主进行的市场行为,但必须受政府行政主管部门的监督和管理。

政府行政主管部门依法对招标投标进行的管理包括以下几方面。

（1）依法核查规避招标的建设项目

《招标投标法》第四条规定，任何单位和个人不得将依法必须进行招标的项目化整为零或者以其他任何方式规避招标。如果发生此类情况，有关单位有权责令改正，可以暂停项目执行或者暂停资金拨付，并对单位责任人或者其他直接责任人依法给予行政处分或纪律处分。

（2）对招标项目的监督

工程项目的建设应当按照建设管理程序进行。当工程项目满足招标条件时，招标单位应向建设行政主管部门提出申请，获得批准后才可以进行招标。

①前期准备应满足的要求：建设工程已批准立项；向建设行政主管部门履行了报建手续，并取得批准；建设资金能满足建设工程的要求，符合规定的资金到位率；建设用地已依法取得，并取得了建设工程规划许可证；技术资料能满足招标投标的要求；法律、规章规定的其他条件。

②对招标人的招标能力要求。利用招标方式选择承包单位属于招标单位的自主行为，招标人应具有编制招标文件和组织评标的能力，可自行办理招标事宜，向有关行政监督部门进行备案即可。任何单位和个人不得强制其委托招标代理机构办理招标事宜。

③审查招标代理机构的资质条件。招标代理机构是依法成立的组织，与行政机关和国家立法机关没有隶属关系。从事招标代理业务的招标代理机构，必须取得行政主管部门的资质认定，这是招标代理机构从事招标代理业务应具备的基本条件。

委托代理机构招标是招标人的自主行为，任何单位和个人不得强制委托代理或指定招标代理机构。招标人委托的代理机构应尊重招标人的要求，在委托范围内办理招标事宜，并遵守《招标投标法》对招标人的有关规定。

（3）对招标有关文件的检查备案

招标人有权依据工程项目特点编写与招标有关的各类文件，但内容不得违反法律规范的相关规定。建设行政主管部门有权依法对招标有关文件实施核查，核查的主要内容包括：

①对投标人资格审查文件的核查

第一，不得以不合理条件限制或排斥潜在的投标人。为了使招标人能在较广泛的范围内优选最佳投标人，以及维护投标人进行平等竞争的合法权益，不允许在资格审查文件中以任何方式限制或排斥本地区、本系统以外的法人或其他组织参与投标。

第二，不得对潜在的投标人实行歧视待遇。为了维护招标投标的公平、公正原则，不允许在资格审查标准中对外地区或外系统的投标人设立压低分数的条件。

第三，不得强制投标人组成联合体投标。以何种方式参与投标竞争是投标人的自主行为，他可以选择单独投标，也可以作为联合体成员与其他人共同投标，但不允许既参加联合体投标又单独投标。

②对招标文件的核查

第一，核查招标文件的组成是否包括招标项目的所有实质性要求和条件，以及拟签订合同的主要条款，能使投标人明确承包工作范围和责任，并能够合理预见风险，编制投标文件。

第二，招标项目需要划分标段时，应当遵守《招标投标法》的有关规定，不得利用划分标段限制或者排斥潜在投标人；依法必须进行招标的项目，招标人不得利用划分标段规避招标。对上述行为进行核查。

第三，核查招标文件是否有限制公平竞争的条件。在文件中不得要求或表明特定的生产供应者以及含有倾向性或排斥潜在投标人的其他内容，主要核查是否有针对外地区或外系统设立的不公正评标条件。

（4）对投标活动的监督

建设行政主管部门派人参加开标、评标、定标的活动,监督招标人按照法定程序选择中标人。所派人员不作为评标委员会的成员,也不得以任何形式影响或干涉招标人依法选择中标人的活动。

（5）查处招标投标活动中的违法行为

《招标投标法》明确指出:有关行政监督部门有权依法对招投标活动中的违法行为进行查处。违法人视情节和对招标的影响程度承担责任,承担责任的形式可以为:判定招标无效,责令改正后重新招标;对单位负责人和直接责任人给予行政或纪律处分;没收非法所得,并处以罚金;构成犯罪的,依法追究刑事责任。

 应用案例

住房和城乡建设部《建筑业企业资质标准》规定,一级市政公用工程施工总承包资质可承担各类市政公用工程的施工。根据省工程领域招投标在线监管平台的大数据分析并经核实,招标人为某县建设投资集团有限公司,招标代理机构为福建某工程造价咨询有限公司的某汽车城自来水厂项目(施工),招标文件要求投标人必须具备不低于特级市政公用工程施工总承包资质。该招标项目违规提高投标人资格条件,造成符合要求的企业无法参与投标。

分析:违规提高投标人资格要求。

1.2.5　建设工程交易中心

建设工程从投资性质上可分为两大类:一类是国家投资项目,另一类是私人投资项目。在西方发达国家中,私人投资占了绝大多数,工程项目管理是业主自己的事情,政府只是监督他们是否依法建设。对国有投资项目,一般设置专门的管理部门,代为行使业主的职能。

我国是以社会主义公有制为主体的国家,政府部门、国有企业、事业单位投资在社会投资中占有主导地位。建设单位使用的大都是国有投资,由于国有资产管理体制的不完善和建设单位内部管理制度的薄弱,很容易造成工程发包中的不正之风和腐败现象。针对上述情况,近几年我国出现了建设工程交易中心。把所有代表国家或国有企事业单位投资的业主请进建设工程交易中心进行招标,设置专门的监督机构,这是我国解决国有建设项目交易透明度差的问题和加强建筑市场管理的一种独特方式。

1.2.5.1　建设工程交易中心的性质与作用

（1）建设工程交易中心的性质

建设工程交易中心是服务性机构,不是政府管理部门,也不是政府授权的监督机构,本身并不具备监督管理职能。但建设工程交易中心又不是一般意义上的服务机构,其设立需得到政府或政府授权主管部门的批准,并非任何单位和个人可随意成立;它不以营利为目的,旨在为建立公开、公正、平等竞争的招投标制度服务,只可经批准收取一定的服务费,工程交易行为不能在场外发生。

（2）建设工程交易中心的作用

按照我国有关规定,所有建设项目都要在建设工程交易中心内报建、发布招标信息、合同授予、申领施工许可证。招投标活动都需在场内进行,并接受政府有关管理部门的监督。应该说建设工程交易中心的设立,对国有投资的监督制约机制的建立、规范建设工程承发包行为、将建筑市场纳入法制化的管理轨道有着重要的作用,是符合我国特点的一种好形式。

建设工程交易中心建立以来,由于实行集中办公、公开办事制度和程序以及一条龙的"窗口"服务,不仅有力地促进了工程招投标制度的推行,而且遏制了违法违规行为,对于防止腐败、提高管理透明度起到了显著的效果。

1.2.5.2　建设工程交易中心的基本功能

我国的建设工程交易中心是按照以下三大功能进行构建的。

(1)信息服务功能

包括收集、存储和发布各类工程信息、法律法规、造价信息、建材价格、承包商信息、咨询单位和专业人士信息等。在设施上配备有大型电子墙、计算机网络工作站,为承发包交易提供广泛的信息服务。

(2)场所服务功能

对于政府部门、国有企业、事业单位的投资项目,我国明确规定,一般情况下都必须进行公开招标,只有特殊情况下才允许采用邀请招标。所有建设项目进行招标投标必须在有形建筑市场内进行,必须由有关管理部门进行监督。按照这个要求,建设工程交易中心必须为工程承发包交易双方包括建设工程的招标、评标、定标、合同谈判等提供设施和场所服务。《建设工程交易中心管理办法》规定,建设工程交易中心应具备信息发布大厅、洽谈室、开标室、会议室及相关设施以满足业主和承包商、分包商、设备材料供应商之间的交易需要。同时,要为政府有关管理部门进驻集中办公、办理有关手续和依法监督招标投标活动提供场所服务。

(3)集中办公功能

由于众多建设项目要进入有形建筑市场进行报建、招标投标交易和办理有关批准手续,这样就要求政府有关建设管理部门进驻工程交易中心集中办理有关审批手续和进行管理,建设行政主管部门的各职能机构也进驻建设工程交易中心。受理申报的内容一般包括工程报建、招标登记、承包商资质审查、合同登记、质量报监、施工许可证发放等。进驻建设工程交易中心的相关管理部门集中办公,公布各自的办事制度和程序,既能按照各自的职责依法对建设工程交易活动实施有力监督,又方便当事人办事,有利于提高办公效率。

1.2.5.3　建设工程交易中心的运行原则

为了保证建设工程交易中心能够有良好的运行秩序和市场功能的充分发挥,必须坚持市场运行的一些基本原则,主要包括:

(1)信息公开原则

建设工程交易中心必须充分掌握政策法规,工程发包、承包商和咨询单位的资质、造价指数、招标规则、评标标准、专家评委库等各项信息,并保证市场各方主体都能及时获得所需要的信息资料。

(2)依法管理原则

建设工程交易中心应严格按照法律、法规开展工作,尊重建设单位依照法律规定选择投标单位和选定中标单位的权利,尊重符合资质条件的建筑业企业提出的投标要求和接受邀请参加投标的权利。任何单位和个人不得非法干预交易活动的正常进行。监察机关应当进驻建设工程交易中心实施监督。

（3）公平竞争原则

建立公平竞争的市场秩序是建设工程交易中心的一项重要原则。进驻的有关行政监督管理部门应严格监督招标、投标单位的行为,防止地方保护、行业和部门垄断等各种不正当竞争,不得侵犯交易活动各方的合法权益。

（4）属地进入原则

按照我国有形建筑市场的管理规定,建设工程交易实行属地进入。每个城市原则上只能设立一个建设工程交易中心,特大城市可以根据需要,设立区域性分中心,在业务上受中心领导。对于跨省、自治区、直辖市的铁路、公路、水利等工程,可在政府有关部门的监督下,通过公告由项目法人组织招标、投标。

（5）办事公正原则

建设工程交易中心是政府建设行政主管部门批准建立的服务性机构,须配合进场各行政管理部门做好相应的工程交易活动管理和服务工作。要建立监督制约机制,公开办事规则和程序,制定完善的规章制度和工作人员守则,一旦发现建设工程交易活动中的违法违规行为,应当向政府有关管理部门报告,并协助进行处理。

1.2.5.4　建设工程交易中心运作的一般程序

按照有关规定,建设项目进入建设工程交易中心后,一般按图 1.2 所示程序运行。

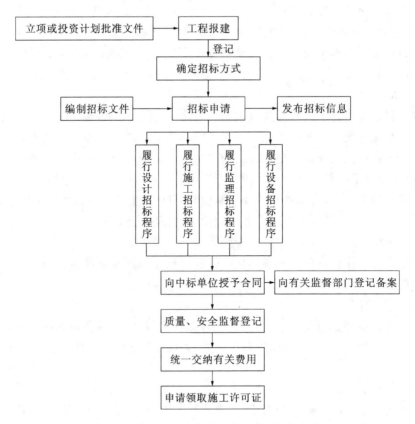

图 1.2　建设工程交易中心建设项目运行程序

1.3　招标投标法律体系

1.3.1　招标投标法律体系的概念

我国从 20 世纪 80 年代初开始在建设工程领域引入招标投标制度。2000 年 1 月 1 日《招标投标法》开始实施,标志着我国正式确立了招标投标的法律制度。其后,国务院及其有关部门陆续颁发了一系列招标投标方面的规定,地方人民政府及其有关部门也结合本地的特点和需要,相继制定了招标投标方面的地方性法规、规章及规范性文件,使我国的招标投标法律制度逐步完善,形成了覆盖全国各领域、各层级的招标投标法律法规与政策体系(简称招标投标法律体系)。

1.3.2　招标投标法律体系的组成

招标投标法律体系是指全部现行的与招标投标活动有关的法律法规和政策组成的有机联系的整体。就法律规范的渊源和相关内容而言,招标投标法律体系由有关法律、法规、规章及规范性文件组成。

1.3.2.1　法律

法律由全国人大及其常委会制定,通常以国家主席令的形式向社会公布,具有国家强制力和普遍约束力,一般以法、决议、决定、条例、办法、规定等为名称。

(1)《招标投标法》

《招标投标法》经 1999 年 8 月 30 日第九届全国人民代表大会常务委员会第十一次会议通过,自 2000 年 1 月 1 日起施行。根据 2017 年 12 月 27 日第十二届全国人民代表大会常务委员会第三十一次会议《关于修改〈中华人民共和国招标投标法〉〈中华人民共和国计量法〉的决定》修正。

(2)《建筑法》

《建筑法》经 1997 年 11 月 1 日第八届全国人民代表大会常务委员会第二十八次会议通过,自 1998 年 3 月 1 日起施行;根据 2011 年 4 月 22 日第十一届全国人民代表大会常务委员会第二十次会议《关于修改〈中华人民共和国建筑法〉的决定》修正;根据 2019 年 4 月 23 日第十三届全国人民代表大会常务委员会第十次会议《关于修改〈中华人民共和国建筑法〉等八部法律的决定》第二次修正。

1.3.2.2　法规

法规包括行政法规和地方性法规。

(1)行政法规

行政法规由国务院制定,通常由总理签署国务院令公布,一般以条例、规定、办法、实施细则等为名称。

如《中华人民共和国招标投标法实施条例》(以下简称《招标投标法实施条例》)经 2011 年 11 月 30 日国务院第 183 次常务会议通过,自 2012 年 2 月 1 日起施行;根据 2017 年 3 月 1 日中华人民共和国国务院令第 676 号《国务院关于修改和废止部分行政法规的决定》第一次修订;根据 2018 年 3 月 19 日中华人民共和国国务院令第 698 号令《国务院关于修改和废止部分行政法规的决定》第二次修订；根据 2019 年 3 月 2 日《国务院关于修改部分行政法规的决定》第三次修订。

（2）地方性法规

地方性法规是省、自治区、直辖市以及省级人民政府所在地的市和国务院批准的设区的市的人民代表大会及其常务委员会，根据宪法、法律和行政法规，结合本地区的实际情况制定的，并不得与宪法、法律、行政法规相抵触的规范性文件，并报全国人大常委会备案，如《重庆市招标投标条例》《重庆市建筑管理条例》。

 应用案例

黄某清于 2018 年 11 月至 2020 年 10 月期间，分别伙同杨某河、陈某辉、苏某敏等人，采用围标、事前约定中标人、向评标专家打招呼等手段，先后参与某县白濑水利枢纽工程、某镇参洋片区地块改造等设计招标项目的投标并中标。其中，黄某清、杨某河共参与 4 次，中标设计费人民币 3021 万元；陈某辉、苏某敏参与 1 次，中标设计费 1318.8 万元。经某县人民法院判决，黄某清犯串通投标罪，判处有期徒刑十个月，并处罚金人民币 10 万元；杨某河犯串通投标罪，判处有期徒刑八个月，缓刑一年二个月，并处罚金人民币 7 万元；陈某辉犯串通投标罪，判处拘役四个月，缓刑六个月，并处罚金人民币 3 万元；苏某敏犯串通投标罪，判处拘役三个月，缓刑五个月，并处罚金人民币 3 万元。

分析：串通投标罪。

1.3.2.3　规章

（1）国务院部门规章：由国务院所属的部、委、局和具有行政管理职责的直属机构制定，通常以部委令的形式公布，一般用办法、规定等名称，如《必须招标的工程项目规定》（国家发改委第 16 号令）、《政府采购非招标采购方式管理办法》（财政部令第 74 号）等。

（2）地方政府规章：由省、自治区、直辖市、省政府所在地的市、经国务院批准的主要城市制定，通常是以地方人民政府令的形式颁布的，一般以规定、办法等为名称，如《北京市建设工程招标投标监督管理规定》（北京市人民政府令第 122 号）。

1.3.2.4　规范性文件

根据《中华人民共和国立法法》（以下简称《立法法》），我国各级国家权力机关（全国人大及其常委会）制定法律和地方性法规，国务院制定全国性的行政法规、国务院部委制定部门规章、各省市自治区政府制定地方性规章，除此之外各级政府及其部门均可依法制定规范性文件（有时政府省部一级也会制定规范性文件，人大是无权制定规范性文件的，但有权审查）。举例如下：

（1）中央、国务院的规范性文件。如《国务院办公厅关于进一步规范招标投标活动的若干意见》（国办发〔2004〕56 号），由国务院办公厅于 2004 年 7 月 12 日成文；《关于国务院有关部门实施招标投标活动行政监督的职责分工的意见》（国发办〔2000〕34 号），由中央机构编制委员会办公室于 2000 年 3 月 4 日制定。

（2）国务院部委局的规范性文件。如国家发展改革委、工业和信息化部、监察部、财政部、住房和城乡建设部、交通运输部、铁道部、水利部、商务部、国务院法制办出台的《关于印发评标专家专业分类标准（试行）的通知》（发改法规〔2010〕1538 号）。

(3)地方政府的规范性文件。如湖北省人民政府《湖北省公共资源招标投标监督管理条例》。

(4)地方政府部门的规范性文件。如重庆市发展和改革委员会《招标投标交易监督管理细则》。

1.3.3　招标投标法律体系的效力层级

有关招标投标方面的法律规范比较多,具体执行有关规定时应当注意互相之间的效力层级问题,具体包括以下几个方面:

1.3.3.1　纵向效力层级

按照《立法法》的规定,在我国法律体系中,宪法具有最高的法律效力,其后依次是法律、行政法规、地方性法规、规章。在招标投标法律体系中,《招标投标法》是招标投标领域的基本法律,其他有关行政法规、国务院决定、部门规章以及地方性法规和规章等都不得同《招标投标法》相抵触。《招标投标法实施条例》是《招标投标法》的配套行政法规,《招标投标法实施条例》的效力层级高于国务院决定、部门规章以及地方性法规。如《招标投标法实施条例》于 2012 年 2 月 1 日施行后,此前制定和施行的有关招标投标的国务院决定、部门规章及地方性法规中与《招标投标法实施条例》相抵触的规定应当以《招标投标法实施条例》和法律的规定为准。国务院各部委制定的部门规章之间具有同等法律效力,在各自权限范围内施行。省、自治区、直辖市的人大及其常委会制定的地方性法规的效力层级高于当地政府制定的规章。

1.3.3.2　横向效力层级

按照《立法法》的规定,同一机关制定的法律、行政法规、地方性法规、规章,特别规定与一般规定不一致的,适用特别规定。也就是说,同一机关制定的特别规定的效力层级高于一般规定。因此,在同一层次的招标投标法律规范中,特别规定与一般规定不一致的,应当适用特别规定。如《民法典》对合同订立程序、要约与承诺、合同履行等方面均做出了一般性的规定;《招标投标法》对招标投标程序、选择中标人、签订合同等方面也做出了一些特别规定。招标投标活动要遵守《民法典》的基本原则,更要执行《招标投标法》中有关特别规定,严格按照《招标投标法》规定的程序和具体要求签订中标合同。

1.3.3.3　时间序列效力层级

从时间序列看,按照《立法法》的规定,同一机关制定的法律、行政法规、地方性法规、规章,新的规定与旧的规定不一致的,适用新的规定。也就是说,同一机关新规定的效力高于旧规定。

1.3.3.4　特殊情况处理原则

我国是一个法制统一的中央集权国家,法律体系原则上是统一、协调的。但是,由于立法机关比较多,如果立法部门之间缺乏必要的沟通与协调,难免会出现一些规定不一致的情况。在招标投标活动中遇到此类特殊情况时,依据《立法法》的有关规定,应当按照以下原则处理:

(1)法律之间对同一事项新的一般规定与旧的特别规定不一致,不能确定如何适用时,由全国人大常委会裁决。

(2)地方性法规、规章新的一般规定与旧的特别规定不一致时,由制定机构裁决。

(3)地方性法规与部门规章之间对同一事项规定不一致,不能确定如何适用时,由国务院提出意见。国务院认为适用地方性法规的,应当决定在该地区适用地方性法规的规定;认为适用部门规章的,应当提请全国人大常委会裁决。

（4）部门规章之间、部门规章与地方政府规章之间对同一事项的规定不一致时，由国务院裁决。

 特别提示

我国招标投标法律体系主要包括工程、货物、服务三大类的招标投标的规定。必须招标制度不仅限于工程建设的勘察、设计、施工、监理、重要设备和材料采购等领域，同时在政府采购、机电设备进口，以及医疗器械药品采购、科研项目服务采购、国有土地使用权出让等方面也广泛使用。

1.3.4 《招标投标法》的立法目的和适用范围

《招标投标法》共六章，六十八条。第一章总则，主要规定了立法目的、适用范围、调整对象、必须招标的范围、招标投标活动必须遵循的基本原则等；第二章招标，主要规定了招标人定义、招标方式、招标代理机构资格认定和招标代理权限范围及招标文件编制的要求等；第三章投标，主要规定了投标主体资格、编制投标文件要求、联合体投标等；第四章开标、评标和中标，主要规定了开标、评标和中标各个环节具体规则和时限要求等内容；第五章法律责任，主要规定了违反招标投标活动中具体规定各方应承担的法律责任；第六章附则，规定了招投标法的例外情形及施行日期。

1.3.4.1 立法目的

《招标投标法》第一条规定："为了规范招标投标活动，保护国家利益、社会公共利益和招标投标活动当事人的合法权益，提高经济效益，保证项目质量，制定本法。"由此，可以看出《招标投标法》的立法目的有以下几项。

（1）规范招标投标活动

招标投标，是在市场经济条件下进行大宗货物的买卖、工程建设项目的发包与承包，以及服务项目的采购与提供时，所采用的一种交易方式。采用招标投标方式进行交易活动是将竞争机制引入了交易过程。但在这一制度推行过程中，也存在一些突出的问题，如按规定应当招标而不进行招标；在确定供应商、承包商的过程中采用"暗箱操作"，直接指定供应商、承包商；招标投标程序不规范，违反公开、公平、公正的原则；招标人与投标人进行权钱交易，行贿受贿，搞虚假招标；投标人串通投标，进行不公平竞争，有的还利用行政权力强行指定中标人；等等。因此，以法律的形式规范招标投标活动，正是制定《招标投标法》的基本目的。

（2）保护国家利益

《招标投标法》必须招标范围的规定，保障了财政资金和其他国有资金的节约和合理有效使用。通过依法进行招标投标，按照公开、公平、公正的原则，对于节约和合理使用国有建设资金具有重要意义。同时，有利于反腐倡廉，防止国有资产的流失。

（3）保护社会公共利益

社会公共利益，是全体社会成员的共同利益。对国家利益的保护，也是对社会公共利益的保护。

（4）保护招标投标活动当事人的合法权益

《招标投标法》对招标投标各方当事人应当享有的基本权利做出了规定。例如，《招标投标法》中规定,依法进行的招标投标活动不受地区或者部门的限制,任何单位和个人不得以任何方式非法干涉招标投标活动等。

（5）提高经济效益

对国家投资、融资建设的生产经营性项目实行招标投标制度,有利于节省投资、缩短工期、保证质量,从而有利于提高投资效益及项目建成后的经济效益。

（6）提高项目质量

依照法定的招标投标程序,通过竞争,选择技术先进、信誉好、质量保障体系可靠的投标人中标,对于保证采购项目的质量是十分重要的。

1.3.4.2　适用范围

（1）地域范围

《招标投标法》第二条规定:"在中华人民共和国境内进行招标投标活动,适用本法。"即《招标投标法》适用于在我国境内进行的各类招标投标活动,这是《招标投标法》的空间效力。"我国境内"包括我国全部领域范围,但依据《中华人民共和国香港特别行政区基本法》和《中华人民共和国澳门特别行政区基本法》的规定,不包括实行"一国两制"的香港、澳门地区。

（2）主体范围

《招标投标法》的适用主体范围很广泛,只要在我国境内进行的招标投标活动,无论是哪类主体都要执行《招标投标法》。具体包括两类主体:第一类是国内各类主体,既包括各级权力机关、行政机关和司法机关及其所属机构等国家机关,也包括国有企事业单位、外商投资企业、私营企业及其他各类经济组织,同时还包括允许个人参与招标投标活动的公民个人;第二类是在我国境内的各类外国主体,即指在我国境内参与招标投标活动的外国企业,或者外国企业在我国境内设立的能够独立承担民事责任的分支机构等。

（3）例外情形

按照《招标投标法》第六十七条规定,使用国际组织或者外国政府贷款、援助资金的项目进行招标,贷款方、资金提供方对招标投标的具体条件和程序有不同规定的,可以适用其规定,但违背中华人民共和国的社会公共利益的除外。

 综合案例

彩铝门窗制作与安装合同纠纷案

上海市某某区人民法院民事判决书(2014)长民三(民)初字第 900 号

原告:上海某某实业有限公司。

法定代表人:沈某根。

委托代理人:何某,上海市某某律师事务所律师。

委托代理人:诸某民,上海市某某律师事务所律师。

被告:上海某某建设有限公司。

法定代表人:朱某林。

委托代理人:倪某龙。

委托代理人:高某华,上海市某某律师事务所律师。

　　原告上海某某实业有限公司诉被告上海某某建设有限公司建设工程合同纠纷一案,本院受理后,依法由审判员马某波独任审判,公开开庭进行审理。原告上海某某实业有限公司的委托代理人何某、诸某民,被告上海某某建设有限公司的委托代理人倪某龙、高某华到庭参加诉讼。本案现已审理终结。

　　原告上海某某实业有限公司诉称,2010年6月12日,原告作为分包方,被告作为总包方,分别签订彩铝门窗制作、安装合同三份。后原告进场施工。原告分包的工程经竣工验收合格,但被告并未按约付款。2013年12月6日,双方签订和解协议,约定被告应分期向原告支付工程余款人民币3751149元及律师费75000元,但被告仍未按约付款。故请求判令:一、被告向原告支付工程余款3751149元;二、被告向原告支付欠款利息(按中国人民银行发布的同期同类贷款利率),以3751149元为本金,自2012年5月24日起,计算至支付之日止;三、被告向原告支付律师费75000元。

　　被告上海某某建设有限公司辩称,被告作为施工总承包方向发包方上海某某房地产开发有限公司承包了虹桥综合交通枢纽长宁动迁基地北块项目(一标、二标、三标)建设工程。原告是发包方指定的分包方。被告对原告分包的工程已经竣工验收合格没有异议。因被告与发包方尚未完成对工程价款的决算,故被告向原告履行付款义务的条件尚未达成。虽然双方签订和解协议,但该和解协议对被告没有约束力。即使该和解协议对被告有约束力,现到期未付款也仅为227万元。此外,双方就欠款利息未做约定,原告主张从2012年5月24日起算欠款利息没有依据,故不同意原告的诉讼请求。

　　经审理查明,2009年8月,案外人上海某某房地产开发有限公司(发包方)与被告(总承包方)分别签订三份施工合同,约定由被告承包虹桥综合交通枢纽长宁动迁基地北块项目(一标、二标、三标)建设工程。2010年6月12日,原告(分包方)与被告(总包方)分别签订三份合同,约定由原告分包虹桥综合交通枢纽长宁动迁基地北块项目(一标、二标、三标)的彩铝门窗制作、安装工程。三份合同均记载,各类门窗单价暂为加权平均价每平方米720元;各系列门窗的平方米单价按洞口面积决算,施工过程中面积数量或系列有变化,以甲方签认的签证单为准,按实际扣补差价,最终确定总价。

　　双方签订合同后,原告进场施工。2010年6月至2012年1月期间,被告分期向原告支付工程价款计12107059元。

　　原告完成合同约定的彩铝门窗制作、安装后,双方为结算剩余工程价款进行了协商。2013年12月6日,原告(甲方)与被告(乙方)签订和解协议。该协议记载,乙方需支付甲方3826149元,乙方于2013年12月30日前支付甲方107万元,2014年春节前支付甲方120万元,余款在2014年6月30日前分两次付清。

　　另查明,被告的原企业名称为"上海某某建筑工程有限公司"。

　　上述事实,有建设工程施工合同,彩铝门窗制作、安装合同,和解协议,企业名称变更预先核准通知书及双方当事人的陈述等证据为证,经庭审核实无误。

　　审理中,双方确认和解协议中记载的应付款总额3826149元由剩余工程价款3751149元及原告聘请律师的费用75000元共同构成。被告认为如果和解协议应当履行,则律师费应包含在第一期应付款中,原告亦主张律师费应包含在第一期应付款中。

　　本院认为,双方签订合同后,原告已经完成了彩铝门窗制作、安装,被告确认原告分包的工程已经竣工验收合格。此后双方签订和解协议,对应付款金额及付款期限均做了约定。该和解协议依法成立,对双方均具有约束力。被告辩称因被告与发包方尚未完成对工程价款的决算,故被告向原告履行付款义务的条件尚未达成,缺乏依据,本院不予采纳。被告未按约履行第一期及第二期付款义务,应当承担违约责任。由于被告的第三期及其后的付款义务尚未到履行期限,故原告要求被告支付该部分款项,与协议相悖。故原告请求判令被告向原告支付工程价款人民币 3751149 元,本院部分予以支持,原告请求判令被告向原告支付律师费人民币 75000 元,本院予以支持。被告未按约支付工程价款,造成原告损失,应向原告支付欠款利息。双方对欠付工程价款利息计付标准没有约定,原告主张按中国人民银行发布的同期同类贷款利率计算,本院予以采纳。利息应以到期未付款为本金,自逾期之日起算。原告主张利息以 3751149 元为本金,从 2012 年 5 月 24 日起算,缺乏依据,本院不予采纳。故原告请求判令被告向原告支付欠款利息,本院部分予以支持。据此,依照《中华人民共和国合同法》第八条、第一百零七条的规定,判决如下:

一、被告上海某某建设有限公司应于本判决生效之日起十日内向原告上海某某实业有限公司支付工程价款人民币 2195000 元。

二、被告上海某某建设有限公司应于本判决生效之日起十日内向原告上海某某实业有限公司支付欠款利息(按中国人民银行发布的同期同类贷款利率,以人民币 995000 元为本金,自 2013 年 12 月 30 日起;以人民币 120 万元为本金,自 2014 年 1 月 31 日起,分别计算至支付之日止)。

三、被告上海某某建设有限公司应于本判决生效之日起十日内向原告上海某某实业有限公司支付律师费人民币 75000 元。

四、驳回原告上海某某实业有限公司的其余诉讼请求。

如果未按本判决指定的期间履行给付金钱义务,应当依照《中华人民共和国民事诉讼法》第二百五十三条的规定,加倍支付迟延履行期间的债务利息。

案件受理费人民币 37409.20 元,因适用简易程序,减半收取计人民币 18704.60 元,由原告上海某某实业有限公司负担人民币 7607.43 元,被告上海某某建设有限公司负担人民币 11097.17 元。

如不服本判决,可在判决书送达之日起十五日内,向本院递交上诉状,并按对方当事人的人数提出副本,上诉于上海市某某中级人民法院。

【学 生 笔 记】

1.解释建设项目的概念和特征。

2.我国建设项目的组成有哪些?

3.简述我国建设项目的程序。

4.什么是广义的建筑市场?

5.简述建设工程交易中心的性质与作用。

6.简述《招标投标法》的立法目的及范围。

【课后题库】

模块一
课后题库练
习题及答案

模块 2　建设工程招标投标概述

【思维导图】

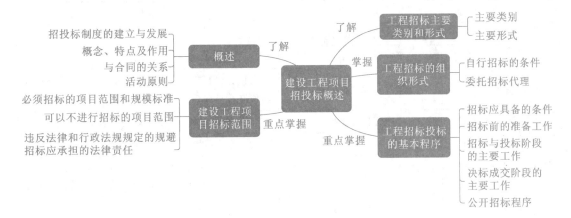

【模块导读】

在建筑市场运行过程中,招标投标制度全面保障了承发包双方的利益,保证了竞争的公开、公平。我国招标投标制度已经纳入法制化轨道。《招标投标法》明确规定了招标项目的范围,并明确提出招标方式包括公开招标和邀请招标。招标工作由招标准备、招标投标、开标、评标和定标等一系列衔接紧密的步骤构成。从事招标投标具体工作时,必须以国家相关法律、法规为依据。

【案例引入】

鲁布革水电站引水系统工程国际招标

1949 年以来,我国大型工程建设一直采用自营制方式:由国家拨款,国营工程局施工,建成后移交管理部门生产运行,收益上交国家。20 世纪 80 年代初,电力部决定鲁布革水电站部分建设资金利用世界银行贷款。1983 年成立鲁布革工程管理局,第一次引进了业主、工程师、承包商的概念。鲁布革局部工程进行国际竞争性招标,将竞争机制引入工程建设领域,日本大成公司中标进入中国水电建设市场,夺走了原本已定在中国工程局的工程,形成了一个工程两种体制并存的局面。鲁布革冲击波及全国,人们在经历改革阵痛的同时,通过对比和思考,看到了比先进的施工机械背后更重要的东西,很多人开始反思在计划经济体制下建设管理体制的弊端,探求“工期马拉松,投资无底洞”的真正症结所在。

鲁布革水电站位于云南罗平和贵州兴义交界处。电站由三部分组成:第一部分为首部枢纽拦河大坝(堆石坝),最大坝高 103.5 m;第二部分为引水系统,由电站进水口、引水隧洞、调压井、高压钢管四部分组成,引水隧洞总长 9.38 km,开挖直径 8.8 m,差动式调压井内径 13

m,井深 63 m;第三部分为厂房枢纽,主副厂房设在地下,总长 125 m,宽 18 m,最大高度 39.4 m,安装 150000 kW 的水轮发电机 4 台,总容量 600000 kW,年发电量 28.2 亿 kW·h。

鲁布革水电站引水系统工程进行国际招标和实行国际合同管理,在当时是很超前的,这是在 20 世纪 80 年代初我国计划经济体制还没有根本改变,建筑市场还没形成的情况下进行的。"一石激起千层浪",鲁布革的国际招标实践和一个工程两种体制的鲜明对比,在中国工程界引起了强烈的反响。鲁布革水电站引水系统工程国际公开招标程序见表 2.1。

表 2.1　鲁布革水电站引水系统工程国际公开招标程序

时间	工作内容	说明
1982 年 9 月	刊登招标通告及编制招标文件	
1982 年 9 月—12 月	第一阶段资格预审	13 个国家 32 家公司中选定 20 家公司
1983 年 2 月 7 日	第二阶段资格预审	与世界银行磋商第一阶段预审结果,中外公司为组成联合投标公司进行谈判
1983 年 6 月 15 日	发售招标文件	15 家外商公司及 3 家国内公司购买了标书
1983 年 11 月 8 日	当众开标	共 8 家公司投标,其中 1 家为废标
1983 年 11 月—1984 年 4 月	评标	确定大成(日)、前田(日)和英波吉洛(意美联合) 3 家公司为评标对象。最后确定大成(日)公司中标
1984 年 11 月	引水工程正式开工	
1988 年 8 月 13 日	正式竣工	工程师签署了工程竣工移交证书,工程初步结算价 9100 万元,实际工期 1475 天

一个总容量 600000 kW 的水电站在当时的中国称不上很大的工程,然而鲁布革水电站的建设却受到全国工程界的关注,到鲁布革水电站参观考察的人们几乎遍及全国各省市。人们从鲁布革水电站引水系统工程中究竟看到了什么?

第一,把竞争机制引入工程建设领域,实行招标投标制,评标工作认真细致。鲁布革首先给人的冲击是大型工程施工打破了历来由主管部门指定施工单位的做法,施工单位要凭实力进行竞争,由发包人择优而定。鲁布革水电站是我国第一次采取国际招标程序授予外国企业承包权的工程。当时我国的两家公司也参加了投标,虽地处国内,而且享有 7.5% 的优惠,条件颇为有利,但却未能中标。

第二,实行国际评标价低价中标惯例,评标时标底只起参考作用,从而为我国节约了大量建设资金。鲁布革水电站引水系统进行国际竞争性招标标底价为 14958 万元,工期为 1597 天。15 家外商公司及 3 家国内公司购买了标书。有 8 家公司,包括我国与外资公司组成的 2 家公司参加投标。具体报价情况见表 2.2。

表 2.2　具体报价情况

公司名称	折算报价/万元	公司名称	折算报价/万元
大成公司	8460	中国闽昆与挪威 FHS 联合公司	12210
前田公司	8800	南斯拉夫能源公司	13220
英波吉洛公司(意美联合)	9280	法国 SBTP 联合公司	17940
中国贵华与西德霍尔兹曼联合公司	12000	西德某公司	废标

　　第三,我国公司的施工技术和管理水平与外国大公司相比,差距比较大。例如,当时国内隧洞开挖进尺每月最高为 112 m,仅达到国外公司平均功效的 50% 左右。日本大成公司是国际著名承包商,施工工艺先进,每立方米混凝土的水泥用量比国内公司少 70 kg。我国与挪威联营公司所用水泥比大成公司多 4 万吨以上,按进口水泥运达工地价计算,水泥用量的差额约为 1000 万元。此外,国外施工管理严格,1984 年 7 月 31 日工程师发布开工令后,1984 年 10 月 15 日就正式施工,从下达开工令到正式开工仅用了两个半月时间。隧洞开挖仅用了两年半时间,于 1987 年 10 月全线贯通,比计划提前 5 个月,1988 年 7 月引水系统工程全部竣工,比合同工期提前了 122 天。实际工程造价按开标汇率计算约为标底的 60%。

　　第四,国际招投标一般采用工程量清单计价,国外公司大多根据自己分部分项工程的单价报价。我国公司对国内工程一般根据国家和地方定额报价,所以也是造成此次投标报价过高而未能中标的原因之一。因此,促使工程造价管理和投标报价逐步改革以适应国际竞争惯例。

　　第五,催人奋起,促进改革。大成公司承包工程,在现场日本人仅二三十人,雇用的 400 多人都是国内的职工,中国工人不仅很快掌握了先进的施工机械,而且在中国工长的带领下,创造了 8.8 m 隧洞开挖头月进尺 373.5 m 的优异成绩,超过了日本大成公司历史最高纪录,达到世界先进水平。鲁布革的实践激发了人们对基本建设管理体制改革的强烈愿望。人们开始认真了解和学习国外在市场经济条件下实行的项目管理的机制、规则、程序和方法。

　　思考:(1)该项目的标底价格、中标的价格分别是多少?

　　(2)该项目招标主要经历了哪些工作程序?

　　(3)试分析我国两家企业未能中标的原因。

2.1　概　　述

　　招标投标,是在市场经济条件下进行货物、工程和服务的采购时,达成交易的一种方式。在这种交易方式下,通常是由货物、工程或者服务的采购方作为招标方,通过发布招标公告或者向一定范围内的特定供应商、承包商发出投标邀请书等方式,发出招标采购的信息,提出招标采购文件,由各有意提供采购所需货物、工程或者服务的供应商、承包商作为投标方,向招标方书面提出响应招标文件要求的条件,参加投标竞争;招标方按照规定的程序从众多投标人中择优选定中标人,并与其签订采购合同。从交易过程来看,招标投标必然包括招标和投标两个最基本的环节。没有招标,就不会有供应商或者承包商的投标;没有投标,采购人的招标就得不到响应,也就没有开标、评标、中标、合同签订及履行等环节。

　　采用招标投标的交易方式在国外已有二百多年的历史。由于招标投标具有程序规范、透明度高、公平竞争、择优定标等特点,因此被实行市场经济的国家在进行大宗采购活动时广泛采用,特别是使用财政资金等公共资金进行采购活动时被普遍采用。

2.1.1　建设工程招投标制度的建立与发展

2.1.1.1　建设工程招投标制度的发展历程

经过多年的发展,我国工程招投标法律体系初步形成,工程招投标建筑市场不断扩大。工程招投标制度的发展历程可以划分为以下四个阶段：

（1）探索阶段

追随改革开放的步伐,1980 年我国首次提出"对一些适于承包的生产建设项目和经营项目,可以试行招标投标的办法"。1981 年,深圳特区和吉林市率先试行工程招标投标,揭开了招标投标工作的序幕,施工招投标开始逐步在全国推广。1983 年 6 月 7 日,原城乡建设环境保护部印发《建筑安装工程招标投标试行办法》,这是我国建设工程招标投标的第一个部门规章,也是我国第一个较详尽的招标投标办法。1984 年 9 月 18 日,国务院颁发《关于改革建筑业和基本建设管理体制若干问题的暂行规定》,提出"全面推行建设项目投资包干责任制""大力推行工程招标投标暂行规定""要改变单纯用行政手段分配建设任务的老办法,实行招标投标"。1984 年 11 月,原国家计委和原城乡建设环境保护部联合制定《建设工程招标投标暂行办法》,从此全面拉开建立招投标制度的序幕。

（2）立法阶段

1999 年 8 月 30 日,第九届全国人民代表大会常务委员会第十一次会议审议通过的《招标投标法》,自 2000 年 1 月 1 日起施行。《招标投标法》是我国专门规范招投标活动的基本法律,它的制定和颁布,标志着我国招投标事业步入法制化轨道。

（3）完善阶段

2008 年 6 月 18 日,为贯彻《国务院办公厅关于进一步规范招投标活动的若干意见》(国办发〔2004〕56 号),促进招标投标信用体系建设,健全招标投标失信惩戒机制,规范招标投标当事人行为,国家发展和改革委员会、工业和信息化部、监察部等十部委联合发布《关于印发〈招标投标违法行为记录公告暂行办法〉的通知》(发改法规〔2008〕1531 号),自 2009 年 1 月 1 日起施行。2011 年 11 月 30 日国务院第 183 次常务会议通过《中华人民共和国招标投标法实施条例》,自 2012 年 2 月 1 日起施行。

（4）成就阶段

此阶段相关法律法规体系逐渐完善,我国已基本形成以《招标投标法》为核心,以《中华人民共和国行政许可法》《中华人民共和国合同法》《建筑法》《中华人民共和国政府采购法》和《建设工程质量管理条例》《建设工程勘察设计管理条例》《建筑工程安全生产管理条例》《招标投标法实施条例》等法律法规为支撑,以各部委规章、地方法规、地方政府规章及规范性文件为配套补充的招投标法律法规体系,并渐趋完善。

2013 年 2 月 4 日,国家发展和改革委员会、工业和信息化部、监察部、住房和城乡建设部、交通运输部、铁道部、水利部、商务部联合公布了《电子招标投标办法》及其附件《电子招标投标系统技术规范》,自 2013 年 5 月 1 日起施行。推行电子招标投标,是中央惩防体系规划、工程专项治理,以及《招标投标法实施条例》明确要求的一项重要任务,对于提高采购透明度、节约资源和交易成本、促进政府职能转变具有非常重要的意义,特别是在利用技术手段解决弄虚作假、暗箱操作、串通投标、限制排斥潜在投标人等招标投标领域突出问题方面,有着独特优势。

2.1.1.2　建设工程招投标制度的发展趋势

21 世纪是经济全球化、信息化的时代,工程招投标全面信息化是必然的发展趋势,招投标全面信息化应当是参与各方通过计算机网络完成招投标的所有活动,即实行网上招投标。网上招投标是利用网络实现招投标,即招标、投标、开标、评标、中标签约等程序都在网上进行。计算机与网络技术的不断发展,使得社会各行业的信息化步伐加快,但招投标信息化程度还相对滞后。

电子招投标将是工程招投标工作发展的主导方向,其意义主要有四个方面:

(1)解决招投标领域突出问题

推行电子招标投标,为充分利用信息技术手段解决招标投标领域突出问题创造了条件。例如,通过匿名下载招标文件,使招标人和投标人在投标截止前难以知晓潜在投标人的名称和数量,有助于防止围标、串标;通过网络终端直接登录电子招标投标系统,不仅方便了投标人,还有利于防止通过投标报名排斥潜在投标人,增强招标投标活动的竞争性。此外,由于电子招标投标具有整合信息、提高透明度、如实记载交易过程等优势,有利于建立健全信用惩戒机制,防止暗箱操作,有效查处违法行为。

(2)建立信息共享机制

由于没有统一的交易规则和技术标准,各电子招标投标数据格式不同,也没有标准的数据交互接口,使电子招标投标信息无法交互和共享,甚至形成新的技术壁垒,影响了统一开放、竞争有序的招标投标大市场的形成。因此,电子招标投标为招标投标信息共享提供了必要的制度和技术保障。

(3)转变行政监督方式

与传统纸质招标的现场监督、查阅纸质文件等方式相比,电子招标投标的行政监督方式有了很大变化,其最大区别在于利用信息技术,可以实现网络化、无纸化的全面、实时和透明监督。

(4)降低招投标成本

普通招投标采用传统的会议、电话、传真等方式,而网络招投标利用高速且价格低廉的互联网,极大降低了通信及交通成本,并提高了通信效率。过去常见的招标大会、开标大会可改在网络上举行或者改为其他形式,特别是电子招标投标的无纸化,减少了大量的纸质投标文件,这都有利于降低成本,保护生态环境。

2.1.2　建设工程招投标的概念、特点及作用

2.1.2.1　建设工程招投标的概念

建设工程招投标是一种有序的建筑市场竞争交易方式,也是规范选择交易主体、订立交易合同的法律程序。招投标应当遵循公开、公平、公正和诚实信用的原则。

2.1.2.2　建设工程招投标的特点

①竞争性。有序竞争,优胜劣汰,优化资源配置,提高社会和经济效益,这是社会主义市场经济的本质要求,也是招标投标的根本特性。

②程序性。招标投标活动必须遵循严密规范的法律程序。《招标投标法》及相关法律政策,对招标人从确定招标范围、招标方式、招标组织形式直至选择中标人并签订合同的招标投标全过程每一环节的时间、顺序都有严格、规范的限定,不能随意改变。任何违反法律程序的招标投标行为,都可能侵害其他当事人的权益,必须承担相应的法律后果。

③规范性。《招标投标法》及相关法律政策,对招标投标各个环节的工作条件、内容、范围、形式、标准以及参与主体的资格、行为和责任都做出了严格的规定。

④一次性。投标要约和中标承诺只有一次机会,且密封投标,双方不得在招标投标过程中就实质性内容进行协商谈判、讨价还价,这也是它与询价采购、谈判采购以及拍卖竞价的主要区别。

⑤技术经济性。工程招投标都具有不同程度的技术性,包括标的使用功能和技术标准,以及建造、生产和服务过程的技术及管理要求等。工程招标投标的经济性则体现在中标价格是招标人预期投资目标和投标人竞争期望值的综合平衡。

2.1.2.3　建设工程招投标的作用

建设工程招投标的作用主要体现在四个方面:

(1)优化社会资源配置和项目实施方案,提高招标项目的质量、经济效益和社会效益,推动投融资管理体制和各行业管理体制的改革;

(2)促进投标企业转变经营机制,提高企业的创新活力,提高技术和管理水平,提高企业生产、服务的质量和效率,不断提升企业市场信誉和竞争能力;

(3)维护和规范市场竞争秩序,保护当事人的合法权益,提高市场交易的公平、满意和可信度,促进社会和企业的法治、信用建设,促进政府转变职能,提高行政效率,建立健全现代市场经济体系;

(4)有利于保护国家和社会公共利益,保障合理、有效地使用国有资金和其他公共资金,防止浪费和流失,构建从源头预防腐败交易的监督制约体系。

2.1.3　建设工程招投标与合同的关系

建设工程招标是规范选择交易主体及其标的,订立交易合同的法律程序。招标人发出的招标公告和招标文件没有价格要素,属于要约邀请,投标人向招标人递交的投标文件属于要约,招标人向中标人发出的中标通知书属于承诺。合同既是招标的决策结果和项目实施的控制依据,也是检验、评价合同各方全面履行权利、义务,承担相应责任的标准。

2.1.4　建设工程项目招投标活动的原则

(1)公开原则

公开原则是指招投标活动应有较高的透明度,招标人应当将招标信息公布于众,以招引投标人做出积极反应。在招标采购制度中,公开原则要贯穿于整个招标投标程序中,具体表现在建设工程招投标信息公开、条件公开、程序公开和结果公开。公开原则的意义在于使每一个投标人获得同等的信息,知悉招标的一切条件和要求,避免"暗箱操作"。

(2)公平原则

公平原则要求招标人平等地对待每一个投标竞争者,使其享有同等的权利并履行相应的义务,不得对不同的投标竞争者采用不同的标准。按照这个原则,招标人不得在招标文件中要求或者标明含有倾向或排斥潜在投标人的内容,不得以不合理的条件限制或者排斥潜在投标人,不得对潜在投标人实行歧视待遇。

(3)公正原则

公正原则即程序规范,标准统一,要求所有招投标活动必须按照招标文件中的统一标准进行,做到程序合法、标准公正。根据这个原则,招标人必须按照招标文件事先确定的招标、投标、开标的程序和法定时限进行,评标委员会必须按照招标文件确定的评标标准和方法进行评审,招标文件中没有规定的标准和方法不得作为评标和中标的依据。

(4)诚实信用原则

诚实信用原则是指招投标当事人应以诚实、守信的态度行使权利,履行义务,以保护双方的利益。诚实是指真实合法,不可用歪曲或隐瞒真实情况的手段去欺骗对方。违反诚实原则的行为是无效的,且应承担由此带来的损失和损害责任。信用是指遵守承诺,履行合同,不弄虚作假,不损害他人、国家和集体的利益。

2.2　建设工程项目招标范围

2.2.1　法律和行政法规规定必须招标的项目范围和规模标准

2.2.1.1　必须招标项目的范围

《招标投标法》第三条规定:"在中华人民共和国境内进行下列工程建设项目包括项目的勘察、设计、施工、监理,以及与工程建设有关的重要设备、材料等的采购,必须进行招标:

(一)大型基础设施、公用事业等关系社会公共利益、公众安全的项目;

(二)全部或者部分使用国有资金投资或者国家融资的项目;

(三)使用国际组织或者外国政府贷款、援助资金的项目。

前款所列项目的具体范围和规模标准,由国务院发展计划部门会同国务院有关部门制订,报国务院批准。

法律或者国务院对必须进行招标的其他项目的范围有规定的,依照其规定。"

《招标投标法》第三条所称工程建设项目,是指工程及与工程建设有关的货物和服务。所称"工程",是指建设工程,包括建筑物和构筑物的新建、改建、扩建及其相关的装修、拆除、修缮等;所称与"工程建设有关的货物",是指构成工程不可分割的组成部分,且为实现工程基本功能所必需的设备、材料等;所称"与工程建设有关的服务",是指为完成工程所需的勘察、设计、监理等服务。

上述规定,分别从项目性质和资金来源对必须招标的项目范围进行了明确规范。

2.2.1.2　必须招标的项目规模标准

《必须招标的工程项目规定》(发改委第 16 号令),于 2018 年 6 月 1 日起执行。具体内容如下:

(1)为了确定必须招标的工程项目、规范招标投标活动、提高工作效率、降低企业成本、预防腐败,根据《招标投标法》第三条的规定,制定了如下规定。

(2)全部或者部分使用国有资金投资或者国家融资的项目包括:

①使用预算资金 200 万元人民币以上,并且该资金占投资额 10% 以上的项目;

②使用国有企业事业单位资金,并且该资金占控股或者主导地位的项目。

(3)使用国际组织或者外国政府贷款、援助资金的项目包括:

①使用世界银行、亚洲开发银行等国际组织贷款、援助资金的项目;

②使用外国政府及其机构贷款、援助资金的项目。

(4)不属于第(2)条、第(3)条规定情形的大型基础设施、公用事业等关系社会公共利益、公众安全的项目,必须招标的具体范围由国务院发展改革部门会同国务院有关部门按照确有必要、严格限定的原则制订,报国务院批准。

(5)第(2)条至第(4)条规定范围内的项目,其勘察、设计、施工、监理,以及与工程建设有关的重要设备、材料等的采购达到下列标准之一的,必须招标。

①施工单项合同估算价在 400 万元人民币以上。

②重要设备、材料等货物的采购，单项合同估算价在 200 万元人民币以上。

③勘察、设计、监理等服务的采购，单项合同估算价在 100 万元人民币以上。同一项目中可以合并进行的勘察、设计、施工、监理，以及与工程建设有关的重要设备、材料等的采购，合同估算价合计达到前款规定标准的，必须招标。

 **特别提示**

不属于《必须招标的工程项目规定》第二条、第三条规定情形的大型基础设施、公用事业等关系社会公共利益、公众安全的项目，依照《必须招标的基础设施和公用事业项目范围规定》（发改法规规〔2018〕843 号）必须招标的具体范围包括：

(1)煤炭、石油、天然气、电力、新能源等能源基础设施项目；

(2)铁路、公路、管道、水运，以及公共航空和 A1 级通用机场等交通运输基础设施项目；

(3)电信枢纽、通信信息网络等通信基础设施项目；

(4)防洪、灌溉、排涝、引(供)水等水利基础设施项目；

(5)城市轨道交通等城建项目。

2.2.2 可以不进行招标的项目范围

《招标投标法》第六十六条规定：涉及国家安全、国家秘密、抢险救灾或者属于利用扶贫资金实行以工代赈、需要使用农民工等特殊情况，不适宜进行招标的项目，按照国家有关规定可以不进行招标。为此，国务院有关部委在规定必须招标项目的范围和规模标准的同时，对可以不招标的情况分别做出了如下规定。

2.2.2.1 可以不进行招标的建设项目

按照《工程建设项目可行性研究报告增加招标内容和核准招标事项暂行规定》中第五条规定，属于下列情况之一的建设项目可以不进行招标，但必须在报送可行性研究报告中提出不招标申请，并说明不招标原因：

(1)涉及国家安全或者有特殊保密要求的。

(2)建设项目的勘察、设计，采用特定专利或者专有技术的，或者其建筑艺术造型有特殊要求的。

(3)承包商、供应商或者服务提供者少于三家，不能形成有效竞争的。

(4)其他原因不适宜招标的。

2.2.2.2 可以不进行招标的施工项目

依照《房屋建筑和市政基础设施工程施工招标投标管理办法》第九条的规定，工程有下列情形之一的，经县级以上地方人民政府建设行政主管部门批准，可以不进行施工招标：

(1)停建或者缓建后恢复建设的单位工程，且承包人未发生变更的。

(2)施工企业自建自用的工程，且该施工企业资质等级符合工程要求的。

(3)在建工程追加的附属小型工程或者主体加层工程，且承包人未发生变更的。

(4)法律、法规、规章规定的其他情形。

2.2.3　违反法律和行政法规规定的规避招标应承担的法律责任

违反《招标投标法》相关规定,必须进行招标的项目而不招标的,将必须进行招标的项目化整为零或者以其他任何方式规避招标的,责令限期改正,可处项目合同金额千分之五以上千分之十以下的罚款;对全部或者部分使用国有资金的项目,可以暂停项目执行或者暂停资金拨付;对单位直接负责的主管人员和其他直接责任人员依法给予处分。

2.3　建设工程招标的主要类别和形式

2.3.1　建设工程招标的主要类别

建设工程招标可以依据不同的分类标准分成不同类别,招标的几种基本分类如图 2.1所示。

此外,根据有无涉外关系,还可以分为国内工程承包招标、境内国际工程招标和国际工程招标等。

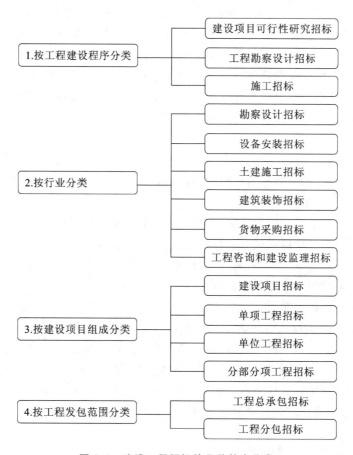

图 2.1　建设工程招标的几种基本分类

2.3.2　建设工程招标的主要形式

目前国内外市场上使用的建设工程招标形式主要有公开招标、邀请招标和议标几种。

2.3.2.1　公开招标

公开招标是指招标人通过报纸、期刊、广播、电视、网络或其他媒介,公开发布招标公告,招揽不特定的法人或其他组织参加投标的招标方式。公开招标形式一般对投标人的数量不做限制,故也被称为"无限竞争性招标"。

国内依法必须进行公开招标的项目,依据我国《招标投标法》相关规定,应当通过国家指定的报纸、信息网络或者其他媒介发布。依法必须招标项目的招标公告应当在"中国招标投标公共服务平台"或者项目所在地省级电子招标投标公共服务平台(以下统一简称为"发布媒介")发布。省级电子招标投标公共服务平台应当与"中国招标投标公共服务平台"对接,按规定同步交互招标公告和公示信息。对依法必须招标项目的招标公告,发布媒介应当与相应的公共资源交易平台实现信息共享。发布媒介应当免费提供依法必须招标项目的招标公告发布服务,并允许社会公众和市场主体免费、及时查阅前述招标公告和公示的完整信息。依法必须招标项目的招标公告和公示信息除在发布媒介发布外,招标人或其招标代理机构也可以同步在其他媒介公开,并确保内容一致。其他媒介可以依法全文转载依法必须招标项目的招标公告和公示信息,但不得改变其内容,同时必须注明信息来源。任何单位和个人不得违法指定或者限制招标公告的发布和发布范围。对非法干预招标公告发布活动的,依法追究领导和直接责任人的责任。在指定媒介发布必须招标项目的招标公告,不得收取费用。

招标公告应当载明招标人的名称和地址,招标项目的性质、数量、实施地点和时间,获取招标文件的办法及招标人的能力要求等事项。

2.3.2.2　邀请招标

邀请招标是指招标人以投标邀请书的方式直接邀请特定的法人或者其他组织参加投标的招标方式。由于投标人的数量是由招标人确定的,所以又被称为"有限竞争招标"。被邀请的投标人通常考虑以下几个因素。

(1)该单位有与该项目相应的资质,并且有足够的力量承担招标工程的任务。

(2)该单位近期内成功地承包过与招标工程类似的项目,有较丰富的经验。

(3)该单位的技术装备、劳动者素质、管理水平等均符合招标工程的要求。

(4)该单位当前和过去财务状况良好。

(5)该单位有较好的信誉。

总之,被邀请的投标人必须在资金、能力、信誉等方面都能胜任该招标工程。《招标投标法》第十一条规定:国务院发展计划部门确定的国家重点项目和省、自治区、直辖市人民政府确定的地方重点项目不适宜公开招标的,经国务院发展计划部门或者省、自治区、直辖市人民政府批准,可以进行邀请招标。这条规定表明:重点项目都应当公开招标;不适宜公开招标的,经批准也可以采用邀请招标。为此国家有关部门根据项目的特点对邀请招标的条件和审批做出了具体规定。

《招标投标法实施条例》中有如下规定:

"第八条　国有资金占控股或者主导地位的依法必须进行招标的项目,应当公开招标;但有下列情形之一的,可以邀请招标:

（一）技术复杂、有特殊要求或者受自然环境限制，只有少量潜在投标人可供选择。

（二）采用公开招标方式的费用占项目合同金额的比例过大。

有前款第二项所列情形，属于本条例第七条规定的项目，由项目审批、核准部门在审批、核准项目时作出认定；其他项目由招标人申请有关行政监督部门作出认定。

第九条　除招标投标法第六十六条规定的可以不进行招标的特殊情况外，有下列情形之一的，可以不进行招标：

（一）需要采用不可替代的专利或者专有技术。

（二）采购人依法能够自行建设、生产或者提供。

（三）已通过招标方式选定的特许经营项目投资人依法能够自行建设、生产或者提供。

（四）需要向原中标人采购工程、货物或者服务，否则将影响施工或者功能配套要求。

（五）国家规定的其他特殊情形。"

2.3.2.3　议标

《招标投标法》明确规定，招标方式分为公开招标和邀请招标。但由于工程项目的实际特点，在工程项目发包过程中，还常常运用议标的形式。

议标，是指招标人直接选定工程承包人，通过谈判，达成一致意见后直接签约。由于工程承包人在谈判之前一般就明确，不存在投标竞争对手，因此，也被称为"非竞争性招标"。

由于议标没有体现出招标投标"竞争性"这一本质特征，其实质是一种谈判。因此，在《招标投标法》中，没有将议标作为招标方式，并且规定了议标的适用范围和程序。对不宜公开招标和邀请招标的特殊工程，应报主管机构，经批准后才可议标。参加议标的单位一般不得少于两家。议标也必须经过报价、比较和评定阶段，业主通常采用多家议标，"货比三家"的原则，择优录取。

特别提示

根据国际惯例和我国现行法规，议标的招标方式通常限定在紧急工程、有保密性要求的工程、价格很低的小型工程、零星的维修工程和潜在投标人很少的特殊工程。

能力拓展——
案例分析

2.4　建设工程招标的组织形式

建设招标的组织形式分为自行招标和委托招标。具备自行招标能力的招标人，按规定向有关行政监督部门备案后可以自行组织招标；依法必须招标的项目，招标人有权自行选择招标代理机构，委托其办理招标事宜，任何单位和个人不得以任何方式为招标人指定招标代理机构。

2.4.1　自行招标的条件

自行招标是指招标人自身具有编制招标文件和组织评标的能力，依法可以自行办理招标。招标人的能力是指具有与招标项目规模和复杂程度相适应的技术、经济等方面的专业人员。同时，《招标投标法》还规定，招标人自行招标应当向有关行政监督部门备案。

招标人自行办理招标事宜所应当具备的具体条件如下：

（1）具有项目法人资格（或者法人资格）；

（2）具有与招标项目规模和复杂程度相适应的工程技术、概预算、财务和工程管理等方面专业技术力量；

（3）有从事同类工程建设项目招标的经验；

（4）拥有3名以上取得招标职业资格的专职招标业务人员；

（5）熟悉和掌握招标投标法及有关法规规章。

2.4.2 委托招标代理

（1）委托招标代理的概念

委托招标代理就是招标人委托招标代理机构，在招标代理权限范围内，以招标人的名义组织招标工作。作为一种民事法律行为，委托招标属于委托代理的范畴。其中，招标人为委托人，招标代理机构为受托人。这种委托代理关系的法律意义在于，招标代理机构的代理行为以双方约定的代理权限为限，因此招标人将对招标代理机构的代理行为及其法律后果承担民事责任。

（2）委托招标代理的程序

①确定招标代理机构。招标人根据自愿原则，对业内招标代理机构的资格予以确认，在此基础上根据项目情况选择确定一家招标代理机构为受托人。目前惯例做法是招标代理机构在公共资源交易中心入库备案，招标人在监督机构的监督下在备选库中对符合条件的代理机构进行随机抽取。

②招标人与选定的招标代理机构按照自愿、平等、协商的原则，签订委托招标的代理协议，明确委托方和受托方各自的权利义务、工作对象和工作方法、职权范围、服务标准、违约责任以及其他需要确定的事项。

能力拓展——
《招标代理
服务规范》

③在招标代理机构按照委托代理协议组织招标的过程中，招标人可以依法在不影响受托人工作的前提下，对受托人的工作进行监督。如果发现存在违法或者违约的行为，招标人有权要求其立即予以更正或停止。如果该违法或违约行为对招标人产生了损害后果，招标人还有权要求招标代理机构予以赔偿。

2.5 建设工程招标投标的基本程序

我国《招标投标法》中规定的招标投标工作包括招标、投标、开标、评标和中标几大步骤。建设工程招标投标是由一系列前后衔接、层次明确的工作步骤构成的。

2.5.1 建设工程招标应具备的条件

（1）按照国家有关规定需要履行项目审批手续的，已经履行审批手续。

（2）工程资金或者资金来源已经落实。

（3）施工招标的，有满足招标需要的设计图纸及其他技术资料。

（4）法律、法规、规章规定的其他条件。

具备上述条件，招标人进行招标时，应向当地工程招标投标管理办公室提供立项批准文件、规划许可证、施工许可申请表,方能进入招标程序、办理各项备案事宜。

2.5.2 招标前的准备工作

招标前的准备工作由招标人独立完成,主要工作包括下列几个方面。

2.5.2.1 确定招标范围

工程建设招标,可以分为:整个建设过程各个阶段全部工作的招标,称为工程建设总承包招标或全过程总体招标;某个阶段的招标;某个阶段中某一专项的招标。

招标人对招标项目划分标段的,应当遵守《招标投标法》的有关规定,不得利用划分标段限制或者排斥潜在投标人。依法必须进行招标的项目招标人不得利用划分标段规避招标。

2.5.2.2 工程报建

(1)按照《工程建设项目报建管理办法》规定,工程建设项目由建设单位或其代理机构在工程项目可行性研究报告或其他立项文件被批准后,须向当地建设行政主管部门或其授权机构进行报建。

(2)工程建设项目报建范围:各类房屋建筑、土木工程、设备安装、管道线路敷设、装饰装修等固定资产投资的新建、扩建、改建及技改等建设项目。

(3)工程建设项目的报建主要包括:

①工程名称。

②建设地点。

③投资规模。

④资金来源。

⑤当年投资额。

⑥工程规模。

⑦开工、竣工日期。

⑧发包方式。

⑨工程筹建情况。

(4)办理工程报建时应交验的文件资料包括:

①立项批准文件或年度投资计划。

②固定资产投资许可证。

③建设工程规划许可证。

④资金证明。

(5)报建程序如下:

①建设单位到建设行政主管部门或其授权机构领取"工程建设项目报建表"。

②按报建表的内容及要求认真填写。

③有上级主管部门的需经其批准同意后,一并报送建设行政主管部门,并按要求进行招标准备。

④工程建设项目的投资和建设规模有变化时,建设单位应及时到建设行政主管部门或其授权机构进行补充登记。筹建负责人变更时,应重新登记。

凡未报建的工程建设项目,不得办理招投标手续和发放施工许可证,设计、施工单位不得承接该项工程的设计和施工任务。

2.5.2.3　建设单位自行招标的资格审查

依法必须进行招标的项目,招标人自行办理招标事宜的,应当向有关行政监督部门备案。不具备自行招标条件的,须委托有资格的招标代理机构办理招标。任何单位和个人不得以任何方式为招标人指定招标代理机构,也不得强制招标人委托招标代理机构办理招标事宜。

2.5.2.4　选择招标方式

招标人应按照《招标投标法》、其他相关法律法规的规定及建设项目特点确定招标方式。

2.5.2.5　编制资格预审文件、招标文件

编制依法必须进行招标的项目的资格预审文件和招标文件,应当使用国务院发展改革部门会同有关行政监督部门制定的标准文本。

招标人编制的资格预审文件、招标文件的内容违反法律、行政法规的强制性规定,违反公开、公平、公正和诚实信用原则,影响资格预审结果或者潜在投标人投标的,依法必须进行招标的项目的招标人应当在修改资格预审文件或者招标文件后重新招标。

2.5.3　招标与投标阶段的主要工作

2.5.3.1　发布招标公告(资格预审公告)或投标邀请书

招标备案后可根据招标方式发布招标公告或投标邀请书。招标人采用资格预审办法对潜在投标人进行资格审查的,应当发布资格预审公告。招标公告的作用在于使潜在投标人获得招标信息,以便进行项目筛选,确定是否参与竞争。实行邀请招标的工程项目,招标人应当向三个以上具备承担招标项目能力、资信良好的特定法人或其他组织发出投标邀请书。

2.5.3.2　资格预审文件的发售、递交、澄清或修改

(1)资格预审文件的发售

招标人应当按照资格预审公告规定的时间、地点发售资格预审文件。资格预审文件发售期不得少于5日。招标人发售资格预审文件的费用应当限于补偿印刷、邮寄的成本支出,不得以营利为目的。

(2)资格预审文件的递交

招标人应当合理确定提交资格预审申请文件的时间。依法必须进行招标的项目提交资格预审申请文件的时间,自资格预审文件停止发售之日起不得少于5日。

(3)资格预审文件的澄清或修改

招标人可以对已发出的资格预审文件进行必要的澄清或者修改。澄清或者修改的内容可能影响资格预审申请文件编制的,招标人应当在提交资格预审申请文件截止时间至少3日前,以书面形式通知所有获取资格预审文件的潜在投标人;不足3日的,招标人应当顺延提交资格预审申请文件或者投标文件的截止时间。

潜在投标人或者其他利害关系人对资格预审文件有异议的,应当在提交资格预审申请文件截止时间2日前提出。招标人应当自收到异议之日起3日内作出答复;作出答复前,应当暂停招标投标活动。

2.5.3.3　资格预审

(1)资格审查。资格预审应当按照资格预审文件载明的标准和方法进行。国有资金占控股或者主导地位的依法必须进行招标的项目,招标人应当组建资格审查委员会审查资格预审申请文件。资格审查委员会及其成员应当遵守有关评标委员会及其成员的规定。

(2)发放合格通知书。资格预审结束后,招标人应当及时向资格预审申请人发出资格预审结果通知书。未通过资格预审的申请人不具有投标资格。通过资格预审的申请人少于 3 个的,应当重新招标。

招标人采用资格后审办法对投标人进行资格审查的,应当在开标后由评标委员会按照招标文件规定的标准和方法对投标人的资格进行审查。

2.5.3.4　发售招标文件

依照《招标投标法》相关内容,招标人应当按照招标公告规定的时间、地点发售招标文件,发售期不得少于 5 日。招标人向合格投标人发放招标文件,招标人对所发出的招标文件可以酌情收取工本费,但不得以此谋利,对于其中的设计文件,招标人可以酌情收取押金,在确定中标人后,对于设计文件退回的,招标人应当同时将其押金退还。

知识链接——
资格预审合格
通知书格式

依法必须进行招标的项目,自招标文件开始发出之日起至投标人提交投标文件截止之日止,最短不得少于 20 日。

2.5.3.5　踏勘现场、投标预备会

(1)踏勘现场

招标人在投标须知规定的时间内组织投标人自费进行现场考察。设置此程序的目的,一方面是使投标人了解工程项目的现场条件、自然条件、施工条件以及周围环境条件,以便编制投标文件;另一方面也是要求投标人通过自己实地考察确定投标策略,避免在履行合同过程中以不了解现场情况推卸应承担的责任。

投标人在踏勘现场中如有疑问,应在投标预备会前以书面形式向招标人提出,便于招标人对投标人的疑问予以解答。投标人在踏勘现场中的疑问,招标人可以以书面形式答复,也可以在投标预备会上答复。

招标人不得组织单个或者部分潜在投标人踏勘项目现场。

(2)投标预备会

在招标文件中规定的时间和地点,由招标人主持召开投标预备会,也称标前会议或者答疑会。投标预备会由招标人组织并主持召开,目的在于解答投标人提出的关于招标文件和踏勘现场的疑问。答疑会结束后,由招标人以书面形式将所有问题及问题的解答向获得招标文件的投标人发放。会议记录作为招标文件的组成部分,内容与已发放的招标文件不一致之处,以会议记录的解答为准。问题及解答纪要须同时向建设行政主管部门备案。

2.5.3.6　招标文件澄清或修改

投标人收到招标文件、图纸和有关资料后,若有疑问或不清楚的问题需要解答、解释的,应当在招标文件中规定的时间内以书面形式向招标人提出,招标人应以书面形式或在投标预备会上予以解答。

招标人对招标文件所作的任何澄清和修改,须报建设行政主管部门备案,并在投标截止日期 15 日前发给获得招标文件的所有投标人。投标人收到招标文件的澄清或修改内容后应以书面形式确认。不足 15 日的,招标人应当顺延提交资格预审申请文件或者投标文件的截止时间。潜在投标人或者其他利害关系人对招标文件有异议的,应当在投标截止日期 10 日前提出。招标人应当自收到异议之日起 3 日内作出答复;作出答复前,应当暂停招标投标活动。招标文件的澄清或修改内容作为招标文件的组成部分,对招标人和投标人起约束作用。

2.5.3.7　投标文件的编制

（1）编制投标文件的准备工作

①投标人领取招标文件、图纸和有关技术资料后，仔细阅读、研究上述文件。对于疑问或不了解的问题，可以以书面形式向招标人提出。

②为编制好投标文件且选择恰当的报价策略，收集现行各类市场价格信息、取费依据和标准。

③踏勘现场，掌握建设项目的地理环境和现场情况。

（2）投标文件的编制

①根据招标文件的要求编制投标文件，并按照招标文件的要求办理投标担保事宜。

②编制完成投标文件后，仔细整理、核对投标文件。

③投标文件需经投标人的法定代表人签署并加盖公章和法定代表人印鉴，并按招标文件规定的要求密封、标志。

2.5.3.8　投标文件的递交与接收

（1）投标文件的递交

投标人应在招标文件所规定的投标文件递交日期和地点将密封后的投标文件送达给招标人。投标人在递交投标文件以后，在规定的投标截止时间之前，可以以书面形式补充、修改或撤回已提交的投标文件，并通知招标人。补充、修改的内容为投标文件的组成部分。但在投标截止日期以后，不能更改或撤回投标文件。

投标截止期满后，投标人少于3个的，招标人将依法重新招标。

（2）投标文件的接收

在投标文件递交时招标人应做好投标文件签收。未通过资格预审的申请人提交的投标文件，以及逾期送达或者不按照招标文件要求密封的投标文件，招标人应当拒收。招标人应当如实记载投标文件的送达时间和密封情况，并存档备查。

2.5.3.9　抽取评标专家

在开标前，招标人应在相应的专家库中抽取评标专家，组建评标委员会。

2.5.4　决标成交阶段的主要工作

2.5.4.1　开标

开标时间应当在招标文件确定提交投标文件截止时间的同一时间公开进行；开标地点应当为招标文件中预先确定的地点。投标人少于3个的，不得开标；招标人应当重新招标。投标人对开标有异议的，应当在开标现场提出，招标人应当当场作出答复，并制作记录。

2.5.4.2　评标

评标委员会依据评标原则以及招标文件中的评标方法对各投标单位递交的投标文件进行综合评价，评标完成后，评标委员会应当向招标人提交书面评标报告和中标候选人名单。中标候选人应当不超过3个，并标明排序。招标人也可以授权评标委员会直接确定中标人。

2.5.4.3　中标

依法必须进行招标的项目，招标人应当自收到评标报告之日起3日内公示中标候选人，公示期不得少于3日。依法必须进行招标的项目，招标人应当自确定中标人之日起15日内，向有关行政监督部门提交招标投标情况的书面报告。

中标人确定后，招标人应当向中标人发出中标通知书，并同时将中标结果通知所有未中标的投标人。招标人最迟应当在书面合同签订后 5 日内向中标人和未中标的投标人退还投标保证金及银行同期存款利息。投标人或者其他利害关系人对依法必须进行招标的项目的评标结果有异议的,应当在中标候选人公示期间提出。招标人应当自收到异议之日起 3 日内作出答复;作出答复前,应当暂停招标投标活动。

国有资金占控股或者主导地位的依法必须进行招标的项目,招标人应当确定排名第一的中标候选人为中标人。排名第一的中标候选人放弃中标、因不可抗力因素不能履行合同、不按照招标文件要求提交履约保证金,或者被查实存在影响中标结果的违法行为等情形,不符合中标条件的,招标人可以按照评标委员会提出的中标候选人名单排序依次确定其他中标候选人为中标人,也可以重新招标。

2.5.4.4　签订合同

招标人和中标人应当在发出中标通知书 30 日内签订书面合同,合同的标的、价款、质量、履行期限等主要条款应当与招标文件和中标人的投标文件的内容一致。招标人和中标人不得再行订立背离合同实质性内容的其他协议。

2.5.4.5　退还投标保证金

招标人与中标人签订合同后 5 日内,应当向中标人和未中标的投标人退还投标保证金及银行同期存款利息。

一、案例概况

某事业单位(以下称招标单位)建设某工程项目,该项目受自然地域环境限制,拟采用公开招标的方式进行招标。该项目初步设计及概算应当履行的审批手续已经批准;资金来源尚未落实;有招标所需的设计图纸及技术资料。考虑到参加投标的施工企业来自各地,招标单位委托咨询单位编制了两个标底,分别用于对本市和外地施工企业的评标。招标公告发布后,有10 家施工企业做出响应。在资格预审阶段,招标单位对投标单位概况、近 2 年完成工程情况、目前正在履行的合同情况、资源方面的情况等进行了审查。

某投标单位收到招标文件后,分别于第 5 天和第 10 天对招标文件中的几处疑问以书面形式向招标单位提出。招标单位以提出疑问不及时为由拒绝做出说明。投标过程中,因了解到招标单位对本市和外地的投标单位区别对待,8 家投标单位退出了投标。招标单位经研究决定,招标继续进行。剩余的投标单位在招标文件要求提交投标文件的截止日前,对投标文件进行了补充、修改。招标单位拒绝接受补充、修改的部分。

二、问题

(1)简述工程项目施工招标投标程序。
(2)该工程项目施工招标投标程序在哪些方面不正确? 应如何处理? (请逐一说明)

2.5.5　公开招标程序

公开招标主要适用于较大型且工艺和结构复杂的建筑项目,它的主要程序如图 2.2 所示。

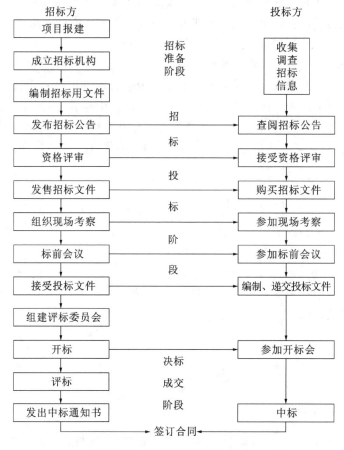

图 2.2 公开招标的主要程序

综合案例

一、案例概况

某建设单位经相关主管部门批准,组织某建设项目全过程总承包(即 EPC 模式)的公开招标工作。根据实际情况和建设单位要求,该工程工期定为两年,考虑到各种因素的影响,决定该工程在基本方案确定后即开始招标,确定的招标程序如下:

(1)成立该工程招标领导机构。

(2)委托招标代理机构代理招标。

(3)发出投标邀请书。

(4)对报名参加投标者进行资格预审,并将资格预审结果通知合格的投标申请人。

(5)向所有获得投标资格的投标人发售招标文件。

(6)召开投标预备会。

(7)招标文件的澄清与修改。

(8)建立评标组织,制订标底和评标、定标办法。

(9)召开开标会议,审查投标书。

(10)组织评标。

(11)与合格的投标者进行质疑澄清。

(12)确定中标单位。

(13)发出中标通知书。

(14)建设单位与中标单位签订承发包合同。

二、问题

指出上述招标程序中的不妥和不完善之处。

三、案例评析

该项目招标程序中存在如下问题:

(1)第(3)条发出投标邀请书不妥,应为发布(或刊登)招标通告(或公告)。

(2)第(4)条将资格预审结果仅通知合格的投标申请人不妥,资格预审的结果应通知到所有投标人。

(3)第(8)条制定标底和评标、定标办法不妥,制定标底和评标、定标办法不是由评标组织确定的。如果是有标底招标,招标人应在开标前确定标底并交有关部门审核,而评标、定标办法应在招标文件中有明确的说明。

【学 生 笔 记】

1.简述建设工程招投标的特点。

2.简述建设工程项目招标投标活动的原则。

3.区分可以不进行招标的建设项目和可以不进行招标的施工项目。

4.简述工程项目必须招标的范围。

5.简述招标投标的几种基本分类。

6.简述建设工程招标的主要形式。

7.叙述招标前的准备工作、招标与投标阶段的主要工作和决标成交阶段的主要工作。

【课 后 题 库】

模块 2
课后题库练
习题及答案

模块 3　建设工程施工招标

【思维导图】

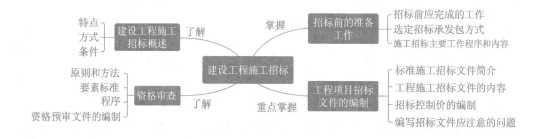

【模块导读】

建设工程施工招标是建设工程招标投标中的重要类型之一。在施工招标工作中,招标人应首先合理划分招标标段,编制详细合理的资格审查文件和招标文件,具体可以参照国家颁布的标准施工招标资格预审文件和标准施工招标文件的内容。

【案例引入】

某市跨江大桥工程由政府投资建设,该项目为地方重点工程,可行性研究报告已获批准,核准的施工总承包招标方式为公开招标。该项目初步设计图样正在审查中。为使大桥能尽早投入使用,项目法人决定立即启动招标程序。先以初步设计图样为基础进行公开招标。

项目法人直接委托了一家招标公司承担该项目的招标工作。招标公司向项目法人建议如下:

(1)由于本项目采用的技术为国际先进水平,国内具有相应施工技术能力的企业不超过 5家,建议直接改用邀请招标。

(2)由于初步设计图样深度不够,为帮助项目法人控制工程投资,建议将部分价值较大的专业工程以暂估价形式包括在总承包范围内,待条件具备时,由项目法人主持定价,直接指定分包人。

(3)由于项目施工技术难度较高,建议评标方法采用综合评估法。

同时,该建设行政主管部门认定该项目为重点工程,项目法人不能直接委托招标代理机构,而应由其指定该市某招标中心代理招标。

思考:(1)本项目是否具备工程施工总承包招标条件? 为什么?

(2)招标公司的三条建议是否妥当? 为什么?

(3)项目法人直接委托招标公司是否存在问题? 该市建设行政主管部门是否可以指定该市某招标中心为招标代理机构? 分别说明理由。

3.1　建设工程施工招标概述

3.1.1　建设工程施工招标的特点

发包的工作内容明确具体,各投标人编制的投标书在评标时易于横向对比。投标人按照招标文件的工程量表既定的工作内容和工程量编制报价,但价格的高低并非是确定中标人的唯一条件,要综合考虑各投标人在技术、经济和管理等方面的综合能力。

3.1.2　建设工程施工招标的方式

国务院发展计划部门确定的国家重点建设项目和各省、自治区、直辖市人民政府确定的地方重点建设项目,以及全部使用国有资金投资或者国有资金占控股或者主导地位的建设工程项目,应当公开招标。有下列情形之一的,经批准可以进行邀请招标。

(1)项目技术复杂或有特殊要求,只有少量几家潜在投标人可供选择的。

(2)受自然地域环境限制的。

(3)涉及国家安全、国家秘密或者抢险救灾,适宜招标但不宜公开招标的。

(4)拟公开招标的费用与项目的价值相比,不值得进行公开招标的。

(5)法律、法规规定不宜公开招标的。

国家重点建设项目的邀请招标,应当经国务院发展计划部门批准;地方重点建设项目的邀请招标,应当经各省、自治区、直辖市人民政府批准。

全部使用国有资金投资或者国有资金占控股或者主导地位的并需要审批的工程建设项目的邀请招标,应当经项目审批部门批准,但项目审批部门只审批立项的,由有关行政监督部门批准。

3.1.3　建设工程施工招标的条件

根据《房屋建筑和市政基础设施工程施工招标投标管理办法》第八条,工程施工招标应当具备下列条件。

(1)按照国家有关规定需要履行项目审批手续的,已经履行审批手续。

(2)建设资金已经落实。建设单位应当提供建设资金已经落实承诺书。

(3)有满足施工招标需要的设计文件及其他技术资料。

(4)法律、法规、规章规定的其他条件。

3.2　建设工程施工招标前的准备工作

在对外招标前,招标单位首先要做一系列准备工作。主要的准备工作有:确定招标组织形式,编制标底或招标控制价,编制招标文件等。其中编制招标文件前的准备工作很多,如收集资料、熟悉情况、确定发包承包方式、合同数量的划分等。而选定招标承发包方式、合同计价方式和合同数量的划分,是编制招标文件前的最重要的三项准备工作。

3.2.1　施工招标前应完成的工作

依法必须招标的工程,应当具备下列条件才能进行施工招标:

(1)招标人已经依法成立。招标人是依法提出施工招标项目、进行招标的法人或者其他组织。其他组织是指除法人以外的其他实体,包括合伙企业、个人独资企业和外国企业以及企业的分支机构等。

(2)初步设计及概算应当履行审批手续的,已经批准。

(3)有相应资金或资金来源已经落实。

(4)有招标所需的设计图纸及技术资料。

依法必须进行施工招标的工程除具备上述四个条件外,按照国家有关规定需要履行项目审批、核准手续的,其招标范围、招标方式、招标组织形式应当报项目审批部门审批、核准,项目审批、核准部门应当及时将审批、核准确定的招标内容通报有关行政监督部门。

3.2.2　选定施工招标承发包方式

招标承发包方式,是指招标人(发包人)与投标人(承包商)双方之间的经济关系形式。在编制招标文件前,招标人必须综合考虑招标项目的性质、类型和发包策略,招标发包的范围,招标工作的条件、具体环境和准备程度,项目的设计深度、计价方式和管理模式,以及便利发包人、承包人等因素,适当地选择拟在招标文件中采用的招标承发包方式。

3.2.2.1　确定施工发包范围应考虑的因素

施工招标发包的数量要根据招标人合同管理能力、工程项目的特点和现场条件等多种因素,具体应考虑以下几个方面。

(1)施工内容的专业要求

如专业要求不强,技术不复杂的中小型通用项目可采用总包的形式。大型复杂性项目,可以按专业分包,并采用不同招标方式。例如,将土建施工和设备安装分别招标,并采取不同的招标方式。土建施工可采用公开招标的形式,在较广泛的范围内选择技术水平高、管理能力强、报价合理的投标人。由于设备安装工作专业技术要求高,可采用邀请招标的方式。

(2)施工现场条件

划分合同标段时应考虑施工过程中不同承包商同时施工时发生的交叉干扰。基本原则是施工现场尽可能避免平面和不同高程的作业干扰,而且还应考虑各合同实施过程中在时间和空间上的衔接,避免两个合同交叉带来的工作责任推诿或扯皮,以及关键线路上的施工内容划分在不同标段时如何保证施工总进度计划目标的实现。

(3)对工程总投资的影响

只发一个合同包便于投标人进行合理的施工组织,并合理规划使用人工、施工机械和临时设施,减少窝工、机械的闲置等现象;但大型复杂项目的工程总承包,由于参与竞争的投标人较少,且报价中往往计入分包管理费,会导致中标的合同价较高。划分多个合同包时,各投标书的报价中都要考虑动员准备费、施工机械闲置费和施工干扰的风险费等。

(4)招标人的状况

全部施工内容若只作为一个合同包发包,最终招标人仅与一个中标人签订合同,这种合同关系简单,管理工作不复杂,但有能力参与竞争的投标人较少,如果招标人有相应的管理能力,也可以将全部施工内容分解成若干个单位工程或专业工程发包。这样,不仅可以发挥投标人的专业特长,而且每个独立合同要比总承包合同更容易落实和控制。

(5)其他因素的影响

工程项目的施工是个复杂的系统工程,影响合同包的因素很多,如建设资金筹措到位的时间、施工图完成的计划进度和工期要求等条件。

一、案例概况

某大型水利枢纽主体土建工程的施工,划分成拦河主坝、泄洪排沙系统和引水发电系统三个合同标段进行招标。第一标段的工作内容为坝顶长 1667 m、坝底宽 864 m、坝高 154 m 的黏土心墙堆石坝;第二标段包括 3 条直径 14.5 m 的孔板消能泄洪洞、1 条灌溉洞、1 条溢洪道和 1 条非常溢洪道;第三标段包括 6 条直径 7.8 m 的引水发电洞、3 条断面为 12 m×19 m 的尾水洞、一座尾水闸门室、一座 251.5 m×26.2 m×61.44 m 的地下厂房。

二、案例评析

该合同标段的划分主要考虑了以下因素:

(1)施工作业面分布在不同场地和不同高度,作业相对独立,不容易产生施工干扰,主体工程的几项工程可以同时施工,利于节约施工时间,使项目尽早发挥效益。

(2)合同标段考虑了施工内容的专业特点。第一标段主要为露天填筑碾压工程;其他两个标段主要为地下工程施工,利于承包商发挥专业优势。

(3)合同标段划分相对较少,有利于业主和监理的协调管理、监督控制。但一个标段的工作量较大,对能力较强的承包商具有吸引力,有利于投标竞争。

3.2.2.2　施工招标的承包方式

(1)按施工招标发包工作范围分

①全部工程招标。即将项目建设的所有土建、安装等施工工作内容一次性发包。

②单位工程发包。

③特殊专业工程招标。例如,装饰工程、特殊地基处理工程、设备安装工程都可以作为单独的合同包招标。

(2)按施工阶段的承包方式分

①包工包料。即承包方承包工程在施工过程中的全部劳务和全部材料的供应。例如,某些小型工程由于使用的材料和设备都属于通用性的,在市场上易于采购,就可以采用这种承包方式。

②包工部分包料。即承包方只负责提供承包工程在施工过程中全部劳务和一部分材料供应,其余部分材料由发包方或总承包方负责供应。某些大型复杂工程由于建筑材料用量大,尤其是某些材料有特殊材质要求,永久性工程设备大型化、技术复杂,往往采用这种形式。

③包工不包料。又称为包清工,实质上是劳务承包,承包方只提供劳务而不承担任何材料供应义务。这种形式一般在中小型工程中采用。

3.2.3　施工招标的主要工作程序和内容

(1)施工招标的主要工作程序:建设项目报建,编制招标文件、发放招标文件,开标、评标与定标,签订合同。

(2)施工招标的主要工作内容:编制招标文件、对投标人资格审查、确定建设工程标底及评标等。

3.3　资格审查

资格审查是指招标人对潜在投标人的经营范围、专业资质、财务状况、技术能力、管理能力、业绩、信誉等多方面进行评估审查,以判定其是否具有投标、订立和履行合同的资格及能力。资格审查既是招标人的权利,也是大多数招标项目的必要程序,它对于保障招标人和投标人的利益具有重要作用。

3.3.1　资格审查的原则和方法

3.3.1.1　资格审查的原则

资格审查的内容一般包括:申请人的资质条件、财务状况、业绩、信誉、项目管理机构及其投入人员的资格能力,以及招标人针对招标项目提出的其他要求。资格审查应在坚持"公开、公平、公正和诚实信用"的基础上,遵循科学、择优和合法原则。

(1)科学原则

为了保证投标申请人具有合法的投标资格和相应的履约能力,招标人应根据招标项目的规模、技术管理特性要求,结合国家企业资质等级标准和市场竞争及其投标人状况,科学、合理地设立资格评审方法、条件和标准。招标人务必慎重对待投标资格的条件和标准,因为这将直接影响合格潜在投标人的质量和数量,进而影响到投标的竞争程度和项目招标的期望目标的实现。

(2)择优原则

通过资格审查,选择资格能力、业绩、信誉优秀的潜在投标人参加投标。

(3)合法原则

资格审查的标准、方法、程序应当符合法律规定。

3.3.1.2　资格审查的方式

按照《工程建设项目施工招标投标办法》有关规定,资格审查分为资格预审和资格后审两种方法。

(1)资格预审

资格预审是招标人通过发布招标资格预审公告,向不特定的潜在投标人发出投标邀请,并组织招标资格审查委员会按照招标资格预审公告和资格预审文件确定的资格预审条件、标准和方法,对投标申请人的经营资格、专业资质、财务状况、类似项目业绩、履约信誉、企业认证体系等条件进行评审,确定合格的潜在投标人。资格预审的办法包括合格制和有限数量制,一般情况下应采用合格制,潜在投标人过多的,可采用有限数量制。

资格预审可以减少评标阶段的工作量,缩短评标时间,减少评审费用,避免不合格投标人浪费不必要的投标费用。但因设置了招标资格预审环节,而延长了招标投标的过程,增加了招标投标双方资格预审的费用。资格预审方法比较适合于技术难度较大或投标文件编制费用较高,且潜在投标人数量较多的招标项目。

 **特别提示**

通过资格预审的申请人除应满足初步审查和详细审查的标准外,还不得存在下列任何一种情形。

(1)不按审查委员会要求澄清或说明的。

(2)在资格预审过程中弄虚作假、行贿或有其他违法违规行为的。

(3)申请人存在下列情形之一。

①为招标人不具有独立法人资格的附属机构(单位)。

②为本标段前期准备提供设计或咨询服务的,但设计施工总承包的除外。

③为本标段的监理人。

④为本标段的代建人。

⑤为本标段提供招标代理服务的。

⑥与本标段的监理人或代建人或招标代理机构同为一个法定代表人的。

⑦与本标段的监理人或代建人或招标代理机构相互控股或参股的。

⑧与本标段的监理人或代建人或招标代理机构相互任职或工作的。

⑨被责令停业的。

⑩被暂停或取消投标资格的。

(4)财产被接管或冻结的。

(5)在最近 3 年内有骗取中标或严重违约或重大工程质量问题的。

(2)资格后审

资格后审是在开标后的初步评审阶段,评标委员会根据招标文件规定的投标资格条件对投标人资格进行评审,投标资格评审合格的投标文件进入详细评审。

按照《工程建设项目施工招标投标办法》第十八条"采取资格后审的,招标人应当在招标文件中载明对投标人资格要求的条件、标准和方法"的规定,资格后审是作为招标评标的一个重要内容在组织评标时由评标委员会负责的,审查的内容与资格预审的内容一致。评标委员会是按照招标文件规定的评审标准和方法进行评审的,在评标报告中包括了对投标人进行资格审查的内容。对资格后审不合格的投标人,评标委员会应当对其投标做废标处理,不再进行详细评审。

资格后审方法可以避免招标与投标双方资格预审的工作环节和费用,缩短招标投标过程,有利于增强投标的竞争性,但在投标人过多时会增加社会成本和评标工作量。资格后审方法比较适合于潜在投标人数量不多的招标项目。

3.3.2　资格审查的要素标准

3.3.2.1　建筑业企业资质管理

根据《建筑业企业资质管理规定》(2015 年 1 月 22 日住房和城乡建设部令第 22 号),从事土木工程、建筑工程、线路管道设备安装工程，以及装修工程的新建、扩建、改建等活动的建筑业企业，应当按照其拥有的企业法人营业执照以及注册资本、专业技术人员、技术装备和已完成的工程业绩等条件申请相应类别和等级的企业资质，经建设行政主管部门进行资格审查认定，取得建筑业企业相应类别资质证书后，方可从事相应资质许可范围内的工程施工承包活动。建筑业企业资质分为施工总承包资质、专业承包资质和施工劳务资质三个序列，并已推广设计与施工一体化资质标准，设计与施工资质一体化是今后的发展方向。

（1）取得施工总承包资质的企业（以下简称施工总承包企业），可以承接施工总承包工程。施工总承包企业可以对所承接的施工总承包工程内各专业工程全部自行施工，也可以将专业工程或劳务作业依法分包给具有相应资质的专业承包企业或劳务分包企业。

（2）取得专业承包资质的企业（以下简称专业承包企业），可以承接施工总承包企业分包的专业工程和项目业主依法发包的专业工程。专业承包企业可以对所承接的专业工程全部自行施工，也可以将劳务作业依法分包给具有相应资质的劳务分包企业。

（3）取得施工劳务资质的企业（以下简称施工劳务企业），可以承接施工总承包企业或专业承包企业分包的劳务作业。

资质设置的相关规定，除《建筑业企业资质管理规定》外，还有《建筑业企业资质标准》、《建筑业企业资质管理规定和资质标准实施意见》、《住房城乡建设部关于建筑业企业资质管理有关问题的通知》（建市〔2015〕154 号）等。

3.3.2.2　资格审查的主要内容

资格审查应主要审查潜在投标人或者投标人是否符合下列条件：

（1）具有独立订立合同的权利。

（2）具有履行合同的能力，包括专业、技术资格和能力，资金、设备和其他物质设施状况，管理能力，经验、信誉和相应的从业人员。

（3）没有处于被责令停业，投标资格被取消，财产被接管、冻结，破产状态。

（4）在最近 3 年内没有骗取中标和严重违约及重大工程质量问题。

（5）法律、行政法规规定的其他资格条件。

对于大型复杂项目，尤其是需要有专门技术、设备或经验的投标人才能完成时，则应设置更加严格的条件，如针对工程所需的特别措施或工艺专长、专业工程施工经历和资质及安全文明施工要求等内容，但标准应适当，标准过高会使合格投标人过少而影响竞争，标准过低则会使不具备能力的投标人获得合同而导致不能按预期目标完成建设项目。

具体审查指标可参考《中华人民共和国标准施工招标资格预审文件》（2007 年版）第三章内容。有一项因素不符合审查标准的，不能通过资格预审。

一、案例概况

某水电站的引水发电隧洞施工招标，招标工程为建造一条洞长 9400 m、洞径 8 m 的输水隧道。招标人资格审查的标准中要求投标人必须完成过洞长 6000 m、洞径 6 m 以上的有压隧洞施工经历。

二、案例评析

招标人资格审查的标准中设立的洞长和洞径小于实际招标项目,但要求具有有压隧洞施工经历。这是由该招标工程结构受力特点决定的。一般水力发电隧洞当洞内无水时均为无压隧洞,但发电隧洞充水时洞内水压力大于外部的山岩压力,隧洞衬砌部分将受拉而产生变形。此外,在施工组织、施工技术、施工经验和管理等方面也要求与招标项目在同一数量水平上。

3.3.3　资格审查的程序

资格预审的评审工作包括建立资格审查委员会、初步审查、详细审查、澄清、评审和编写审查报告等程序。

(1)组建资格审查委员会

招标人组建资格审查委员会负责投标资格审查。政府投资项目招标,其资格审查委员会的构成和产生应参照评标委员会规定,详见 5.2.1 节。其中,招标人的代表应具有完成相应项目资格审查的业务素质和能力,人数不能超过资格审查委员会成员的 1/3;有关技术、经济等方面的专家应当从事相关领域工作满 8 年,并具有高级职称或者具有同等专业水平,不得少于成员总数的 2/3。与投标资格申请人有利害关系的人不得进入相关项目的审查委员会,已经进入的应当更换。

审查委员会设负责人的,审查委员会负责人由审查委员会成员推举产生或者由招标人确定。审查委员会负责人与审查委员会的其他成员有同等的表决权,审查委员会成员的名单在审查结果确定前应当保密。

(2)初步审查

初步审查的内容主要有:投标资格申请人名称、申请函签字盖章、申请文件格式、联合体申请人等。

审查标准是检查申请人名称与营业执照、资质证书、安全生产许可证上的内容是否一致;资格预审申请文件是否经法定代表人或其委托代理人签字或加盖单位印章;申请文件是否按照资格预审文件中规定的内容格式编写;联合体申请人是否提交联合体协议书,并明确联合体责任分工等。上述因素只要有一项不合格,就不能通过初步审查。

(3)详细审查

详细审查是审查委员会对通过初步审查的申请人的资格预审申请文件进行审查。常见的审查内容和标准如下:

①营业执照。营业执照的营业范围是否与招标项目一致,执证期限是否有效。

②企业资质等级和生产许可。施工和服务企业资质的专业范围和等级是否满足资格条件要求;货物生产企业是否具有相应的生产许可证、国家强制认证等证明文件。

③安全生产许可证和质量管理体系认证书。安全生产许可范围是否与招标项目一致,执证期限是否有效;质量认证范围是否与招标项目一致,执证期限是否有效。

④职业健康安全管理体系认证书。认证范围是否与招标项目一致,执证期限是否有效。

⑤环境管理体系认证书。认证范围是否与招标项目一致,执证期限是否有效。

⑥财务状况。审查经会计师事务所或审计机构审计的近年财务报表,包括资产负债表、现金流量表、损益表和财务情况说明书,以及银行授信额度;核实投标资格申请人的资产规模、营

业收入、净资产收益率及盈利能力、资产负债率及偿债能力、流动比率、速动比率等抵御财务风险的能力是否达到资格审查的标准要求。

⑦类似项目业绩。投标资格申请人提供近年完成的类似项目情况(随附中标通知书和合同协议书或工程竣工验收证明文件),以及正在施工或生产和新承接的项目情况(随附中标通知书和合同协议书)。根据投标资格申请人完成类似项目业绩的数量、质量、规模、运行情况,评审其已有类似项目的施工或生产经验的程度。

⑧信誉。根据投标资格申请人近年来发生的诉讼或仲裁情况、质量和安全事故、合同履约情况,以及银行资信,判断其是否满足资格预审文件规定的条件要求。

⑨项目经理和技术负责人的资格。审核项目经理和其他技术管理人员的履历、任职、类似业绩、技术职称、执业资格等证明材料,评定其是否符合资格预审文件规定的资格、能力要求。

⑩联合体申请人。审核联合体协议中联合体牵头人与其他成员的责任分工是否明确;联合体的资质等级、法人治理结构是否符合要求;联合体各方有无单独或参加其他联合体对同一标段的投标。

⑪其他。审核资格预审申请文件是否满足资格预审文件规定的其他要求,特别注意是否存在投标人的限制情形,如第 2.3.2.2 节工程施工招标项目中对投标资格申请人的 12 种限制情形。

(4)澄清

在审查过程中,审查委员会可以书面形式,要求申请人对所提交的资格预审申请文件中不明确的内容进行必要的澄清或说明。申请人的澄清或说明采用书面形式,并不得改变资格预审申请文件的实质性内容。申请人的澄清和说明内容属于资格预审申请文件的组成部分。招标人和审查委员会不接受申请人主动提出的澄清或说明。

(5)评审

①合格制。满足详细审查标准的申请人,则通过资格审查,获得购买招标文件及投标资格。

②有限数量制。通过详细审查的申请人不少于 3 个且没有超过资格预审申请文件规定数量的,均通过资格预审,不再进行评分;通过详细审查的申请人数量超过资格预审申请文件规定数量的,审查委员会可以按综合评估法进行评审,并依据规定的评分标准进行评分,按得分由高到低顺序进行排序,选择申请文件规定数量的申请人通过资格预审。

(6)编写审查报告

审查委员会按照上述规定的程序对资格预审申请文件完成审查后,确定通过资格预审的申请人名单,并向招标人提交书面审查报告。

通过详细审查申请人的数量不足 3 个的,招标人重新组织资格预审或不再组织资格预审而采用资格后审方式直接招标。

(7)通过评审的申请人名单确定

通过评审的申请人名单,一般由招标人根据审查报告和资格预审文件规定确定。其后,由招标人或代理机构向通过评审的申请人发出投标邀请书,邀请其购买投标文件和参与投标;同时也向未通过评审的申请人发出未通过评审的通知。

3.3.4 资格预审文件的编制

工程招标资格预审文件是告知投标申请人资格预审条件、标准和方法,并对投标申请人的经营资格、履约能力进行评审,确定合格投标人的依据。资格预审文件的基本内容和格式可依据《房屋建筑和市政工程标准施工招标资格预审文件》(2010 年版)确定,招标人应结合招标项目的技术管理特点和需求,按照以下基本内容和要求编制招标资格预审文件。

3.3.4.1　资格预审公告

资格预审公告包括招标条件、项目概况与招标范围、申请人资格要求、资格审查办法、资格预审文件的获取与递交、发布公告的其他媒体、招标人的联系方式等内容。

3.3.4.2　申请人须知

(1)申请人须知前附表

申请人须知前附表编写内容及要求为:

①招标人及招标代理机构的名称、地址、联系人与电话,便于申请人联系。

②工程建设项目基本情况,包括项目名称、建设地点、资金来源、出资比例、资金落实情况、招标范围、标段划分、计划工期、质量要求,使申请人了解项目基本概况。

③申请人资格条件:告知投标申请人必须具备的工程施工资质、近年类似业绩、资金财务状况、拟投入人员和设备等技术力量等资格能力要素条件和近年发生诉讼、仲裁等履约信誉情况以及是否接受联合体投标等要求。

④时间安排:明确申请人提出澄清资格预审文件要求的截止时间,招标人澄清、修改资格预审文件的截止时间,申请人确认收到资格预审文件澄清、修改文件的时间和资格预审申请截止时间,使投标申请人知悉资格预审活动的时间安排。

⑤申请文件的编写要求:明确申请文件的签字或盖章要求、申请文件的装订及文件份数,使投标申请人知悉资格预审申请文件的编写格式。

⑥申请文件的递交规定:明确申请文件的密封和标识要求、申请文件递交的截止时间及地点、是否退还,以使投标人能够正确递交申请文件。

⑦简要写明资格审查采用的方法,以及资格预审结果的通知时间及确认时间。

(2)总则

总则要把招标工程建设项目概况、资金来源和落实情况、招标范围和计划工期及质量要求叙述清楚,声明申请人资格要求,明确资格预审申请文件编写所用的语言,以及参加资格预审过程的费用承担者。

(3)资格预审文件

①资格预审文件由资格预审公告、申请人须知、资格审查办法、资格预审申请文件格式、项目建设概况,以及对资格预审文件的澄清和修改构成。

②资格预审文件的澄清,要明确申请人提出澄清的时间、澄清问题的表达形式,招标人的回复时间和回复方式,以及申请人对收到答复的确认时间及方式。

a.申请人通过仔细阅读和研究资格预审文件,对不明白、不理解的意思表达,模棱两可或错误的表述,或遗漏的事项,可以向招标人提出澄清要求,但澄清必须在资格预审文件规定的时间以前,以书面形式发送给招标人。

b.招标人认真研究收到的所有澄清问题后,应在规定时间前以书面澄清的形式发送给所有购买了资格预审文件的潜在投标人。

c.申请人应在收到澄清文件后,在规定的时间内以书面形式向招标人确认已经收到。

③资格预审文件的修改。明确招标人对资格预审文件进行修改、通知的方式及时间,以及

申请人确认的方式及时间。

a. 招标人可以对资格预审文件中存在的问题、疏漏进行修改，但必须在提交资格预审文件截止时间至少 3 日前，以书面形式通知所有获取资格预审文件的申请人。如果不能在该时间前通知，招标人应顺延资格申请截止时间，使申请人有足够的时间编制申请文件。

b. 申请人应在收到修改文件后进行确认。

④资格预审申请文件的编制。招标人应在本处明确告知资格预审申请人资格预审申请文件的组成内容、编制要求、装订及签字要求。

⑤资格预审申请文件的递交。招标人一般在这部分明确资格预审申请文件应按统一的规定和要求进行密封和标识，并在规定的时间和地点递交。对于没有在规定地点、时间递交的申请文件，一律拒绝接收。

⑥资格预审申请文件的审查。资格预审申请文件由招标人依法组建的审查委员会按照资格预审文件规定的审查办法进行审查。

⑦通知和确认。明确审查结果的通知时间及方式，以及合格申请人的回复方式及时间。

⑧纪律与监督。对资格预审期间的纪律、保密、投诉以及对违纪的处置方式进行规定。

3.3.4.3　资格审查办法

（1）选择资格审查办法

资格预审的合格制与有限数量制两种办法适用于不同的条件：

①合格制：一般情况下，应当采用合格制，凡符合资格预审文件规定资格条件标准的投标申请人，即取得相应投标资格。

合格制中，满足条件的投标申请人均获得投标资格。其优点是：投标竞争性强，有利于获得更多、更好的投标人和投标方案；对满足资格条件的所有投标申请人公平、公正。其缺点是：投标人可能较多，从而加大投标和评标工作量，浪费社会资源。

②有限数量制：当潜在投标人过多时，可采用有限数量制。招标人在资格预审文件中既要规定投标资格条件、标准和评审方法，又需明确资格预审的投标申请人通过数量。例如，采用综合评估法对投标申请人的资格条件进行综合评审，根据评价结果的优劣排序，并按规定的限制数量择优选择通过资格预审的投标申请人。目前除各行业部门规定外，尚未统一规定合格申请人的最少数量，原则上要求 3 家以上。

采用有限数量制一般有利于降低招标投标活动的社会综合成本，但在一定程度上可能限制了潜在投标人的范围。

（2）审查标准

审查标准包括初步审查和详细审查的标准，以及采用有限数量制时的评分标准。

（3）审查程序

审查程序包括资格预审申请文件的初步审查、详细审查、申请文件的澄清以及有限数量制的评分等内容和规则。

（4）审查结果

资格审查委员会完成资格预审申请文件的审查，确定通过资格预审的申请人名单，向招标人提交书面审查报告。

3.3.4.4　资格预审申请文件

资格预审申请文件包括以下基本内容和格式：

（1）资格预审申请函

资格预审申请函是申请人响应招标人、参加招标资格预审的申请函,同意招标人或其委托代表对申请文件进行审查,并应对所递交的资格预审申请文件及有关材料内容的完整性、真实性和有效性做出声明。

（2）法定代表人身份证明或其授权委托书

①法定代表人身份证明,是申请人出具的用于证明法定代表人合法身份的证明,内容包括申请人名称、单位性质、成立时间、经营期限,法定代表人姓名、性别、年龄、职务等。

②授权委托书,是申请人及其法定代表人出具的正式文书,明确授权其委托代理人在规定的期限内负责申请文件的签署、澄清、递交、撤回、修改等活动,其活动的后果由申请人及其法定代表人承担法律责任。

（3）联合体协议书

联合体协议书适用于允许联合体投标的资格预审,是联合体各方联合声明共同参加资格预审和投标活动签订的联合协议。联合体协议书中应明确牵头人、各方职责分工及协议期限,承诺对递交文件承担法律责任等。

（4）申请人基本情况

①申请人的名称、企业性质、主要投资股东、法人治理结构、法定代表人、经营范围与方式、营业执照、注册资金、成立时间、企业资质等级与资格声明、技术负责人、联系方式、开户银行、员工专业结构与人数等。

②申请人的施工、制造或服务能力,包括:已承接任务的合同项目总价,最大年施工、生产或服务规模能力（产值）,正在施工、生产或服务的规模数量（产值）,申请人的施工、生产或服务质量保证体系,拟投入本项目的主要设备仪器情况。

（5）近年财务状况

申请人应提交近年（一般为近 3 年）经会计师事务所或审计机构审计的财务报表,包括资产负债表、损益表、现金流量表等,用于招标人判断投标人的总体财务状况以及盈利能力和偿债能力,进而评估其承担招标项目的财务能力和抗风险能力。申请工程招标资格预审者,特别需要反映申请人近 3 年每年的营业额、固定资产、流动资产、长期负债、流动负债、净资产等。必要时,应由开户银行出具金融信誉等级证书或银行资信证明。

（6）近年完成的类似项目情况

申请人应提供近年已经完成与招标项目性质、类型、规模标准类似的工程名称、地址,招标人名称、地址及联系电话,合同价格,申请人的职责定位、承担的工作内容、完成日期,实现的技术、经济和管理目标和使用状况,项目经理、技术负责人等。

（7）拟投入技术和管理人员状况

申请人拟投入招标项目的主要技术和管理人员的身份、资格、能力,包括岗位任职、工作经历、执业资格、技术或行政职务、职称,以及完成的主要类似项目业绩等证明材料。

（8）未完成和新承接项目情况

填报信息内容与"近年完成的类似项目情况"的要求相同。

（9）近年发生的诉讼及仲裁情况

申请人应提供近年来在合同履行中,因争议或纠纷引起的诉讼、仲裁情况,以及有无违法违规行为而被处罚的相关情况,包括法院或仲裁机构做出的判决、裁决、行政处罚决定等法律文书复印件。

(10)其他材料

申请人提交的其他材料包括两部分:一是资格预审文件须知、评审办法等有关要求,但申请文件格式中没有表述的内容,如 ISO9000、ISO14000、ISO18000 等质量管理体系、环境管理体系、职业健康安全管理体系认证证书,以及企业、工程、产品的获奖、荣誉证书等;二是资格预审文件中没有要求提供,但申请人认为对自己通过预审比较重要的资料。

 能力拓展

甲市仓储设施建设项目一期工程

一、案例概况

甲市仓储设施建设项目一期工程施工招标资格评审报告见表 3.1,资格评审结果见表 3.2。

表 3.1　甲市仓储设施建设项目一期工程施工招标资格评审报告

工程名称				甲市仓储设施建设项目一期工程			
栋数	6	结构层次	钢结构、框架三层	建筑面积/m²		29169.9	
市政工程建设规模							
标段数量	1	评审时间	2017 年 8 月 24 日	评审地点		甲市建设交易中心	
资格评审小组成员名单							
姓名	工作单位		职务	职称	专业工作年限	在小组中担任的工作	
张宝	天南物流发展有限责任公司		副经理	会计师	15 年	评审工作	
王伟	地北物流发展有限责任公司			工程师	12 年	评审工作	
李明	甲市第一建设项目管理有限公司		副总经理	工程师	20 年	评审工作	
刘红	甲市第二建设项目管理有限公司		副经理	助理工程师	8 年	评审工作	
赵强	甲市第三建设项目管理有限公司			助理工程师	6 年	评审工作	
资格评审程序和内容							

甲市仓储设施建设项目一期工程于 2017 年 7 月 20 日 16:30 至 7 月 23 日 16:30 在甲市建设信息网上发布招标公告,网上报名的共有 24 家投标单位。于 2017 年 8 月 24 日 9:00 至 17:00 止,共有 16 家投标申请人送达并提交了资格证明文件和资料,在甲市建设工程交易中心现场受理并核验投标申请人现场提交的资格证明文件和资料。

根据招标公告相应条款要求,本着"公开、公平、公正"的原则,在不排除任何潜在投标人的前提下,评审小组现场受理并核验了投标申请人现场提交的资格证明文件和资料。审查内容包括:企业营业执照副本;组织机构代码证,资质证书副本;安全生产许可证;网上报名记录;外地企业需另携带甲市建委注册登记证或企业资质认证证明单;拟派项目经理执业资格注册证(一级)、身份证、项目经理劳动合同及项目经理类似工程经验(钢结构 20 m 以上跨度)业绩表和证明资料;项目经理只能担任本工程施工项目的管理工作的承诺函,五大员上岗证,近 3 年经过审计的财务报表;法人代表委托书及被委托人身份证及劳动合同。审查情况为,有 8 家投标单位为合格单位,8 家投标单位为不合格单位(详细情况见表 3.2)。资格预审合格的 8 家投标单位均可参加该施工工程的投标。

注:在"资格评审程序和内容"栏目中,要详细阐明资格评审的全过程、资格评审标准、投标人确定方法等。

表 3.2　甲市仓储设施建设项目一期工程资格评审结果

投标申请人	安全生产许可证编号	合格/不合格	抽签入围(√)	标段	未通过资格预审的原因
甲市第一建筑公司	提交(编号略)	合格			
东山建筑第九工程局	提交(编号略)	合格			
大力建设集团股份有限公司	提交(编号略)	合格			
大成建工股份有限公司	提交(编号略)	合格			
西成建工第一建筑有限公司	提交(编号略)	合格			
北齐建设集团有限公司	提交(编号略)	合格			
云安建筑总承包集团第三建筑工程公司	提交(编号略)	合格			
海西冶金建设公司	提交(编号略)	合格			
孙山建设工程股份有限公司	提交(编号略)	不合格			授权委托人未到达现场办理核验,未提交项目经理类似工程经验证明和网上报名记录
吴水建设有限公司	提交(编号略)	不合格			未提交五大员中预算员上岗证
乙市第一建筑公司	提交(编号略)	不合格			提交的项目经理类似工程经验为框架,而不是钢结构
丙市第一建设工程有限责任公司	提交(编号略)	不合格			提交的项目经理类似工程经验为框架,而不是钢结构
丁省丽港建集团有限公司	提交(编号略)	不合格			未提交项目经理执业资格注册证,未提交项目经理类似工程经验证明和网上报名记录
戊省建筑二局第三建筑公司	提交(编号略)	不合格			未提交项目经理身份证,无2016 年度经审计的财务报表
上成第二建设工程有限责任公司	未提交	不合格			未提交:①安全生产许可证;②项目经理资格证明、类似工程经验及承诺函;③五大员上岗证;④近 3 年经审计财务报表;⑤授权委托书
大鼎建设集团有限公司	提交(编号略)	不合格			未提交项目经理执业资格注册证和类似工程业绩证明

注:"资格预审评审结果"应注明投标申请人未通过资格评审的原因,若表格不够填写,可另附表格。

二、问题

(1)依据资格审查的五项基本内容,逐一对应找出本案例中各自对应的具体审查因素。

(2)本案例采用的是哪一种资格审查方式和办法?

（3）该资格评审报告包括了哪些内容？

（4）该资格审查工作经历了哪些工作流程？

 应用案例

一、案例概况

某政府投资工程于 2016 年 6 月组织施工招标资格预审。资格预审文件采用《房屋建筑和市政工程标准施工招标资格预审文件》（2010 年版）编制，审查办法为合格制，其中部分审查因素和标准见表 3.3。

表 3.3　部分审查因素和标准

审查因素	审查标准
申请人名称	与营业执照、资质证书、安全生产许可证一致
申请函签字盖章	有法定代表人或其委托代理人签字或盖单位公章
申请唯一性	只能提交唯一有效申请
营业执照	具备有效的营业执照
安全生产许可证	具备有效的安全生产许可证
资质等级	具备房屋建筑工程施工总承包一级以上资质
项目经理资格	具有建筑工程专业一级建造师职业资格及注册证书
投标资格	有效，投标资格没有被取消或暂停
投标行为	合法，近 3 年内没有骗取中标行为
其他	法律、法规规定的其他条件

招标人收到了 12 份资格预审申请文件，其中申请人 12 的资格预审申请文件是在规定的资格预审文件递交截止时间后 2 分钟收到的。招标人组建了资格审查委员会，对受理的 12 份资格预审申请文件进行审查，审查过程有关情况如下。

（1）申请人 1 同时是联合体申请人 10 的成员，资格审查委员会要求申请人 1 确认是参加联合体还是独自申请。在规定的时间内申请人 1 确认其参加联合体，随即撤回其独立的资格申请。资格审查委员会确认申请人 1 的申请合格。

（2）申请人 2 不具备相应资质，使用资质为其子公司的资质，资格审查委员会认为母公司采用子公司资质申请有效。

（3）申请人 3 的安全生产许可证有效期已过，资格审查委员会要求申请人 3 提交重新申领的安全生产许可证原件。在规定的时间内，申请人 3 重新提交了其重新申领的安全生产许可证，资格审查委员会确认其申请合格。

（4）招标人临时要求核查申请人资质证书原件，申请人 4 提交的申请文件虽符合资格预审文件要求，但未按照要求提供资质证书原件供资格审查委员会审查，资格审查委员会据此判定申请人 4 不能通过资格审查。

（5）申请人 5 在 2015 年 10 月因在投标过程中参与串标而受到了暂停投标资格一年的行

政处罚,资格审查委员会认为其他外部证据不能作为审查的依据,依据资格预审文件判定申请人 5 通过了资格审查。其他申请文件均符合要求。

经资格审查委员会审查,确认申请人 1、2、3、5、6、7、8、9、10、11 和 12 通过了资格审查。

二、案例评析

(1)不妥之处:资格审查委员会要求申请人 1 确认是参加联合体还是独自申请,并确认申请人 1 的申请合格。

理由:不符合只能提交唯一有效申请的要求。

(2)不妥之处:资格审查委员会认为申请人 2 采用子公司资格申请有效。

理由:不符合申请人名称应与营业执照、资质证书、安全生产许可证一致的要求。

(3)不妥之处:资格审查委员会确认申请人 3 的申请合格。

理由:不符合必须具备有效的安全生产许可证的要求。

(4)不妥之处:资格审查委员会认为其他外部证据不能作为审查的依据,依据资格预审文件判定申请人 5 通过了资格审查。

能力拓展

理由:不符合近 3 年内没有骗取中标行为的要求。

(5)不妥之处:确认申请人 1、2、3、5、6、7、8、9、10、11 和 12 通过了资格审查。

理由:应该确认申请人 6、7、8、9、10、11 通过了资格审查。

3.3.4.5　工程建设项目概况

工程建设项目概况的内容应包括项目说明、建设条件、建设要求和其他需要说明的情况。各部分具体编写要求如下:

(1)项目说明

首先,应概要介绍工程建设项目的建设任务、工程规模标准和预期效益;其次,说明项目的批准或核准情况;再次,介绍该工程的项目业主,项目投资人出资比例,以及资金来源;最后,概要介绍项目的建设地点、计划工期、招标范围和标段划分情况。

(2)建设条件

建设条件主要是描述建设项目所处位置的水文气象条件、工程地质条件、地理位置及交通条件等。

(3)建设要求

概要介绍工程施工技术规范、标准要求,以及工程建设质量、进度、安全和环境管理等要求。

(4)其他需要说明的情况

需结合项目的工程特点和项目业主的具体管理要求提出。

3.4　工程项目施工招标文件的编制

招标文件是招标人向潜在投标人发出的要约邀请文件,是告知投标人招标项目内容、范围、数量与招标要求、招标投标程序规则、投标文件编制与递交要求、评标标准与方法、合同条款与技术标准等招标投标活动主体必须掌握的信息和遵守的依据,对招标投标各方均具有法律约束力。招标文件的有些内容只是为了说明招标投标的程序要求,将来并不构成合同文件,如投标人须知；有些内容则构成合同文件，如合同条款、设计图纸、技术标准与要求等。

3.4.1　标准施工招标文件简介

为了规范招标文件编制活动，提高招标文件编制质量，促进招标投标活动的公开、公平和公正，由国家发展和改革委员会等九部委在原 2002 年版招标文件范本的基础上，联合编制了《标准施工招标资格预审文件》(2007 年版)、《标准施工招标文件》(2007 年版)，并于 2008 年 5 月 1 日试行。2010 年 6 月，住房和城乡建设部根据《标准施工招标文件》(2007 年版)试行情况发布了《房屋建筑和市政工程标准施工招标资格预审文件》和《房屋建筑和市政工程标准施工招标文件》(2010 年版)(建市〔2010〕88 号)。该文件适用于一定规模以上，且设计和施工不是由同一承包人承担的房屋建筑和市政工程施工招标的资格预审和施工招标。

为落实中央关于建立工程建设领域突出问题专项治理长效机制的要求，进一步完善招标文件编制规则，提高招标文件编制质量，促进招标投标活动的公开、公平和公正，国家发展和改革委员会会同其他相关部委编制了《简明标准施工招标文件》和《标准设计施工总承包招标文件》，并于 2012 年 5 月 1 日起实施。依法必须进行招标的工程建设项目，工期不超过 12 个月、技术相对简单，且设计和施工不是由同一承包人承担的小型项目，其施工招标文件应当根据《简明标准施工招标文件》编制。设计施工一体化的总承包项目，其招标文件应当根据《标准设计施工总承包招标文件》编制。

2017 年 9 月，国家发展和改革委员会等九部委编制了《标准设备采购招标文件》《标准材料采购招标文件》《标准勘察招标文件》《标准设计招标文件》《标准监理招标文件》(统一简称为《标准文件》)。《标准文件》适用于依法必须招标的与工程建设有关的设备、材料等货物项目和勘察、设计、监理等服务项目。《标准文件》中的"投标人须知"(投标人须知前附表和其他附表除外)、"评标办法"(评标办法前附表除外)和"通用合同条款"，应当不加修改地引用。以上《标准文件》自 2018 年 1 月 1 日起实施。

一般情况下，各类工程施工招标文件的内容大致相同，但组卷方式可能有所区别。此处以《标准施工招标文件》为范本介绍工程施工招标文件的内容和编写要求。

《标准施工招标文件》共包括封面格式和四卷八章内容。

第一卷　第一章　招标公告(投标邀请书)(见"知识链接——《标准施工招标文件》第一卷"二维码)。

第二章　投标人须知(见"知识链接——《标准施工招标文件》第一卷"二维码)。

第三章　评标办法。

第四章　合同条款及格式。

第五章　工程量清单(见"知识链接——《标准施工招标文件》第一卷"二维码)。

第二卷　第六章　图纸。

第三卷　第七章　技术标准和要求。

第四卷　第八章　投标文件格式。

3.4.2　工程施工招标文件的内容

3.4.2.1　封面

《标准施工招标文件》封面格式包括以下内容：项目名称、标段名称(如有)、招标人名称和单位印章、时间,并标注出"招标文件"这四个字。

3.4.2.2　招标公告(投标邀请书)

招标公告与投标邀请书是《标准施工招标文件》的第一章。对于未进行资格预审项目的公开招标项目,招标文件应包括招标公告;对于邀请招标项目,招标文件应包括投标邀请书;对于已经进行资格预审的项目,招标文件也应包括投标邀请书(代资格预审通过通知书)。

(1)招标公告(未进行资格预审)

招标公告包括项目名称、招标条件、项目概况与招标范围、投标人资格要求、招标文件的获取、投标文件的递交、发布公告的媒介和联系方式等内容。

(2)投标邀请书(适用于邀请招标)

适用于邀请招标的投标邀请书,一般包括项目名称、被邀请人名称、招标条件、项目概况与招标范围、投标人资格要求、招标文件的获取、投标文件的递交与确认和联系方式等内容。其中大部分内容与招标公告基本相同,唯一的区别是:投标邀请书无须说明发布公告的媒介,但对投标人增加了在收到投标邀请书后的约定时间内,以传真或快递方式予以确认是否参加投标的要求。

(3)投标邀请书(代资格预审通过通知书)

适用于代资格预审通过通知书的投标邀请书,一般包括项目名称、被邀请人名称、购买招标文件的时间、招标文件的售价、投标截止时间、收到邀请书的确认时间和联系方式等。与适用于邀请招标的投标邀请书相比,由于已经经过了资格预审阶段,所以在代资格预审通过通知书的投标邀请书内容里,不包括招标条件、项目概况与招标范围和投标人资格要求等内容。

3.4.2.3　投标人须知

投标人须知是招标投标活动应遵循的程序规则和对投标的要求。但投标人须知不是合同文件的组成部分,希望有合同约束力的内容应在构成合同文件组成部分的合同条款、技术标准与要求等文件中界定。

投标人须知包括投标人须知前附表、总则、招标文件、投标文件、投标、开标、评标和合同授予等八部分。

(1)投标人须知前附表

投标人须知前附表的主要作用有两个方面:一是将投标人须知中的关键内容和数据摘要列表,起到强调和提醒作用,为投标人迅速掌握投标人须知内容提供方便,但必须与招标文件相关章节内容衔接一致;二是对投标人须知正文中由前附表明确的内容给予具体约定。

(2)总则

投标人须知正文中的总则内容主要包括:项目概况、资金来源和落实情况、招标范围、计划工期和质量要求、投标人资格要求、费用承担、保密、语言文字、计量单位等。

(3)招标文件

招标文件是指对招标活动具有法律约束力的最主要文件。投标人须知应该阐明招标文件的组成,招标文件的澄清和修改。投标人须知中没有载明具体内容的,不构成招标文件的组成部分,对招标人和投标人没有约束力。

(4)投标文件

投标文件是投标人响应和依据招标文件向招标人发出的要约文件。招标人在投标人须知中对投标文件的组成、投标有效期、投标保证金、资格审查资料、备选方案和投标文件的编制提出明确要求。

（5）投标

包括投标文件的密封和标记、投标文件的递交、投标文件的修改与撤回等规定。

（6）开标

包括开标时间、地点和开标程序等规定。

（7）评标

包括评标委员会、评标原则和评标方法等规定。

（8）合同授予

包括定标方式、中标通知、履约担保和签订合同等规定。

3.4.2.4　评标办法

招标文件中"评标办法"主要包括选择评标办法、确定评审因素和标准以及确定评标程序三方面内容：

（1）选择评标办法

评标办法一般包括经评审的最低投标价法、综合评估法，以及法律、行政法规允许的其他评标办法。

（2）确定评审因素和标准

投标文件应针对初步评审和详细评审分别制定相应的评审因素和标准。

（3）确定评标程序

评标工作一般包括初步评审，详细评审，招标文件的澄清、说明，以及评标结果等具体程序。

3.4.2.5　合同条款及格式

《民法典》第七百九十五条规定："施工合同的内容一般包括工程范围、建设工期、中间交工工程的开工和竣工时间、工程质量、工程造价、技术资料交付时间、材料和设备供应责任、拨款和结算、竣工验收、质量保修范围和质量保证期、相互协作等条款。"

为了提高效率，招标人可采用《标准施工招标文件》，或者结合行业合同示范文本的合同条款编制招标项目的合同条款。

《标准施工招标文件》的合同条款包括一般约定、发包人义务、监理人、承包人、材料和工程设备、施工设备和临时设施、交通运输、测量、放线、施工安全、治安保卫和环境保护、进度计划、开工和竣工、暂停施工、工程质量、试验和检验、变更、价格调整、计量与支付、竣工验收、缺陷责任与保修责任、保险、不可抗力、违约、索赔、争议的解决。

合同附件的格式包括了合同协议书格式、履约担保格式、预付款担保格式等。

3.4.2.6　工程量清单

工程量清单是投标人投标报价和签订合同协议书时确定合同价格的唯一载体。《标准施工招标文件》第五章"工程量清单"包括了四部分的内容：工程量清单说明、投标报价说明、其他说明和工程量清单。其中，前三部分均是说明性内容，为解读和使用第四部分的内容服务。第四部分提供的是一系列表格，包括工程量清单表、计日工表、暂估价表、投标报价汇总表、工程量清单单价分析表。

3.4.2.7　设计图纸

设计图纸是构成合同文件的重要组成部分，是编制工程量清单以及投标报价的重要依据，也是进行施工和验收的依据。通常招标时的图纸并不是工程所需的全部图纸,在投标人中标后还会陆续颁发新的图纸以及对招标时的图纸进行修改。因此,在招标文件中,除了附上招标图纸外,还应该列明图纸目录。图纸目录一般包括:序号、图名、图号、版本、出图日期等。图纸目录以及相应的图纸对施工过程的合同管理以及争议解决发挥着重要作用。

3.4.2.8　技术标准和要求

技术标准和要求也是构成合同文件的组成部分。技术标准的内容主要包括各项工艺指标、施工要求、材料检验标准,以及各分部、分项工程施工成型后的检验手段和验收标准等。有些项目根据所属行业的习惯,也将构成子项目的计量支付内容写进技术标准和要求中。项目的专业特点和所应用的行业标准的不同,决定了不同项目的技术标准和要求存在区别。同样的一项技术指标,可引用的行业标准和国家标准不止一个,有些大型项目还有必要将其作为专门的科研项目来研究。

 能力拓展

一、案例概况

国有企业××机场有限责任公司,全额利用自有资金新建××机场航站楼,建设地点为 A 市 B 区 C 路 D 号。经 G 发展和改革委员会批准(批准文号:G 发改〔2014〕×××号),工程建筑面积 12000 m²,批准的设计概算为 98000 万元,核准的施工招标方式为公开招标,可以自行组织招标。该工程为单体建筑,地下 3 层,地上 3 层。根据有关规定和工程实际需要,招标人拟定的招标方案概括如下:自行组织招标;采用施工总承包方式;选择一家施工总承包企业;要求投标人具有房屋建筑工程施工总承包特级资质,并至少具有一项规模相近的机场航站楼类似工程施工业绩;不接受联合体投标;采用资格后审方法;计划 2015 年 3 月 1 日开工建设,2017 年 3 月 1 日竣工投入使用;为降低潜在投标人投标成本,相关文件均免费发放,也不收取图纸押金,且为避免文件传递出现差错,所有文件往来均不接受邮寄;给予潜在投标人准备投标文件的时间为招标文件开始发售之日起 30 个日历日。该公司租用了某写字楼作为办公场所,能够满足本次招标开标、评标等招标投标活动的需要(A 市没有公共资源交易中心);联系方式均已落实。该工程现已具备施工总承包招标条件,拟于 2014 年 11 月 13 日(星期四)通过网络媒介发布邀请不特定潜在投标人参与投标竞争的公告。为加快招标进度,公告第二天即开始发放相关文件。

二、问题

请根据上述资料及有关规定对公告内容的要求,编写该工程施工总承包招标邀请不特定潜在投标人参与投标竞争的公告(要求逻辑合理、语句通顺、文字简洁)。

3.4.2.9　投标文件格式

投标文件格式的主要作用是为投标人编制投标文件提供固定的格式和编排顺序,以规范投标文件的编制,同时便于评标委员会评标。

知识链接——
《标准施工招标文件》第一卷

3.4.3　招标控制价的编制

3.4.3.1　招标控制价的作用

《建设工程工程量清单计价规范》(GB 50500—2013),以下简称《13 计价规范》,第 2.0.45 条规定:招标控制价是招标人根据国家或省级、行业建设主管部门颁发的有关计价依据和办法,以及拟定的招标文件和招标工程量清单,结合工程具体情况编制的招标工程的最高投标限价。其作用包括:

(1)招标人通过招标控制价,可以清除投标人间合谋超额利益的可能性,有效遏制围标串标行为;

(2)投标人通过招标控制价,可以避免投标决策的盲目性,增强投标活动的选择性和经济性;

(3)招标控制价与经评审的合理最低价评标配合,能促使投标人加快技术革新和提高管理水平。

3.4.3.2　招标控制价编制的一般规定

(1)国有资金投资的建设工程招标,招标人必须编制招标控制价。

(2)招标控制价应由具有编制能力的招标人或受其委托具有相应资质的工程造价咨询人编制和复核。

(3)工程造价咨询人接受招标人委托编制招标控制价,不得再就同一工程接受投标人委托编制投标报价。

(4)招标控制价按照《13 计价规范》第 5.2.1 条的规定编制,不应上调或下浮。

(5)招标控制价超过批准的概算时,招标人应将其报原概算审批部门审核。

(6)招标人应在发布招标文件时公布招标控制价,同时应将招标控制价及有关资料报送工程所在地(或有该工程管辖权的行业管理部门)工程造价管理机构备查。

3.4.3.3　招标控制价的编制依据

编制招标控制价时要充分考虑施工现场情况、工程特点及施工方案对措施项目费的影响。《13 计价规范》第 5.2.1 条规定,招标控制价应根据下列依据进行编制与复核:

(1)《13 计价规范》;

(2)国家或省级、行业建设主管部门颁发的计价定额和计价办法;

(3)建设工程设计文件及相关资料;

(4)拟定的招标文件及招标工程量清单;

(5)与建设项目相关的标准、规范、技术资料;

(6)施工现场情况、工程特点及常规施工方案;

(7)工程造价管理机构发布的工程造价信息(工程造价信息没有发布的,参照市场价);

(8)其他的相关资料。

3.4.3.4　编制内容和注意事项

(1)编制内容

招标控制价的编制与复核内容包括:分部分项工程费、措施项目费、其他项目费、规费和税金的编制和复核。

①综合单价中应包括招标文件中划分的应由投标人承担的风险范围及其费用,招标文件

中没有明确的,如由工程造价咨询人编制,应提请招标人明确;如由招标人编制,应予明确。

②分部分项工程和措施项目中的单价项目,应根据拟定的招标文件和招标工程量清单项目中的特征描述及有关要求确定综合单价计算。

③工程量清单应采用综合单价计价。

④措施项目中的安全文明施工费必须按国家或省级、行业建设主管部门的规定计算,不得作为竞争性费用。

⑤规费和税金必须按国家或省级、行业建设主管部门的规定计算,不得作为竞争性费用。

(2)注意事项

若发现招标控制价编制过低,招标控制价编制不符合工程实际情况,以及招标控制价未按规定编制等问题,投标人可以按照以下规定提起投诉:

①投标人经复核认为招标人公布的招标控制价未按照本规范的规定进行编制的,应当在招标控制价公布后 5 d 内向招投标监督机构和工程造价管理机构投诉。

②招标控制价复查结论与原公布的招标控制价误差大于±3%的,应当责成招标人改正。

③招标人根据招标控制价复查结论,需要重新公布招标控制价的,其最终公布的时间至招标文件要求提交投标文件截止时间不足 15 d 的,相应延长投标文件的截止时间。

④工程量清单的编制应注意:工程量清单的完整性;工程量清单的准确性;项目特征描述的准确性。

⑤综合单价的确定应注意:综合单价的定额套用;材料价格的确定;风险范围的确定。

3.4.4　编写招标文件应注意的问题

3.4.4.1　招标文件应体现工程建设项目的特点和要求

招标文件牵涉的专业内容比较广泛,具有明显的多样性和差异性,编写一套适用于具体工程建设项目的招标文件,需要具有较强的专业知识和一定的实践经验,还要准确把握项目专业特点。

编制招标文件时必须认真阅读研究有关设计与技术文件,与招标人充分沟通,了解招标项目的特点和需求,包括项目概况、性质、审批或核准情况、标段划分计划、资格审查方式、评标方法、承包模式、合同计价类型、进度时间节点要求等,并充分反映在招标文件中。

招标文件应该内容完整、格式规范,按规定使用标准招标文件,结合招标项目特点和需求,参考以往同类项目的招标文件进行调整、完善。

3.4.4.2　招标文件必须明确投标人实质性响应的内容

投标人必须完全按照招标文件的要求编写投标文件,如果投标人没有对招标文件的实质性要求和条件做出响应,或者响应不完全,都可能导致投标人投标失败。所以,招标文件有需要投标人做出实质性响应的所有内容,如招标范围、工期、投标有效期、质量要求、技术标准和要求等应具体、清晰、无争议,且宜以醒目的方式提示,避免使用原则性的、模糊的或者容易引起歧义的词句。

3.4.4.3　防范招标文件中的违法、歧视性条款

编制招标文件必须熟悉和遵守招标投标的法律法规,并及时掌握最新规定和有关技术标准,坚持公平、公正、遵纪守法的要求。严格防范招标文件中出现违法、歧视、倾向条款限制、排斥或保护潜在投标人,并要公平合理划分招标人和投标人的风险责任。只有招标文件客观与

公正,才能保证整个招投标活动的客观与公正。

3.4.4.4 保证招标文件格式、合同条款的规范一致

编制招标文件应保证文件格式、合同条款规范一致,从而保证招标文件逻辑清晰、表达准确,避免产生歧义和争议。

招标文件合同条款部分如采用通用合同条款和专用合同条款形式编写,正确的编写方式为:"通用合同条款"应全文引用,不得删改;"专用合同条款"则应按其条款编号和内容,根据工程实际情况进行修改和补充。

3.4.4.5 招标文件语言要规范、简练

编制、审核招标文件应一丝不苟、认真细致。招标文件语言文字要规范、严谨、正确、精练、通顺,要认真推敲,避免使用含义模糊或容易产生歧义的词语。

招标文件的商务部分与技术部分一般由不同人员编写,应注意两者间及各专业之间的相互结合与一致性,并交叉校核,检查各部分是否有不协调、重复和矛盾的内容,确保招标文件的质量。

 **综合案例**

一、案例概况

某市某局利用财政性资金建设某政府办公楼项目,预算为3000万元,总建筑面积20000 m²。招标人采用公开招标的方式组织施工招标。招标公告编制完成后,招标人在该市很有影响力的一份报纸上发布了招标公告。招标公告规定的投标人资格条件中有一项为"注册资本金在5000万元以上";另外还规定,在购买招标文件的同时,潜在投标人须提交50%的投标保证金,即5万元(人民币)后才能够购买,以保证潜在投标人购买招标文件后参加项目投标。招标公告发布后3天,有两家单位购买了招标文件,招标人经分析后认为"注册资本金在5000万元以上"的资格条件可能过高,影响了潜在投标人参与竞争,于是决定将其修改为"注册资本金在1000万元以上"。为减少招标时间,经商讨,招标人决定直接在招标文件中对上述资格条件进行调整,并在开标前15日通知所有购买招标文件的投标人,而不再重新发布招标公告,以保证开标计划能够如期进行。最终共有8名投标人参加投标,开标计划如期进行。

二、问题

(1)招标公告中应列明哪些内容?

(2)招标人在上述招标公告的发布过程中有哪些不正确的行为?为什么?正确的处理方法是怎样的?

三、案例评析

(1)依法必须招标项目的招标公告,应当载明以下内容:

①招标项目名称、内容、范围、规模、资金来源。

②投标资格能力要求及是否接受联合体投标。

③获取资格预审文件或招标文件的时间、方式。

④递交资格预审文件或投标文件的截止时间、方式。

⑤招标人及其招标代理机构的名称、地址、联系人及联系方式。

⑥采用电子招标投标方式的，潜在投标人访问电子招标投标交易平台的网址和方法。

⑦其他依法应当载明的内容。

（2）招标人在上述招标公告的发布过程中，有以下不正确的行为：

①仅在该市很有影响力的一份报纸上发布招标公告。

②要求潜在投标人提交 5 万元人民币的投标保证金后才能购买招标文件。

③在招标文件中直接调整招标公告规定的资格条件，而未重新发布招标公告。

（3）上述行为不正确的原因及正确做法如下：

①本项目为利用财政性资金投资建设的项目，且工程总投资为 3000 万元，属于必须招标的项目。依法必须进行招标的项目的招标公告，应当通过国家指定的报刊、信息网络或者其他媒介发布，在地方报纸上发布招标公告不符合规定。依法必须招标项目的招标公告应当在"中国招标投标公共服务平台"或者项目所在地省级电子招标投标公共服务平台发布。招标公告和公示信息除在指定媒介发布外，招标人或其招标代理机构也可以同步在其他媒介公开，并确保内容一致。

②投标保证金从性质上属于投标文件的一部分，是用来保证投标人从递交投标要约到中标后，按照招标文件的要求递交履约保证金，并与招标人签订合同等一系列缔约行为的。在投标截止时间前，投标人都有权力决定是否递交投标要约，即递交投标文件，这是法律赋予潜在投标人的一个基本权利。本案中，招标人要求潜在投标人须提交 50％的投标保证金才能够购买招标文件的做法侵害了投标人的权利，是不正确的。因此，应取消该规定，重新发布招标公告。

③招标公告属于订立合同过程中的要约邀请，招标文件属于在招标公告基础上的细化和补充，但不能修改招标公告中已经明确的实质性内容，如本案中的资格条件等。因此，招标人在招标公告发布后修改其中实质性条件的，需要重新发布招标公告，而不能直接在招标文件中进行调整。

【学 生 笔 记】

1.建设工程项目施工招标前的准备工作有哪些？

2.简述资格审查的原则、方式和要素。

3.简述资格审查的程序和办法。

4.简述资格预审文件由哪些内容组成。

5.简述工程招标文件由哪些内容组成。

6.编写招标文件应注意的问题有哪些？

【案 例 题】

1.某市某区腾龙工业园区内明志一路、明志二路，由该省发展和改革委员会批准建设，批准编号为发改投标字(2009)第×××号，其中政府投资 24％，企业筹资 76％，采用公开招标方式修建园区。两条公路各为一个标段,统一组织施工招标,投标人仅能就上述两个标段中的一个标段投标。招标文件计划于 2009 年 7 月 8 日起开始发售,售价 200 元/套,图纸押金 2000 元/套。2009 年 7 月 30 日投标截止,投标文件递交地点为××省××市××区××路腾龙工业园区管委会第一会议室。

项目基本情况如下:

工程位于××区,其中明志一路长 998 m、宽 40 m,计划投资 11270000 元人民币;明志二路长 630 m、宽 30 m,计划投资 5650000 元人民币。

计划开工日期为 2009 年 9 月 15 日,计划竣工日期为 2010 年 4 月 15 日。质量要求:达到国家质量检验与评定标准合格等级。

对投标人的资格要求是:市政工程施工总承包二级及以上资质,不接受联合体投标。

招标公告拟在《中国建设报》、中国采购与招标网和省日报、市公共资源交易中心信息版等媒体发布。

问题:

(1)依法必须进行招标的工程施工项目,其招标条件是什么?

(2)对建筑业企业应具备的条件及资质管理有何规定?

(3)针对本项目的条件与要求,编写一份施工招标公告。

2.某办公楼工程项目为依法必须进行公开招标的项目,招标人在资格预审公告中表明选择不多于 7 名潜在投标人参加投标。资格预审文件中规定资格审查分为"初步评审"和"详细评审"两步,其中初步评审中给出了详细的评审因素和评审标准,但详细审查中未规定具体的评审因素和标准,仅注明"在对企业实力、技术装备、人员状况、项目经理的业绩和现场考察的基础上进行综合评议,确定投标人名单"。该项目有 10 个潜在投标人购买了资格预审文件,并在资格预审申请截止时间前递交了资格预审申请文件。招标人依照相关规定组建了资格审查委员会,对递交的资格预审申请文件进行初步审查,结论均为"合格"。在详细审查过程中,资格审查委员会没有依据资格预审文件中对通过初步审查的申请人逐一进行评审和比较,而采取去掉 3 个评审最差的申请人的方法。其中一个申请人为区县级施工企业,评委认为其实力较差;还有一个申请人据说爱打官司,合同履约信誉差。审查委员会一致同意将这两个申请人判为不通过资格审查。审查委员会对剩余的 8 位申请人找不出理由确定哪个申请人不能通过资格审查,后一致同意采取抓阄的方式确定,从而最终确定了 7 个申请人为投标人。

问题:

(1)招标人在上述资格预审过程中存在哪些不正确的地方?为什么?

(2)审查委员会在上述审查过程中存在哪些不正确的做法?为什么?

3.某公立学校经上级主管部门批准拟新建建筑面积为 3000 m² 的综合办公楼,经造价咨询部门估算该工程造价为 3450 万元,该工程项目决定采用施工总承包的招标方式进行招标,并采用合格制的方式进行资格预审。在招标过程中,发生如下事件:

事件 1:由于经资格预审合格的投标申请人过多,在资格预审过程中,又增加了对各投标申请人的注册资金的限制,从而最终确定通过了 8 家合格的申请人,并向其发出资格预审合格通知书。

事件 2:招标文件中明确说明该项目的资金来源落实了 2070 万元。

事件 3:招标文件中规定,投标单位在收到招标文件后,若有问题需要澄清,只能以书面形式提出,招标单位将以书面形式送给提出问题的投标单位。

事件4:招标文件中规定,从招标文件发放之日起,在15日内递交投标文件。

事件5:发售招标文件的价格为编制和印刷招标文件的成本和发布招标公告的费用。

问题:

(1)该工程招标是否可以采用邀请招标方式进行招标? 请说明理由。

(2)事件1中,招标人的做法是否正确? 为什么?

(3)事件2中,项目资金落实了估算价的60%是否可以进行招标? 为什么?

(4)事件3中,该招标文件的规定是否正确? 如不正确,请改正。

(5)事件4的规定是否妥当? 请说明理由。

(6)事件5中,发售招标文件的价格是否合理? 为什么?

【实 训 题】

实训目标:

为提高学生实践能力,将施工招标理论知识转化为编写施工招标文件的实际操作技能,学生应以《标准施工招标文件》为范本,练习编写施工招标文件。

实训要求:

(1)工程概况:某住宅小区二期工程组织施工招标(招标文件编号 KKHY07-002),该工程总建筑面积为 80000 m²,建筑结构为框架-剪力墙结构,工程总投资为 15000 万元,资金来源为自筹。其中第一标段为 1 号住宅楼(19 层),建筑面积为 25000 m²;第二标段为 2~6 号住宅楼(11 层),1 号、2 号综合楼(1 号综合楼 11 层,2 号综合楼 8 层),建筑面积为 55000 m²。每个标段内容包括设计要求的全部施工内容。工程质量等级要求为合格。工期要求为 365 个日历天。投标单位资质要求为两个标段都具有独立法人资格并具有建设行政主管部门颁发的房屋建筑施工二级以上资质的企业。其他内容辅导教师可根据情况自行设定。

(2)编写内容:教师根据教学实际需要,指导学生根据范本编写资格预审文件及文件的部分章节。

(3)编写要求:教师可以将本部分实训教学内容分散安排在各节教学过程中,也可以在本模块结束后统一安排。教师指导学生按照教学内容编写,尽量做到规范化、标准化。

【课 后 题 库】

模块 3
课后题库练
习题及答案

模块 4 建设工程施工投标

【思维导图】

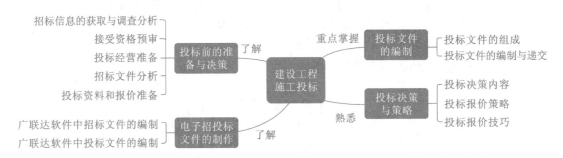

【模块导读】

本模块对建设工程施工投标工作的主要内容进行了介绍和说明。建设工程施工投标的主要工作包括前期投标准备与决策,投标过程中编制资格预审文件和投标文件是这个过程中的重要内容。投标报价的基本方法和策略是关系到承包商能否中标的决定性因素之一。

本模块的教学目的是使学生熟悉投标工作的基本步骤,能够编制投标文件,并能初步利用投标报价技巧进行报价计算。

在学习时,要注意相关法律、法规对投标工作的基本规定。

【案例引入】

某建筑工程的招标文件中标明,距离施工现场 1 km 处存在一个天然砂场,砂可以免费取用。现场实地考察后承包商没有提出疑问,承包商在投标报价中没有考虑工程买砂的费用,只计算了取砂和运输费用。由于承包商没有仔细了解天然砂场中天然砂的具体情况,中标后,在工程施工中准备使用该砂时,工程师认为该砂级配不符合工程施工要求,不允许在施工中使用,于是承包商只得自己另行购买符合要求的砂。

承包商以招标文件中标明现场有砂而投标报价中没有考虑为理由,要求业主补偿购买砂的差价,工程师不同意承包商的补偿要求。

思考:工程师不同意承包商的补偿要求是否合法?

4.1 投标前的准备与决策

投标前的准备工作是参加投标竞争非常重要的一个方面。准备工作做得扎实细致与否,直接关系到对招标项目分析研究是否深入、提出的投标策略和投标报价是否合理、对整个投标过程可能发生的问题是否有充分的思想准备,从而影响到投标工作是否能达到预期的效果。因此,每个投标单位都必须充分重视这项工作。

下面将介绍投标准备工作中的主要工作内容。

4.1.1　招标信息的获取与调查分析

4.1.1.1　招标信息的获取

(1)通过招标广告或公告来发现投标目标,这是获得公开招标信息的主要方式。

(2)搞好公共关系,经常派业务人员深入各个建设单位和部门,广泛联系,收集信息。

(3)通过政府有关部门获得信息。

(4)通过咨询公司、监理公司、科研设计单位等代理机构获得信息。

(5)取得老客户的信任,从而承接后续工程或接受邀请而获得信息。

(6)与总承包商建立广泛的联系而获得信息。

(7)利用有形的建筑交易市场及各种报刊、网站获取信息。

(8)通过业务往来的单位和人员以及社会知名人士的介绍得到信息。

4.1.1.2　招标信息的调查分析

(1)信息查证

信息查证是投标的前提。自改革开放以来,建设工程领域贩卖假信息、搞假发包的现象屡有发生。因此,要参加投标的企业,在决定投标对象时,必须认真分析、验证所获信息的真实可靠性。通过与招标单位直接洽谈,证实其招标项目是否确实已立项批准和资金是否落实。

(2)业主情况的查证

对业主的调查了解是确信实施工程的酬金能否收回的前提。许多业主单位倚仗承发包关系中的优势地位,长期拖欠工程款,致使中标的施工企业不仅不能获取利润,甚至连成本都无法收回。还有些业主单位的工程负责人借管理工程的权力之便,向承包商索要回扣,使承包商利益受损。因此,作为工程承包商,必须对实施项目的利弊进行认真评估。

4.1.2　接受资格预审

资格预审是承包商投标过程中的第一关。有关资格预审文件的要求、内容以及资格预审评审的内容在模块 3 已有详细介绍,这里仅就投标人申报资格预审时应注意的事项做一介绍。

(1)应注意平时对一般资格预审的有关资料的积累工作,并储存在计算机内,到针对某个项目填写资格预审调查表时,再将有关资料调出来,并加以补充完善。如果平时不积累资料,完全靠临时填写,则往往会达不到业主要求而失去机会。

(2)填表时应重点突出,除了满足资格预审要求外,还要能适当地反映出本企业的技术管理水平、财务能力和施工经验,这往往是业主考虑的重点。

(3)在投标决策阶段,研究并确定今后本公司发展的地区和项目时,应注意收集信息,如果有合适的项目,及早动手做资格预审的申请准备。当认为本公司某些方面难以满足投标要求时,则应考虑与其他合适的施工企业组成联营公司来参加资格预审。

(4)资格预审表格呈交后,应注意信息跟踪工作,发现不足之处,及时补送资料。

4.1.3　投标经营准备

一旦核实工程信息和业主的资信真实可靠,基本上可以排除付款不到位的风险,施工企业即可做出投标决定。实践证明,组建一个强有力的、内行的、有工作效率的投标班子,是投标获得成功的重要保证条件之一。

4.1.3.1 投标班子的组成

投标班子应由四类人才组成：

（1）经营管理类人才。指专门从事工程业务承揽工作的公司经营部门管理人员和拟派的项目经理。经营部门管理人员应具备一定的法律知识，掌握大量的调查和统计资料，具备分析和预测等科学手段，有较强的社会活动与公共关系能力；而项目经理应熟悉项目运行的内在规律，具有丰富的实践经验和大量的市场信息。这类人才在投标班子中起核心作用，制订和贯彻经营方针与规划，负责工作的全面筹划和安排。

（2）专业技术人才。主要指工程施工中的各类技术人才，诸如土木工程师、水电工程师、专业设备工程师等各类专业技术人员。他们具有较高的学历和技术职称，掌握本学科最新的专业知识，具备较强的实际操作能力，在投标时能从本公司的实际技术水平出发，确定各项专业实施方案。

（3）商务金融类人才。指从事预算、财务和商务等方面工作的人才。他们具有概（预）算、材料设备采购、财务会计、金融、保险和税务等方面的专业知识。投标报价主要由这类人才进行具体编制。

（4）合同管理类人才。指熟悉经济合同相关法律、法规，熟悉合同条件并能进行深入分析，提出应特别注意的问题，具有合同谈判和合同签订经验，善于发现和处理索赔等方面敏感问题的人员。

4.1.3.2 投标工作机构的分工

投标工作机构的人员应富有经验且受过良好的培训，有娴熟的技巧和较强的应变能力，工作认真、纪律性强，尤其对公司绝对忠诚。投标工作机构的人员不宜过多，特别是最后决策阶段，参与的人数应严格控制，以确保投标报价的保密。

投标工作机构通常由以下人员组成：

（1）决策人

通常由部门经理和副经理担任，亦可由总经济师负责。

（2）技术负责人

可由总工程师或主任工程师担任，其主要责任是制订施工方案和各种技术措施。

（3）投标报价人员

由经营部门的主管技术人员、预算师等负责。

（4）综合资料人员

由行政部或办公室副经理担任，主要负责资格审查资料的整理、装订、盖章和密封等。

此外，物资供应、财务计划等部门也应积极配合，特别是在提供价格行情、工作标准、费用开支及有关成本费用等方面给予大力协助。

一、案例概况

我国某水电站建设工程，采用国际招标，选定国外某承包公司承包引水洞工程施工。

在招标文件中列出了应由承包商承担的税赋和税率,但在其中遗漏了承包工程总额3.03%的营业税,因此承包商报价时也没有包括该税。工程开始后,工程所在地税务部门要求承包商缴纳已完工程的营业税92万元,承包商按时缴纳,同时向业主提出索赔要求。该承包商认为,由于业主在招标文件中仅列出几个小额税种,而忽视了大额税种,是招标文件的不完备或者是有意的误导行为,业主应该承担责任。该事件的实际索赔处理结果为:索赔发生后,业主向国家申请免除营业税,并被国家批准。但对已交纳的92万元税款,经双方商定各承担50%。

二、案例评析

如果招标文件中没有给出任何税收目录(具体到该案例,业主实际列出了部分税种,存在部分遗漏该如何进行责任认定的问题),而承包商报价中遗漏营业税,索赔要求是不能成立的。这属于承包商环境调查和报价的失误,应由承包商负责。因为合同明确规定:"承包商应遵守工程所在国一切法律""承包商应交纳税法所规定的一切税收"。

4.1.3.3　联合投标组织形式

对于规模庞大、技术复杂的工程项目,可由几家工程公司联合起来投标,这样可以发挥各自的特长和优势,补充技术力量的不足,增大融资能力,提高整体竞争能力。

联合投标可以是同一个国家的公司相互联合,也可以是国际性的联合,这类联合组织有许多形式:

(1)合资。由两个或两个以上法人共同出资正式组成一个新的法人单位,进行注册并进行长期的经营活动。

(2)联合集团。各公司单独具有法人资格,但联合集团不一定以集体名义注册为一个新的法人,他们可以联合投标和承包一项或多项工程。

(3)联合体。专门为特定工程项目组成一个非永久性团体,对该项目进行投标和承包。联合投标和承包,有利于各公司相互学习、取长补短、相互促进、共同发展,但需要拟定完善的合作协议和严格的规章制度,并加强科学管理。

 知识链接

联合体投标

1.联合体投标的含义

根据《招标投标法》第三十一条第一款的规定:"两个以上法人或者其他组织可以组成一个联合体,以一个投标人的身份共同投标。"

2.联合体各方的资质要求

《招标投标法》第三十一条第二款规定:"联合体各方均应当具备承担招标项目的相应能力;国家有关规定或者招标文件对投标人资格条件有规定的,联合体各方均应当具备规定的相应资格条件。由同一专业的单位组成的联合体,按照资质等级较低的单位确定资质等级。"

根据《房屋建筑和市政工程标准施工招标资格预审文件》(2010年版)联合体申请人的资质认定如下:

（1）两个以上资质类别相同但资质等级不同的成员组成的联合体申请人，以联合体成员中资质等级最低者的资质等级作为联合体申请人的资质等级。

（2）两个以上资质类别不同的成员组成的联合体，按照联合体协议中约定的内部分工分别认定联合体申请人的资质类别和等级，不承担联合体协议约定由其他成员承担的专业工程的成员，其相应的专业资质和等级不参与联合体申请人的资质和等级的认定。

3.联合体各方如何承担责任

《招标投标法》第三十条第三款规定："联合体各方应当签订共同投标协议，明确约定各方拟承担的工作和责任，并将共同投标协议连同投标文件一并提交给招标人。联合体中标的，联合体各方应当共同与招标人签订合同，就中标项目向招标人承担连带责任。"《工程建设项目施工招标投标办法》规定："联合体各方应当指定牵头人，授权其代表所有联合体成员负责投标和合同实施阶段的主办、协调工作，并应当向招标人提交由所有联合体成员法定代表人签署的授权书。""联合体投标的，应当以联合体各方或者联合体中牵头人的名义提交投标保证金。以联合体中牵头人名义提交的投标保证金，对联合体各成员具有约束力。"

4.1.4　招标文件分析

分析招标文件的目的是：第一，全面了解承包商在合同中的权利和义务；第二，深入分析承包商所需承担的风险；第三，缜密研究招标文件中的漏洞和疏忽，为制定投标策略寻找依据，创造条件。

招标文件规定了承包商的职责和权利，必须认真研读。招标文件的内容虽然很多，但总的来说，主要包括商务条款、标的工程内容条款和技术要求条款。而承包商应对可能对投标价计算产生重大影响的内容加以注意。下面就其各个方面应予以注意的问题分别进行阐述。

4.1.4.1　合同条件分析

（1）要核准下列日期：投标截止日期和时间；投标有效期；由合同签订到开工允许时间；总工期和分阶段验收的工期；工程保修期等。

（2）关于误期赔偿费的金额和最高限额的规定；提前竣工奖励的有关规定。

（3）关于保函或担保的规定、保函或担保的种类，以及保函额或担保额的要求、有效期等。

（4）关于付款条件：该项目是否有工程预付款，其金额和扣还时间与方法；永久设备和材料预付款的支付规定；进行付款的方法；自签发支付证书至付款的时间；拖期付款是否支付利息；保留金的扣留比例、最高限额和退还条件。

（5）关于物价调整条款：应分清有无对材料、设备和工资的价格调整规定，其限制条件和调整公式如何。

（6）关于工程保险和现场人员事故保险等的规定，如保险种类、最低保险金额、保期和免赔款等。

（7）关于人力不可抗拒因素造成损害的补偿办法与规定，以及中途停工的处理方法与补救措施。

（8）关于争端解决的有关规定。

4.1.4.2　承包人责任范围和报价要求分析

（1）应当注意合同是属于单价合同、总价合同还是成本加酬金合同。不同的合同类型，承包人的责任和风险不同。

（2）认真落实要求投标的报价范围，不应有含糊不清之处。例如，报价是否含有勘察设计补偿工作，是否包括进场道路和临时水电设施，有无建筑物拆除及清理现场工作，是否包括监理工程师的办公室和办公、交通设施等。总之，应将工程量清单与投标人须知、合同条件、技术规范、图纸等共同认真核对，以保证在投标报价中不错报、不漏报。

4.1.4.3　技术规范和图纸的分析

（1）工程技术规范是按工程类型来描述工程技术和工艺的内容与特点，对设备、材料、施工和安装方法等所规定的技术要求，有的则是对工程质量（包括材料和设备）进行检验、试验和验收所规定的方法和要求。在核对工程量清单的过程中，应注意对每项工作的技术要求及采用的规范，因为采用的规范不同时，其施工方法和控制指标将不一致，有时可能对施工方法、采用的机具设备和工时定额有很大影响，忽略这一点，不仅会对投标人的报价带来计算偏差，而且还会给未来的施工工作造成困难。

应用案例——
某工程招投标
买卖合同纠纷

（2）要特别注意技术规范中有无特殊施工技术要求，有无特殊材料和设备的技术要求，有无允许选择代用材料和设备的规定等。若有，则要分析其与常规方法的区别，合理估算可能引起的额外费用。

（3）图纸分析要注意平、立、剖面图之间尺寸、位置的一致性，以及结构图与设备安装图之间的一致性。当发现矛盾之处时，应及时提请招标人予以澄清并修正。

4.1.5　投标资料和报价准备

4.1.5.1　投标报价的主要依据

（1）招标文件，包括投标答疑文件；

（2）建设工程工程量清单计价规范、预算定额、费用定额以及地方的有关工程造价的文件，有条件的企业应尽量采用企业施工定额；

（3）劳动力、材料价格信息，包括由地方造价管理部门编制的造价信息；

（4）地质报告、施工图，包括施工图指明的标准图集；

（5）施工规范、标准；

（6）施工方案和施工进度计划；

（7）现场踏勘和环境调查所获得的信息；

（8）当采用工程量清单招标时应包括工程量清单。

4.1.5.2　现场调查

现场调查是投标人投标报价的主要准备工作和重要依据之一。现场调查不全面、不细致，很容易造成与现场条件有关的工作内容遗漏或者工程量计算错误。由这种错误所导致的损失，一般是无法在合同的履行中得到补偿的。现场调查一般主要包括如下几个方面：

（1）自然地理条件。包括施工现场的地理位置；地形、地貌；用地范围；气象、水文情况；地质情况；地震及设防烈度；洪水、台风及其他自然灾害情况等。

这些条件有的直接涉及风险费用的估算，有的则涉及施工方案的选择，从而涉及工程直接费的估算。

（2）市场情况。包括建筑材料和设备、施工机械设备、燃料、动力和生活用品的供应状况、价格水平与变动趋势；劳务市场状况；银行利率和外汇汇率等情况。

对于不同建设地点,由于地理环境和交通条件的差异,价格变化会很大。因此,要准确估算工程造价,就必须对上述情况进行详细调查。

(3)施工条件。包括临时设施、生活用地位置和大小;供排水、供电、进场道路、通信设施现状;引接供排水线路、电源、通信线路和道路的条件和距离;附近现有建(构)筑物、地下和空中管线情况;环境对施工的限制等。

这些条件有的直接关系到临时费的支出多少,有的则或因与施工工期有关,或因与施工方案有关,或因涉及技术措施费,从而直接或间接影响工程造价。

(4)其他条件。包括交通运输条件;工地现场附近的治安情况等。

交通条件直接关系到材料和设备的到场价格,对工程造价影响十分显著;治安状况则关系到材料的非生产性损耗,因而也会影响工程成本。

4.1.5.3　编制施工规划

投标前编制的施工组织设计为与中标后的施工组织设计区分,又叫施工规划。该工作对于投标报价影响很大。在投标过程中,必须编制施工规划,但其深度和广度都比不上施工组织设计。施工规划的内容一般包括进度计划和施工方案等内容,是技术标的主要组成部分。施工组织设计的水平反映了承包商的技术实力。施工进度安排是否合理、施工方案选择是否恰当,对工程成本与报价有密切关系。一个好的施工组织设计可大大降低标价,因此,在估算工程造价之前,工程技术人员应认真编制好施工组织设计,为准确估算工程造价提供依据。

4.1.5.4　核实工程量

对于招标文件中的工程量清单,投标人一定要进行校核,因为它直接影响投标报价及中标机会。确定工程造价时,首先要根据施工图和施工组织设计计算工程量,并列出工程量表。当采用工程量清单招标时,也应复核工程量。例如,当投标人大体上确定了工程总报价之后,对某些项目工程量可能增加的,可以提高单价,而对某些项目工程量估计会减少的,可以降低单价。如发现工程量有重大出入的,特别是漏项的,必要时可找招标人核对,要求招标人认可,并给予书面证明。

工程量的大小是投标报价的最直接依据。为确保复核工程量准确,在计算中应注意以下几方面:

(1)正确划分分项工程,做到与当地定额或单位估价表项目一致,或全面核实设计图纸中各分项工程的工程量;

(2)计算受施工方案(施工方法)影响而需额外发生(设计图中未能计算进去的)和消耗的工程量;

(3)根据技术规范中计量与支付的规定,对以上工程量进行折算得到新的工程量(在折算过程中有时需要对设计图纸中的工程量进行分解或合并);

(4)按一定的顺序进行,避免漏算或重算;

(5)以施工图为依据;

(6)结合已定的施工方案或施工方法。

4.2　投标文件的编制

投标文件是投标人根据招标文件的要求所编制的,向招标人发出的要约文件。

建设项目投标人经过调查分析确定参与公开招标项目的投标,一般要经过以下几个工作步骤(图 4.1):

(1)建筑企业根据招标公告或投标邀请书,向招标人提交有关资格预审资料。

(2)接受招标人的资格审查。

(3)购买招标文件及有关技术资料。

(4)参加现场踏勘。

(5)参加投标答疑会(标前答疑会)。

(6)编制、递交投标书。投标书是投标人的投标文件,是对招标文件提出的要求和条件做出实质性响应的文本。

(7)参加开标会议。

(8)如果中标,接受中标通知书,与招标人签订合同。

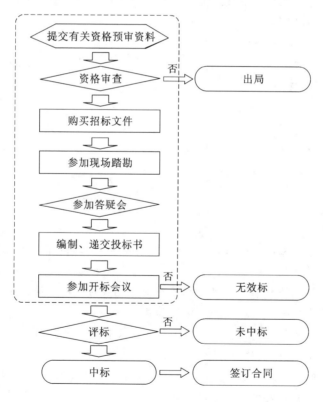

图 4.1　建设工程施工投标主要工作步骤

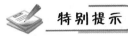 **特别提示**

本模块引入案例中工程师否决承包商的要求是合法的。因为招标文件中规定砂可以免费采用,但《建设工程质量管理条例》规定进入工程现场的原材料必须复检合格后方可使用。不合格的原材料工程师当然不可能同意使用。投标人在进行现场踏勘时应该对砂的质量进行详细的了解,且因为砂的级配用肉眼不能判断,所以应该通过试验来确认,投标人在现场踏勘时缺乏对砂的试验,所以承包人要为砂场的砂不能用于工程而承担责任。

4.2.1　投标文件的组成

根据《招标投标法》第二十七条的规定,投标人应当按照招标文件的要求编制投标文件。投标文件一般由"投标函部分""商务部分""技术部分"和"资格审查资料"四部分组成。工程建设项目的投标文件根据《房屋建筑和市政工程标准施工招标文件》(2010年版)的规定,一般包括下列内容:

(1)投标函及投标函附录;

(2)法定代表人身份证明或附有法定代表人身份证明的授权委托书;

(3)联合体协议书(如有);

(4)投标保证金;

(5)已标价工程量清单;

(6)施工组织设计(含);

(7)项目管理机构;

(8)拟分包项目情况表;

(9)资格审查资料(资格后审)或资格预审更新资料;

(10)投标人须知前附表规定的其他材料。

 特别提示

在招标实践中,投标文件有下述情形之一的,属于重大偏差,因为未能对招标文件做出实质性响应,会作否决投标处理:

(1)没有按照招标文件要求提供投标担保或者所提供的投标担保存在瑕疵。

(2)投标文件没有投标人授权代表签字和加盖公章。

(3)投标文件载明的招标项目完成期限超过招标文件规定的期限。

(4)明显不符合技术规格、技术标准的要求。

(5)投标文件载明的货物包装方式、检验标准和方法等不符合招标文件的要求。

(6)投标文件附有招标人不能接受的条件。

(7)不符合招标文件中规定的其他实质性要求。

有下列情形之一的,也被视为投标人相互串通投标:

(1)不同投标人的投标文件由同一单位或者个人编制。

(2)不同投标人委托同一单位或者个人办理投标事宜。

（3）不同投标人的投标文件载明的项目管理成员为同一人。

（4）不同投标人的投标文件异常一致或者投标报价呈规律性差异。

（5）不同投标人的投标文件相互混装。

（6）不同投标人的投标保证金从同一单位或者个人的账户转出。

 应用案例

一、案例概况

某省际光传送网项目，由 17 人组成的评标委员会于 9 月 3 日开始了封闭式评标。评标开始前，招标人把参加评标人员的移动电话统一封存保管，关闭了市内电话。评标委员会按照评标程序（符合性检查、商务评议、技术评议、评比打分）对投标文件进行评议。评标委员会对 8 家公司所投的投标文件的投标书、投标保证金、法人授权书、资格证明文件、技术文件、投标分项报价表等各个方面进行符合性检查时，发现 A 公司的投标文件未经法人代表签署，也未能提供法人授权书。

评标委员会依照招标文件的要求，对通过符合性检查的投标文件进行商务评议。发现投标人 B 公司投标文件的竣工工期为"合同签订后 150 天"（招标文件规定"竣工工期为合同签订后 3 个月"）。

二、问题

评标委员会对 A 公司、B 公司的投标文件应如何处理？

三、案例评析

对 A 公司、B 公司的投标文件评标委员会应认定为废标。

评标的目的之一是审查投标文件是否对招标文件提出的所有实质性要求和条件做出响应。投标文件应当对招标文件提出的实质性要求和条件做出响应，这是确认投标文件是否有效的最基本要求。

知识链接——
投标文件格式

4.2.2 投标文件的编制与递交

4.2.2.1 投标文件的编写、签署、装订、密封、包装

（1）投标文件编写

①投标文件应按招标文件规定的格式编写，如有必要，可增加附页，作为投标文件的组成部分。

②投标文件应对招标文件有关工期、投标有效期、质量要求、技术标准和要求、招标范围等实质性内容做出全面具体的响应。

③投标文件正本应用不褪色墨水书写或打印。

（2）投标文件签署

投标函及投标函附录、已标价工程量清单（或投标报价表、投标报价文件）、调价函及调价后报价明细目录等内容，应由投标人的法定代表人或其委托代理人逐页签署姓名（该页正文内

容已由投标人的法定代表人或其委托代理人签署姓名的可不签署),并逐页加盖投标人单位印章或按招标文件签署规定执行。以联合体形式参与投标的,投标文件由联合体牵头人的法定代表人或其委托代理人按上述规定签署并加盖联合体牵头人单位印章。

(3)投标文件装订

①投标文件正本与副本应分别装订成册,并编制目录,封面上应标记"正本"或"副本",正本和副本份数应符合招标文件规定。

②投标文件正本与副本都不得采用活页夹。否则,招标人对由于投标文件装订松散而造成的丢失或其他后果不承担任何责任。

(4)投标文件的密封、包装

投标文件应该按照招标文件规定密封、包装。对投标文件密封的规范要求有:

①投标文件正本与副本应分别包装在内层封套里,投标文件电子文件(如需要)应放置于正本的同一内层封套里,然后统一密封在一个外层封套中,加密封条和盖投标人密封印章。国内招标的投标文件一般采用一层封套。

②投标文件内层封套上应清楚标记"正本"或"副本"字样。投标文件内层封套应写明:投标人邮编、投标人地址、投标人名称、所投项目名称和标段。投标文件外层封套应写明:招标人地址及名称、所投项目名称和标段、开启时间等。也有些项目对外层封套的标识有特殊要求,如规定外层封套上不应有任何识别标识。当采用一层封套时,内外层的标记均合并在一层封套上。

未按招标文件规定要求密封和加写标记的投标文件,招标人将拒绝接收。

4.2.2.2 投标文件递交和有效期

(1)投标文件递交

《招标投标法》第二十八条规定:"投标人应当在招标文件要求递交投标文件的截止时间前,将投标文件送达投标地点。招标人收到投标文件后,应当签收保存,不得开启。在招标文件要求提交投标文件的截止时间后送达的投标文件,招标人应当拒收。"

投标人必须按照招标文件规定的地点、在规定时间内送达投标文件。递交投标文件最佳方式是直接或委托代理人送达,以便获得招标代理机构已收到投标文件的回执。如果以邮寄方式送达,投标人必须留出邮寄的时间,保证投标文件能够在截止日之前送达招标人指定地点。

(2)投标文件接收

招标人收到投标文件后应当签收,并在招标文件规定开标时间之前不得开启。同时为了保护投标人的合法权益,招标人必须履行完备规范的签收手续。签收人要记录投标文件递交的日期和地点以及密封状况,签收后应将所有递交的投标文件妥善保存。

(3)投标文件有效期

招标文件应当规定一个适当的投标有效期,以保证招标人有足够的时间完成评标和与中标人签订合同。投标文件有效期为开标之日至招标文件所写明的时间期限内,在此期限内,所有投标文件均保持有效,招标人需在投标文件有效期截止前完成评标,向中标单位发出中标通知书以及签订合同协议书。

在原投标有效期结束前,出现特殊情况的,招标人应通过传真等书面形式要求所有投标人延长投标有效期。投标人同意延长的,应立即以传真等书面形式对此要求向招标人作出答复,不得要求或被允许修改其投标文件的实质性内容,但应当相应延长其投标保证金的有效期。投标人拒绝延长的,其投标失效,但投标人有权收回其投标保证金。但如果投标人在投标文件有效期内撤回投标文件,其投标担保(保证金)将被没收。同意延长投标有效期的投标人少于3个的,招标人应当重新招标。

4.3　投标决策与策略

决策是寻求并实现某种最优目标即选择最佳的目标和行动方案而进行的活动,是一种有约束条件的最优化。所谓投标决策,是指承包商为实现其一定利益目标,针对招标项目的实际情况,对投标可行性和具体策略进行论证和抉择的活动。

4.3.1　投标决策内容

所谓投标决策,主要包括三方面内容:其一,决定是否投标;其二,投标报价决策;其三,确定投标报价策略和技巧。

它可以划分为两阶段进行,这两阶段就是投标决策的前期阶段和投标决策的后期阶段。投标决策的前期阶段必须在购买投标人资格预审资料前完成,主要研究是否投标。如果决定投标,即进入投标决策的后期阶段,它是指从申报资格预审至投标报价(封送投标书)前完成的决策研究阶段,主要研究倘若投标,是投什么性质的标,以及在投标中采取的策略问题。

4.3.1.1　决定是否投标

(1)决策依据

①招标人发布的招标公告;

②对招标工程项目的跟踪调查情况;

③对招标人(业主)情况的研究及了解情况;

④对于国际工程,其决策依据还必须包括对工程所在国和所在地的调查研究及了解情况。

(2)应放弃投标的招标项目

在通常情况下,以下招标项目投标人可以放弃投标:

①本承包企业主营和兼营能力以外的招标项目;

②工程规模、技术要求超过本企业技术等级的招标项目;

③本承包企业施工生产任务饱满,无力承担的招标项目;

④工程盈利水平较低或风险较大的招标项目;

⑤本承包企业等级、信誉、施工技术、施工管理水平明显不如竞争对手的招标项目。

(3)投标决策的主观条件

投标人决定参加投标或放弃投标,首先取决于投标人的实力,即投标人自身的主观条件。现分述如下:

①技术实力方面

a.有精通本专业的建筑师、工程师、造价师和管理专家等所组成的投标组织机构。

b.有一支技术精良、操作熟练、经验丰富、责任心强的施工队伍。

c.有工程项目施工专业特长,特别是有解决工程项目施工技术难题的能力。

d.有与招标工程项目同类工程的施工及管理经验。

e.有一定技术实力的合作伙伴、分包商和代理人。

②经济实力方面

a.具有垫付建设资金的能力,即具有"带资承包工程"的能力。但由于这种承包方式风险很大,投标决策时应慎重考虑。

b.具有一定的固定资产、机械设备,如大型施工机械、模板与脚手架等。

c.具有一定资金周转能力,足以支付施工费用。

d.具有承包国际工程所需的外汇。

e.具有支付国内工程和国际工程各种担保金的能力。

f.具有支付各项税金和保险金的能力。

g.具有承担不可抗力所带来的风险的能力。

h.承担国际工程时,具有重金聘请有丰富经验或较高地位代理人的酬金以及其他佣金的支付能力。

③管理实力方面

投标人为取得好的经济效益,必须在成本控制上下功夫,向管理要效益。因此,要加强企业管理,建立健全企业管理制度,制定切实可行的措施。如实行工人一专多能、管理人员精干、采用先进技术、进行定额管理、缩短施工工期、减少各种消耗、降低工程成本等措施,提高经济效益,努力实现企业管理的科学化和现代化。只有具备较强的管理能力的投标人才可能在激烈的投标竞争中战胜对手而获得胜利。

④信誉实力方面

投标人(承包商)具有良好的信誉,这是中标的一个重要条件,因此投标人必须具有"重质量""重合同""守信用"的意识。要建立良好的信誉,就必须遵守法律和行政法规,按国际惯例办事,保证工程施工的安全、工期和质量。

(4)投标决策的客观因素

①招标人(业主)和监理工程师因素

招标人(业主)的合法地位、支付能力、履约能力,以及监理工程师处理问题的公正性、合理性等,是投标人投标决策的重要影响因素。

②投标竞争形势和竞争对手因素

投标竞争形势的好坏、竞争对手的实力优势及在建工程的情况等,都是投标人决定是否参加投标的重要影响因素。一般来说,大型承包公司技术水平高、管理经验丰富、适应性强,具有承包大型工程的能力,因此在大型工程项目的投标中中标的可能性就大;而中小型工程项目的投标中,一般中小型公司或当地的工程公司中标的可能性更大。另外,如果竞争对手的在建工程即将完工,急于获得新的工程和项目,其报价不会很高;而如果其在建工程规模大、时间长,若仍参加投标,则报价可能很高。以上这些情况对公司的投标决策都有很大的影响。

③投标风险的因素

在国内参加投标竞争和承包工程,投标风险相对要小一些,对国际工程进行投标和承包则风险要大得多。

决定投标与否,要考虑的因素很多。因此,投标人需要广泛、深入地调查研究,系统地积累资料,并做出全面的分析,才能对投标做出正确决策。其中很重要的是承包工程的效益性,投标人应对承包工程的成本、利润进行预测和分析,以便将其作为投标决策的重要依据。

4.3.1.2　投标报价决策

投标报价决策是指投标人召集算标人和决策人、高级顾问人员共同研究,就标价计算结果和报价的静态、动态风险分析进行讨论,做出调整报价的最后决定。在报价决策中应当注意以下问题:

(1)报价决策的依据

决策的主要资料依据应当是自己的算标人员的计算书和分析指标。至于通过其他途径获得的所谓"标底价格"或竞争对手的"标价情报"等,只能作为参考。

(2)在可接受的最小预期利润和可接受的最大风险内做出决策

报价时决策人应与算标人员一起,对各种影响报价的因素进行分析,做出决策。不仅对算标时提出的各种方案、基价、费用摊入系数等予以审定和进行必要的修正,更要全面考虑期望的利润和承担风险的能力,尽可能避免较大的风险,采取措施转移、防范风险并获得一定利润。

(3)低报价不是中标的唯一因素

招标文件中一般明确声明"本标不一定授给最低报价者或其他任何投标者"。所以决策者可以在其他方面战胜对手。例如,可以提出某些合理的建议,使业主能够降低成本、缩短工期。低报价是中标的重要因素,但不是唯一因素。

4.3.1.3　确定投标报价策略和技巧

投标决策的正确与否,关系到能否中标和中标后的效益,关系到施工企业的发展前景和职工的经济效益。因此,企业的决策班子必须充分认识到投标决策的重要意义,把这一工作摆在企业的重要议事日程上。

4.3.2　投标报价策略

策略,顾名思义是指计策谋略,即人们根据形势的发展而制订的行动方针。所谓投标策略,是指企业在投标竞争中的指导思想、系统工作部署及其参加投标竞争的方式和手段。其中,指导思想就是投标单位从自身的经营条件和优势出发,结合现阶段的业务状况,决定在何种方针的指引下参加投标,通过竞争所力求达到的利益目标。指导思想是投标策略的核心要素和选择竞争对策、报价技巧的依据。系统工作部署主要指精心安排制订实施计划,落实责任,强化监控,随时准备因情况的突变而采取应急措施。投标的方式和手段的范围比较广泛,比如说,面对世界银行采购指南中对联合体给予 7.5% 的报价优惠的规定,采用联合体的投标方式以及各种报价技巧的运用。

投标时,根据投标人经营状况和经营目标,既要考虑投标人自身的优势和劣势,也要考虑竞争的激烈程度,还要分析投标项目的整体特点,按照项目的类别、管理条件等确定报价策略。

4.3.2.1　生存型报价策略

这种报价策略是以克服生存危机为目标,争取中标而不考虑各种利益。社会、政治、经济环境的变化和公司自身经营管理不善,都可能造成承包人的生存危机。这种危机首先表现在由于经济原因造成投标项目减少,所有的承包人都将面临生存危机;其次,政府调整基建投资方向,使公司擅长的项目减少,这种危机常常危害到营业范围单一的专业工程承包人;再次,如果承包人经营管理不善,投标邀请越来越少,这时承包人应以生存为重,采取不盈利甚至赔本也要夺标的态度,只要能暂时维持生存渡过难关,就会有东山再起的希望。

4.3.2.2 竞争型报价策略

投标报价以竞争为手段,以开拓市场、低盈利为目标,在精确计算成本的基础上,充分估计各竞争对手的报价目标,以有竞争力的报价达到中标的目的。承包人在以下几种情况下,应采取竞争型报价策略:经营状况不景气,近期接收到的投标邀请较少;竞争对手有威胁性;试图打入新的地区;开拓新的工程类型;投标项目风险小、技术要求不复杂、工程量大、社会效益好的项目;附近有本企业其他正在施工的项目。

4.3.2.3 盈利型报价策略

投标报价充分发挥自身优势,以实现最佳盈利为目标,对效益较小的项目热情不高,对盈利大的项目充满自信。如果承包人在该地区已经打开局面,管理能力较强,信誉好,竞争对手少,具有技术优势并对招标人有较强的品牌效益,投标目标主要是扩大影响;或者施工条件差、难度高、资金支付条件不好、工期质量等要求苛刻,为联合伙伴陪标的项目投标企业则应采取盈利型的报价策略。

投标策略与投标决策经常容易被混为一谈,其实这是两个相互联系的不同的范畴。投标策略贯穿在投标决策之中;投标决策包含着投标策略的选择与确定。在投标与否的决策、投标项目选择的决策、投标积极性的决策、投标报价、投标取胜等方方面面,无不包含着投标策略。投标策略作为投标取胜的方式、手段和艺术,贯穿投标决策的始终。

 **应用案例**

投标决策的优化

一、案例概况

某承包商拥有的资源有限,只能在 A 和 B 两项工程项目中选择一项参加投标,或者对两项工程都不参加投标。根据承包商的投标经验资料,对 A 和 B 两项工程有两种投标策略:一种是投赢利标,即高报价,则中标机会为 3/10;另一种投标策略是投保本标,即低报价,则中标机会为 5/10。这样共有 A高、A低、B高、B低、不投五种方案。投标不中时,则对 A 项目损失 5 万元(投标所花费用),对 B 项目损失 10 万元(投标所花费用)。该承包商根据以往类似工程统计资料,得出各方案的利润和出现的概率,具体见表 4.1。

表 4.1 各方案的利润和出现的概率

方案效果		可能的利润/万元	概率
A高	优	500	0.3
	一般	100	0.5
	赔	−300	0.2
A低	优	400	0.2
	一般	50	0.6
	赔	−400	0.2

方案效果		可能的利润/万元	概率
不投	—	0	1.0
$B_高$	优	700	0.3
	一般	200	0.5
	赔	−300	0.2
$B_低$	优	600	0.3
	一般	100	0.6
	赔	−100	0.1

二、问题

从损益期望值的角度分析该承包商的投标决策方案。

4.3.3　投标报价技巧

投标报价技巧是针对评标办法,在深入分析工程本身的特点、竞争对手的心态、企业的实力和愿望的基础上,权衡竞争力、收益、风险之间的关系,从若干选择中确定最佳报价。投标报价技巧主要有以下几种方法:

4.3.3.1　扩大标价法

这是一种常用的投标报价方法,即除了按正常的已知条件编制标价外,对工程中风险分析得出的估计损失采用扩大标价,以增加"不可预见费"的方法来减少风险。但这种做法往往会因为总标价过高而失标被淘汰。

4.3.3.2　逐步升级法

这种投标报价的方法是将投标看成协商的开始,首先对技术规范和图纸说明书进行分析,把工程中的一些难题,如特殊基础等费用最多的部分抛弃(在报价单中加以注明),将标价降至竞争者无法与之竞争的数额。利用这种最低标价来吸引业主,从而取得与业主商谈的机会,再逐步进行费用最多部分的报价。

4.3.3.3　不平衡报价法

不平衡报价是指施工企业在投标总报价确定的前提下,有意识地调整某些项目的单价或数量,旨在从设计修改引起工程量或单价变更中获得额外收益。在总的报价保持不变的前提下,与正常水平相比,提高某些分项工程的单价,同时,降低另外一些分项工程的单价,以期在工程结算时得到更理想的经济效益。

不平衡报价的基本原则,就是在保持正常报价水平条件下的总报价不变,在此基础上,早收钱、多收钱。

早收钱,是通过参照工期时间去合理调整单价后得以实现的;多收钱,是通过参照分项工程数量去合理调整单价后得以实现的。

4.3.3.4　突然袭击法

这是一种迷惑对手的方法,在整个报价过程中,仍按一般情况进行报价,甚至故意表现出自己对该工程的兴趣不大(或甚大),等快到投标截止日期时,再来一个突然降价(或加价),使竞争对手措手不及。采用这种方法是因为竞争对手们总是随时随地互相侦察对方的报价情况,绝对保密是很难做到的,如果不搞突然袭击,自己的报价若被对手知道,他们就会立即修改报价,从而使自己的报价偏高而失标。

4.3.3.5　赔价争标法(也叫先亏后盈法)

这是承包商为了占领某一市场,或为了在某一地区打开局面,而采取的一种不惜代价只求中标的策略。先亏是为了占领市场,等打开局面后,就会带来工程盈利。如伊拉克的中央银行主楼招标,德国霍夫斯曼公司就以较低标价击败所有对手,在巴格达市中心搞了一个样板工程,成了该公司在伊拉克的橱窗和广告,而整个工程的报价几乎没有分文盈利。

4.4　电子招投标文件的制作

4.4.1　广联达软件中招标文件的编制

4.4.1.1　招标工具的作用

招标工具软件主要配布代理机构完成招标文件的制作与发布,招标工具是针对招标代理机构业务应用设计的编制招标文件的工具,其主要作用是:为招标方提供一个工程量清单的制作工具,帮助招标方快捷准确地编制一份清晰的工程量清单电子招标书。采用统一的工程量清单电子文件格式,保证各投标单位的投标文件格式统一,使后期的电子标应用得以实现,充分体现招投标的公平性原则。

利用招标工具编制工程量清单时,首先需要编制项目概况、招标文件和评标参数,然后编制工程量清单,通过检查功能发现工程量清单编制过程中存在的问题,最后生成招标文件以及打印报表。具体应用流程如图 4.2 所示。

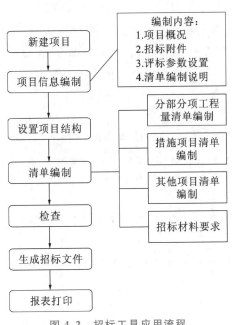

图 4.2　招标工具应用流程

4.4.1.2　新建标段

打开广联达计价软件 GBQ4.0,新建标段,清单计价选择招标;地区标准选择"杭州 13 清单规范";项目名称、项目编码依照招标文件相应正确填入,如图 4.3 所示。

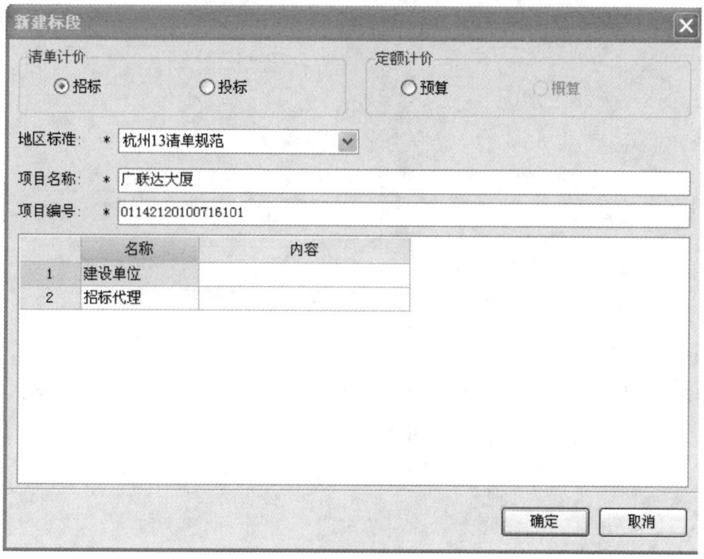

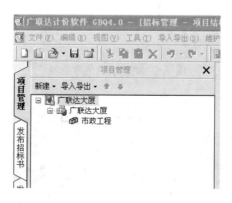

图 4.3　新建标段对话框

4.4.1.3　新建项目结构

新建标段完成之后,点击确定,然后按工程实际情况新建三级结构。依次为项目、单项工程、单位工程,如图 4.4 所示。

图 4.4　工程三级结构

4.4.1.4　清单编制

清单编制包括分部分项工程量清单编制;措施项目清单编制;其他项目清单编制;招标材料要求编制。

(1)分部分项工程量清单编制

①分部分项工程量清单编制,可以在软件中查询输入编制清单,也可以将预先制作的 Excel 表格导入。招标工具辨认一级分部,招标人在编制时需要注意。

②有的清单会带 Z 打头的,例如 Z040301001001,不符合《13 计价规范》,在导入计价时先去掉 Z,才能正常在招标工具里显示。

③有的补充清单提供形式为"补 001",也不符合《13 计价规范》,应该改成 AB001(假设土建),如图 4.5 所示。

编码	类别	名称	项目特征	单位	工程量表达式	工程量	单价	合价	综合单价	综合合价
		整个项目								0
B1 — 0401	部	D.1 土石方工程								0
1 — 040101001001	项	挖一般土方	1.土壤类别:一、二类土 2.挖土深度:2米以内 2米以内 3.河道挖方	m3	4409.6	4409.60			0	0
2 — 040101002001	项	挖沟槽土方	1.土壤类别:一、二类土 2.挖土深度:1m以内 3.侧石沟槽	m3	47.07	47.07			0	0

图 4.5　分部分项工程量清单编制

(2)措施项目清单编制

可以在软件中查询输入编制清单,也可以将预先制作的 Excel 表格导入。招标工具辨认一级分部,招标人在编制时需要注意,如图 4.6 所示。

序号	类别	名称	单位	组价方式	计算基数	费率(%)	工程量表达式	工程量
		措施项目						
— 一		施工组织措施项目						
1 — 1		夜间施工增加费	项	计算公式组价	RGF+JSCS_RGF+JXF+JSCS_JXF	0	1	1
2 — 2		二次搬运费	项	计算公式组价	RGF+JSCS_RGF+JXF+JSCS_JXF	0	1	1
3 — 3		缩短工期增加费	项	计算公式组价	RGF+JSCS_RGF+JXF+JSCS_JXF	0	1	1
4 — 4		已完工程及设备保护费	项	计算公式组价	RGF+JSCS_RGF+JXF+JSCS_JXF	0	1	1
— 二		施工技术措施项目						
—		T.1 施工排水、降水						
5 — 00000100100		施工排水	项	可计量清单			1	1
6 — 00000100200		施工降水	项	可计量清单			1	1

图 4.6　措施项目清单编制

(3)其他项目清单编制

进入整体项目编辑界面,点击其他项目页签,根据工程实际情况输入暂列金额、记日工费用、总承包服务费等,如图 4.7 所示。

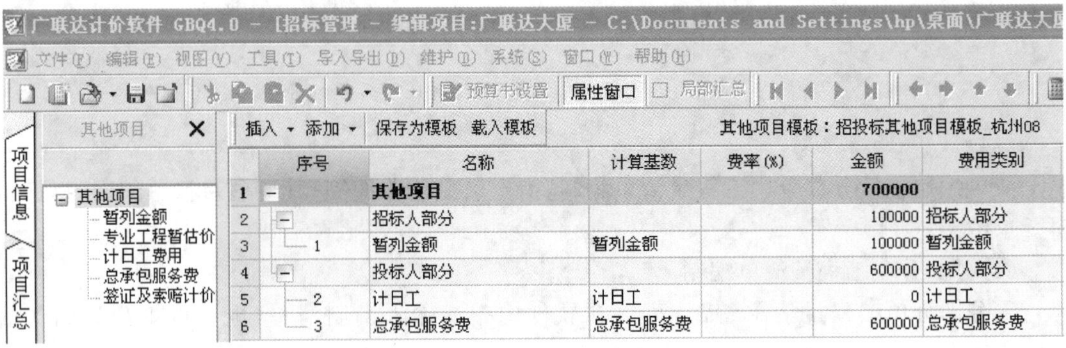

图 4.7　其他项目清单编制

（4）导入招标材料要求

进入整体项目编辑界面，点击甲方评标主要材料表页签，点击 █从Excel文件导入 将相应的甲方招标材料导入即可。

①地区的选择。在项目编辑界面，项目信息处选择工程地点，如图 4.8 所示。

图 4.8　项目信息填写

②相应费率的输入。费率包括安、文、环、临四项费用费率和建设工程质量检验试验费费率，对于规费、农民工工伤保险、税金工具会自动默认，如图 4.9 所示。

	名称	内容
1	投标总价（万元）	72.541703
2	投标总价（元）	725417.03
3	投标总价（元）	柒拾贰万伍仟肆佰壹拾柒元零叁分
4	投标人	
5	投标保证金（万元）	0
6	担保类型	支票
7	工期（日历天）	
8	质量承诺	
9	项目经理	
10	工程质量检验试验费率（土）	0
11	工程质量检验试验费率（安）	0
12	工程质量检验试验费率（市）	1.91
13	工程质量检验试验费率（园）	0
14	安全防护、文明施工措施费率下限（土建）	0
15	安全防护、文明施工措施费率下限（安装）	0
16	安全防护、文明施工措施费率下限（市政土建）	5.01
17	安全防护、文明施工措施费率下限（市政安装）	0
18	安全防护、文明施工措施费率下限（园林）	0
19	安全防护、文明施工措施费率下限（装饰）	0

图 4.9　造价一览表

③检查项目编码。标书制作完成之后，有的工程的单位工程多，不同的人编制，可能存在相同编码清单，最好使用 GBQ4.0 中检查项目编码这一功能快速处理及解决，如图 4.10所示。

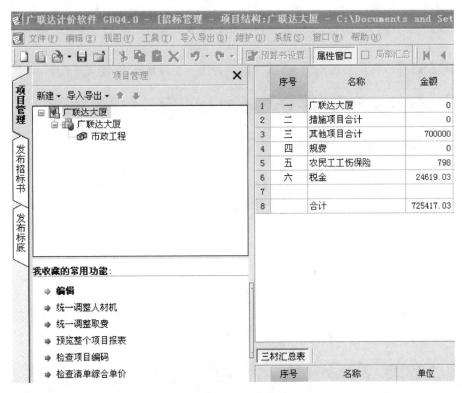

图 4.10　检查项目编码

④招标书自检。检查项目编码之后,整个招标书编制基本完成,在生成招标书之前,进行招标书自检,以规避工具导出文件时出现问题,如检查包括编码为空、名称为空、序号重复,工程量为空或为 0 等问题,如图 4.11 所示。

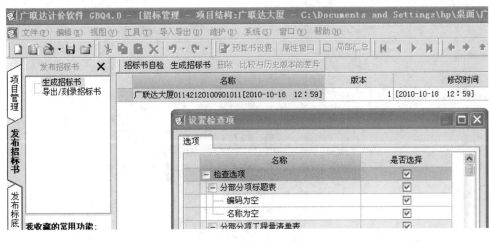

图 4.11　招标书自检

⑤GBQ4.0 计价软件生成 XML 文件时,要匹配相应的专业。生成招标书时,点击"否",跳出对话框,再选择相应的专业,软件默认的都是建筑工程,如图 4.12 所示。

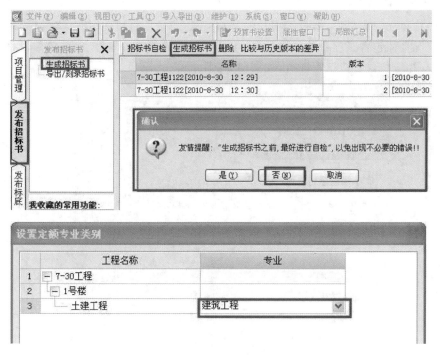

图 4.12　GBQ4.0 计价软件生成 xml 文件时的操作

4.4.1.5　将招标 xml 文件导入招标工具

（1）初始界面介绍

双击桌面上招标工具图标，弹出初始界面，初始界面如图 4.13 所示。初始界面中包含新建、打开、报表、生成招标文件等操作，新建、打开与 Word 操作类似，报表主要是打印工程量清单相应报表，生成招标文件是把编制完成的工程量清单生成电子招标文件。

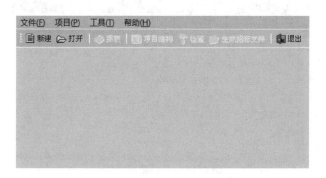

图 4.13　招标工具初始界面

（2）导入数据

导入数据的目的在于，将计价软件内编制完成的工程量清单数据（XML 文件，含分部分项工程量清单、技术措施清单、重点清单、招标要求材料、暂列金额、总承包服务费）文件导入到招标工具内。具体操作步骤为：点击【新建】按钮，点击【工具】菜单，再点击【招标清单 xml 导入】，选择文件的存储路径打开"××工程招标.XML"文件，完成工程的导入工作。

（3）基本信息设置

项目结构建立完成以后，需设置项目的基本信息，包括项目概况、招标文件、评标参数。

项目概况页面包含了项目的基本信息，包括工程项目的项目编号、项目名称、招标人、招标代理机构，在相应位置直接填写即可，如图 4.14 所示。

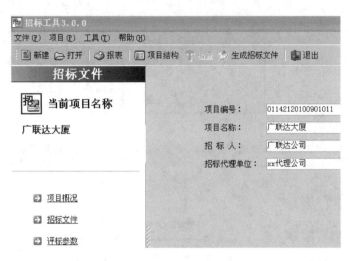

图 4.14　导入数据

招标文件页面可以根据招标人的需求存放和项目相关的电子档文件，例如招标文件Word 版本，点击【添加文件】按钮找到文件的存储路径，打开相应文件即可添加完成，如图4.15 所示。在水印码一列软件会自动生成相应的水印码（注：附件的水印码和报表页面产生的水印码是不相同的）。

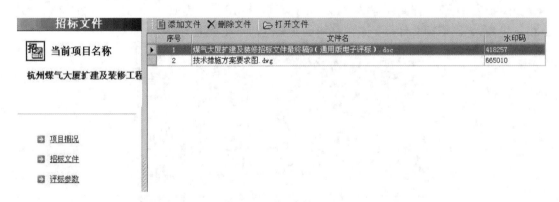

图 4.15　添加招标文件

评标参数页面用于设定工程项目的评标办法，如图 4.16 所示。

第一步：选择评标方法，如选择"经评审的最低投标价法"，以下评标参数均以"经评审的最低投标价法"为设置基准。

第二步：商务标设置。

①输入最高限价（注：输入限价的单位为元）。

②确定评审家数（按默认值设置）。

③确定评标基准价算法(按默认值设置)。

④设置主要清单及主要清单的偏离率。

⑤设置施工组织措施费及规费、税金、工伤保险费费率(注:整体规费费率必须设置)。

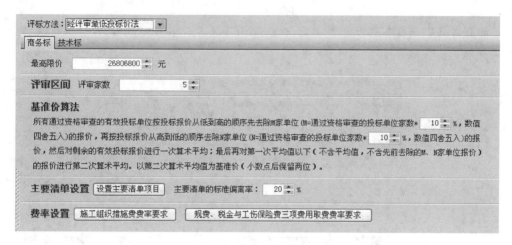

图 4.16　评标参数设定

第三步:技术标设置。

商务标评标设置完成后,进入技术标参数设置,如图 4.17 所示。

①评审类型选择通过制。

②导入默认模板,模板分为简化板以及通用板,简化板含有 12 张表格,通用板含有 16 张表格。

③修改模板,如果遇到具体项目与标准模板内容有区别的情况,可以单独根据具体要求对模板内容进行修改。

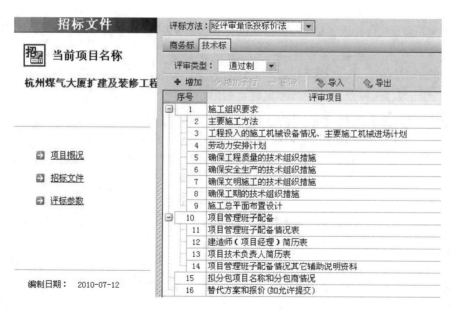

图 4.17　技术标参数设置

④导出模板,可以导出当前模板,方便以后用于同类的工程项目中。

【注意】

1.评标参数必须根据招标文件范本要求进行设置,设置的内容将直接影响最后的评标分值。

2.招标工具中评标参数的费率设置,软件默认建筑工程的整体规费为 4.14%,招标人需按照工程的实际情况填写,如图 4.18 所示。

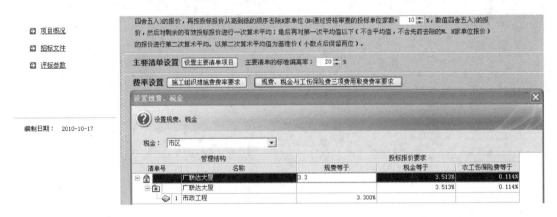

图 4.18　费率设置

(4)电子招标文件检查

文件编辑完成之后,可以使用"检查"功能核查招标项目内容的编辑是否符合要求。具体检查内容如下:

①清单单位不正确:检查是否存在清单单位为空或清单有双单位的情况。

②清单编号重复:检查是否有两条以上清单编号重复,检查补充清单是否按照《13 计价规范》进行排序。

③清单编码不符合要求检查:对于补充清单,应按照 XB001 起顺序编制,同一标段内不得重码。

④清单工程量为零:检查是否有清单工程量为零。

⑤材料单位为空:检查是否存在招标材料的单位为空。

⑥对清单分部层次检查:分部分项工程量清单只允许三级结构。

具体操作为:点击主界面【检查】按钮,弹出检查窗口,如图 4.19 所示。

在检查窗口的详细列表中,通过双击有问题的清单项目,可直接进入相应编辑窗口进行修改。

【注意】

如果清单项目中存在编码不正确或者工程量为零的情况,则不能生成加密的招标文件。

(5)生成与打印招标文件

工程量清单编制完成后,且检查通过的情况下就可以生成电子档招标文件,使用软件提供的"生成招标文件"功能即可。生成的电子档招标文件的格式为"××工程.招标文件"及"××工程.XML"。

具体操作如下:点击【生成招标文件】按钮,弹出图 4.20 所示窗口。

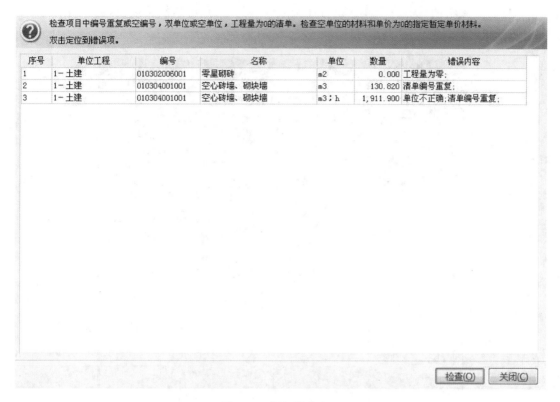

图 4.19　招标检查窗口

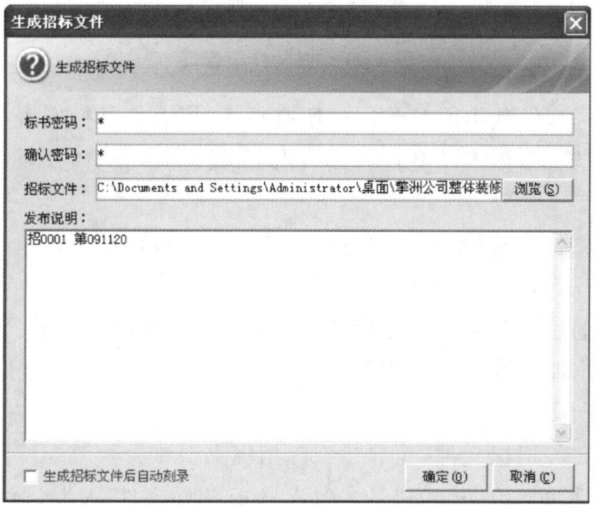

图 4.20　生成招标文件窗口

　　设置标书密码，选择招标文件生成的路径，如果需要在生成文件之后自动刻录，则在界面上红色标注的"生成招标文件后自动刻录"选项前的方框内打钩即可。

　　如果需要对招标文件的发布日期和重要内容进行说明以方便投标单位查看，可在"发布说明"一栏中进行备注说明。

招标文件编辑的最后一个步骤是打印报表,在主界面点击【报表】按钮,进入报表打印窗口,如图4.21所示。

图4.21 报表打印窗口

软件中列出了招标文件范本要求输出的所有报表,报表都是标准表格格式,可以选择需要打印的报表,直接打印输出,如需浏览查看报表内容,则选择"预览"即可。

【注意】

在选择打印报表之前,必须先在管理结构上选定需要打印的单位工程节点。

(6)注意事项

①上传招标文件的后缀分别是".招标文件"和".XML",非压缩包。

②招标文件Word版以附件形式显示。

③报表全部有水印码。

④开标时携带"××.招标文件"而非"××.招标书"。

⑤发清单答疑文件时上传文件为"××版本号2.招标文件"及"××版本号2.XML"。

(7)常见应用问题

①如何打开项目

在初始界面中使用打开的快捷按钮或者是使用下拉菜单中的打开功能,进入"打开项目"窗口,如图4.22所示。

在项目列表中选定项目,按【确定】按钮就可以了。

②如何借鉴其他招标项目文件内容

图 4.22　打开项目窗口

在编辑工程量清单的时候,分部分项编辑界面有一个 项目中选取 按钮。如果需要从其他的工程项目中借鉴清单内容,则可以点这个按钮,进入界面如图 4.23 所示。

从"项目名称"下拉列表中选择需要借鉴的项目,选择清单项目,在需要借鉴的清单项目前"选择"列中进行勾选,按"追加"或者"替换"即可,其中:

追加:在正在编辑的清单内容基础上增加清单项目。

替换:将正在编辑的清单部分内容用选中的清单内容进行替换。

③如何编辑补充发布的招标文件(招标补疑)

如果招标文件需要重新补充编辑,首先使用菜单栏上的【打开】按钮,打开该项目文件,进入招标文件编辑界面进行补充编辑后,再次使用"生成招标文件"重新生成一份带有版本号注释的招标文件。

【注意】

补充发布的招标文件需要在"生成招标文件"的"发布说明"中加以注释。另外,"招标文件发布列表"中会如实记录补充招标文件的历史生成痕迹。

④如何进行项目导入/导出

使用按钮 项目导出 项目导入 ,或者"项目"下拉菜单中的"项目导出"和"项目导入"功能,直接选择需要导入的项目或者确定需要导出的项目名称的保存位置,按照界面要求操作即可。可以使用这个功能完成项目的备份。

图 4.23　从项目中选取窗口

4.4.2　广联达软件中投标文件的编制

4.4.2.1　投标工具的作用

投标工具是针对投标单位业务应用而设计的编制投标文件的工具,主要配合投标单位完成投标书的制作与发布,其主要作用是:

(1)可以帮助投标单位准确、清晰地理解招标要求,对应招标要求做出全面响应,应用智能识别技术,最大程度减少投标人在投标报价时的漏项、缺项,保证投标文件与招标文件的一致性,保护投标人的利益。

(2)利用软件强大的编辑功能,节省手工编制标书过程核对清单量和编辑清单特征的时间与工作量。

(3)通过电子化管理,减少投标单位的复核工作,提高投标单位的工作效率,减轻职能部门的管理负担。

(4)解决了招标、投标文件在传递过程中的保密性、唯一性及不可篡改性等问题,充分体现了招投标过程中的公平性原则。

投标人编制投标文件主要的工作内容是对招标文件中的清单项目进行报价,使用计价软件完成组价工作,再通过投标工具核查,生成加密投标文件。

4.4.2.2　编辑投标书

(1)导入从建设工程招标网上下载的招标 XML 文件

打开广联达计价软件 GBQ4.0,新建标段清单计价选择投标;地区标准选择"杭州 13 清单规范";点击【浏览】按钮,导入正确的从建设工程招标网上下载的 XML 文件,如图 4.24 所示。

(2)组价

进入编辑界面,选择相应专业进行组价,如图 4.25 所示。

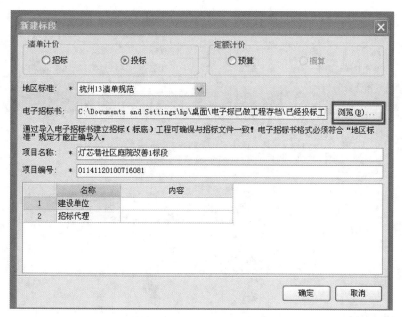

图 4.24　导入 XML 文件

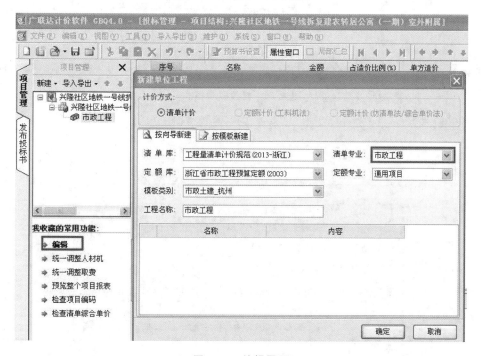

图 4.25　编辑界面

（3）修改取费模式

进入每个单位工程后第一步请先打开【预算书设置】，将综合单价计算方式改为清单单价取费，此操作是为了与投标工具数据统一，务必要修改，如图 4.26 所示。

（4）修改综合单价

如果需要强制修改清单的综合单价，请选择"分摊到工料机含量"的方式，不可选用"分摊到子目工程量"的方式，如图 4.27 所示。

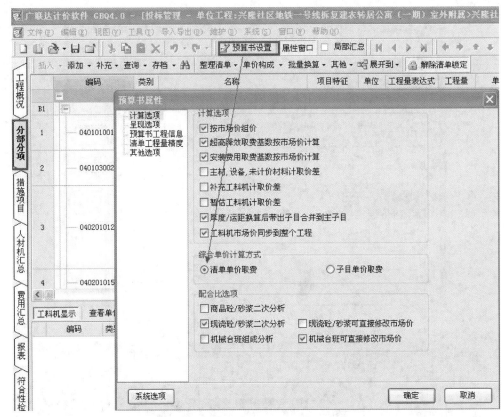

图 4.26　修改取费模式

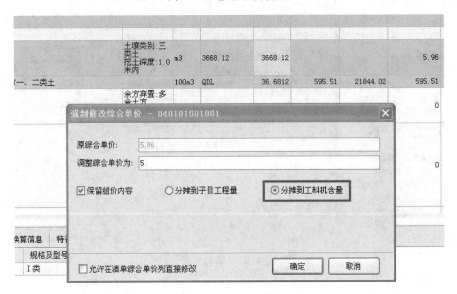

图 4.27　强制修改综合单价

（5）分工合作的方法

双击每个单位工程,按照默认专业新建工程。进入单位工程后,返回项目管理,保存。选中已做完的单位工程名称,点击鼠标右键,导出单位工程。做完所有的工程后,点击单位工程,点击鼠标右键,导入单位工程数据。

（6）计取措施项目

项目中措施项目的计取，如图 4.28 所示。

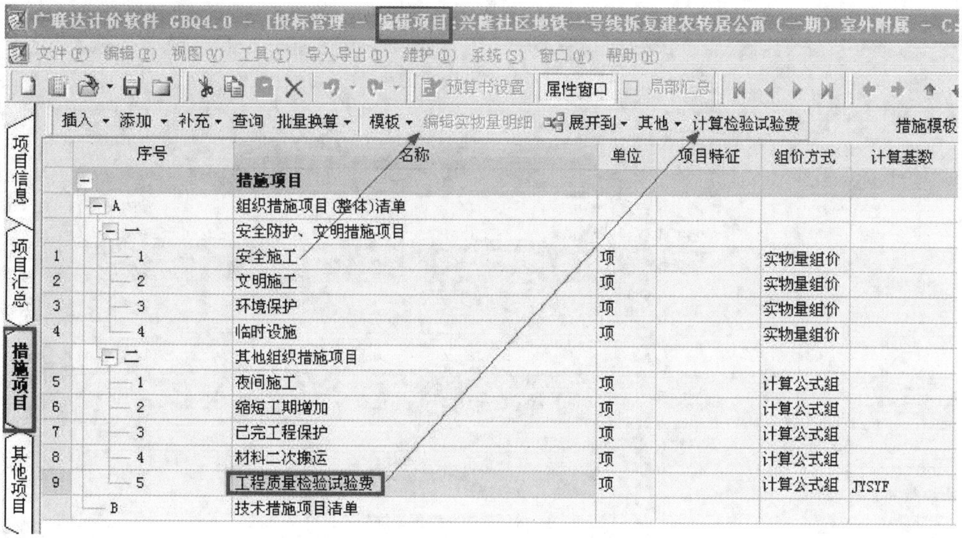

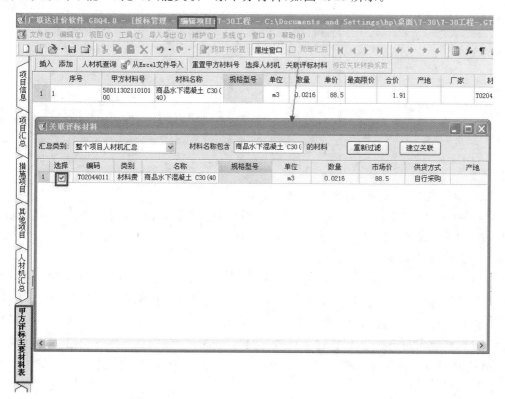

图 4.28 项目中措施项目的计取

（7）甲方评标材料

在项目中对甲方评标材料表进行关联，注意材料的名称、单位必须与甲方评标材料完全一致，并且关联时不能一对多，只能关联一条甲方材料，如图 4.29 所示。

图 4.29 甲方评标材料关联

（8）投标书自检

组价完成后进行投标书自检，如图 4.30 所示。

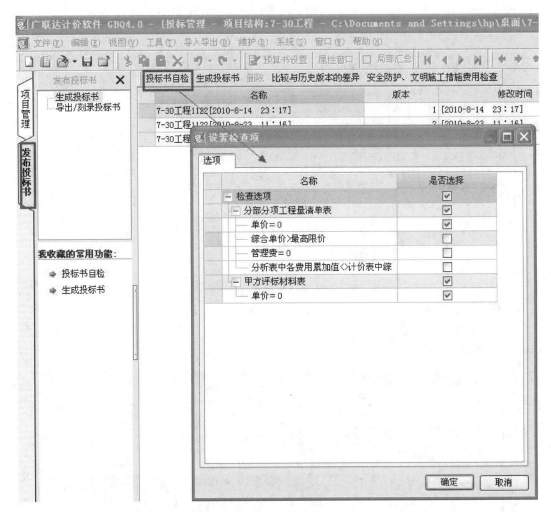

图 4.30　投标书自检

（9）生成投标书

在投标书自检中未提示错误的，点击【生成投标书】，在弹出的对话框中输入相应的信息，点击【确定】就完成了投标书在广联达计价软件中的编制，如图 4.31 所示。

4.4.2.3　将组件文件导入投标工具

打开投标工具，新建一份投标文件，选定招标文件，选择组价文件（xml 格式），点击【确定】，投标工具将自动把组价文件和招标文件进行匹配验证，如果组价文件符合招标文件要求，则导入组价文件的所有数据，如图 4.32 所示。

组价文件导入完毕后，可以通过项目概况编制、投标函编制、商务标编制、技术标编制、标书检查、打印报表等操作完成投标文件编制。

（1）项目概况编制

项目概况主要包含单位名称、单位地址、项目经理等内容，如图 4.33 所示。

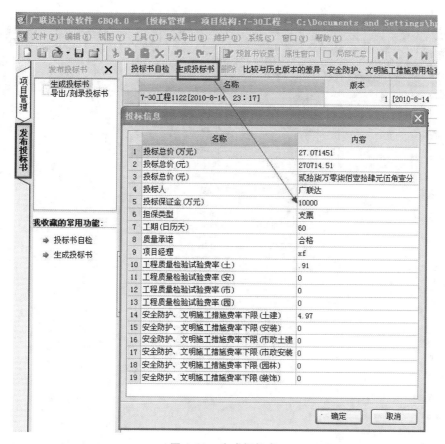

图 4.31　生成投标书

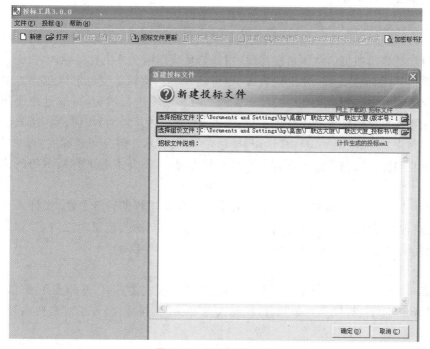

图 4.32　导入组价文件

图 4.33　投标项目概况

"项目概况"显示项目的总体信息情况,招标信息从招标文件中直接导入,投标人只需要填写投标单位信息,如单位地址、法定代表人、项目经理等。投标单位也可以在计价中填写相应信息,直接导入至投标工具中;其中投标单位的名称不需要进行填写,可通过注册激活码的方式自动获取投标单位信息。具体操作步骤:点击菜单栏上的【帮助】按钮,点击【激活码】按钮,在弹出的窗口中,输入激活码,点击【注册】按钮,工具会提示注册公司名称成功,并且显示加密锁号以及单位名称(注:当投标工具程序卸载重新安装后,需要重新进行激活码的注册),如图4.34 所示。

"评标办法"显示在招标文件及招标工具中设置的本工程的评分方法,投标人只有查阅的权限,不能对评标方法进行修改;"投标附件"是投标人提交的其他说明性内容,如造价工程师说明等,投标附件分为商务标附件和技术标附件,如图4.35 所示。

(2)投标函编制

投标函包括法定代表人资格证明书、投标文件签署授权委托书、开标委托书、投标函、投标承诺书、投标保证金银行保函六个部分,投标人需要根据实际情况分别对这些内容进行填写,如图4.36 所示。

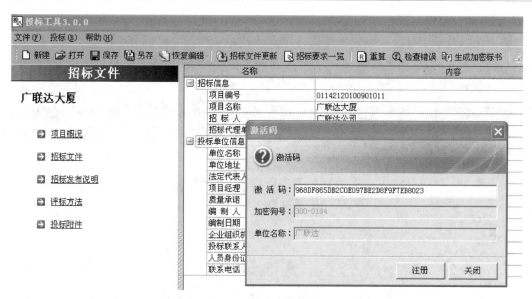

图 4.34　通过注册激活码获取投标单位信息

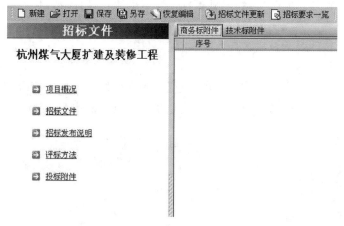

图 4.35　投标附件

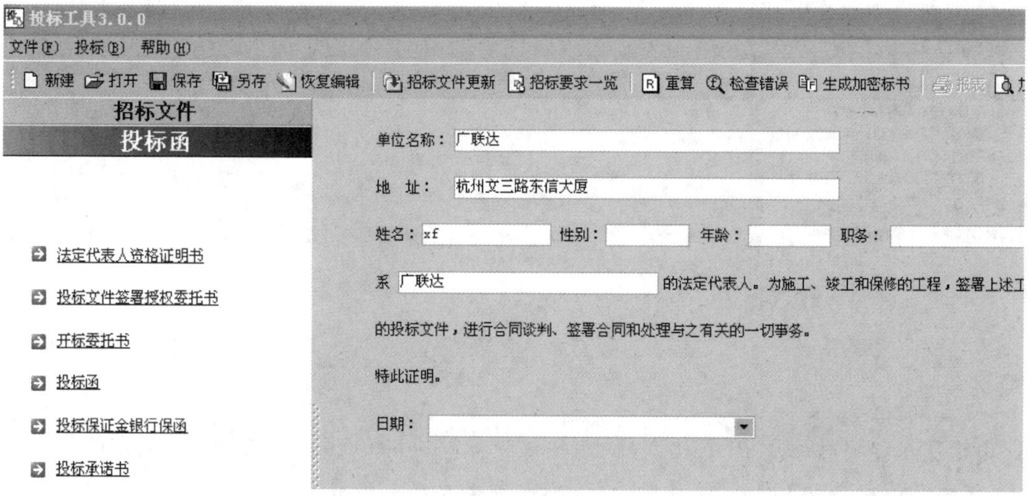

图 4.36　填写投标函

（3）商务标编制

商务标是投标文件的主要编辑内容,包括招标编制说明、工程量清单报价说明、分部分项工程量清单报价、措施项目清单报价、其他项目清单报价,要求提供单价材料报价,规费、税金报价等内容,如图 4.37 所示。

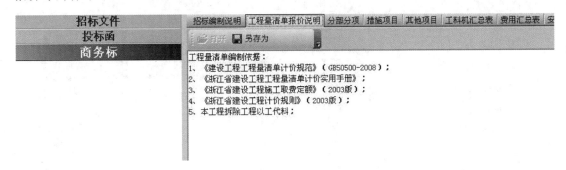

图 4.37　商务标编制

招标编制说明是从招标工具中导入而来,工程量清单报价说明则需要投标人进行描述。

对于使用计价软件完成组价,导入到投标工具中的组价文件,清单编制工作是在计价软件中完成的。每一条清单都是使用单价分析的方法计算出来的,如果需要修改这条清单的单价,则需要通过在计价软件中调整后再导入到投标工具中。

（4）技术标编制

进入技术标编制界面,选择相应节点,通过【导入文档】按钮,导入符合相应节点的内容,如图 4.38 所示,左边是技术标的相应节点,右边是相应节点下的内容。

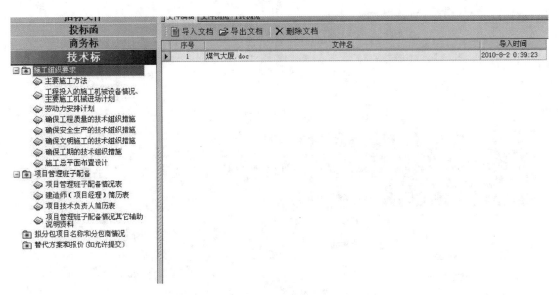

图 4.38　技术标编制

【注意】

由于技术标要转化成 PDF 格式输出,建议投标人使用 Office 2013 版本,或者 Office 2018 版本,使用其他版本的 Office 软件时,请投标人务必要提前检查。

4.4.2.4　保存在制作标书时的中间文件

投标文件是一个独立保存在软件之外的文件,在制作过程中,投标人中间需要处理其他事情而不能继续制作,需要进行文件备份时,则使用投标工具界面 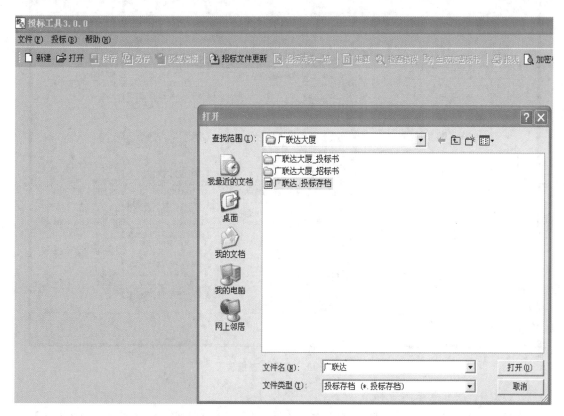 的按钮,进入"另存为"窗口,选择备份位置进行保存即可,备份文件的后缀名为".投标存档",之后可以再次打开保存的文件,原来内容不变,如图 4.39 所示。

图 4.39　打开保存的文件

4.4.2.5　投标检查

"投标检查"是检查投标文件是否存在零报价、是否响应招标材料要求、组织措施费是否低于规定的下限等:

零报价检查:检查投标文件中是否存在零报价清单项目;

负报价检查:检查投标文件中的清单是否存在负报价清单项目;

组织措施项目检查:检查是否低于招标文件规定的下限值;

规费、税金费率检查:检查投标文件中的规费、税金的费率是否在规定的范围内;

总承包服务费检查:检查总承包服务费是否在规定范围内;

招标要求材料检查:检查是否响应招标要求的材料。

检查结果如图 4.40 所示。

根据检查的结果,进入清单编辑界面修正错误。该功能可以帮助投标单位准确、清晰地理解招标要求,对应招标要求做出正确回应,同时尽可能减少投标人在投标报价时的漏项、缺项,保护投标人的利益,保证投标文件的一致性。

图 4.40　投标检查报告

4.4.2.6　生成电子加密标书

生成电子加密标书即把投标工具中投标数据转化成电子档的投标文件,刻录成投标光盘进行投标。点击界面按钮 生成加密标书 ,软件会引导完成标书的加密过程。完成的加密标书,是一个独立格式的文件,刻录在光盘上连同投标文件一同封装。投标人须将密码写在光盘封面上,以便开标时使用。

生成电子加密标书后,工程项目将会自动锁定,同时生成相应的水印码,水印码将在投标报表中体现。商务标一组水印码,技术标一组水印码。如果投标人发现投标文件有错误需要修改,则需要使用软件的恢复编辑功能,如图 4.41 所示,重新恢复时软件可以设定单独对商务标和技术标进行恢复。

【注意】

恢复编辑后,再次生成加密标书时,水印码将会发生变化,投标人报表需要重新打印。

4.4.2.7　报表输出

软件提供标准的报表格式,可直接打印出符合投标要求的报表,打印窗口如图 4.42 所示。

报表分商务标报表、技术标报表和投标附件报表三类,进入报表打印页面,默认的是商务标报表打印界面,根据选择的节点不同,打印符合不同要求的报表。

图 4.41　再次编辑加密标书

图 4.42　打印窗口

商务标报表打印完成后,选择技术标报表打印,如图 4.43 所示。

图 4.43　打印选择

如果在投标附件中,投标人还有相关的资料,也可以在投标附件报表中打印完成。

在左边区域选择要打印的清单节点,在右边选择需要打印的报表,按【打印】即可。如果需要打印整套报表,使用"套表打印"功能可以将需要的报表完整打印出来。

4.4.2.8　常见应用问题

(1)如何更新招标文件

如果招标方有补充招标文件发出,需要更新招标文件时,可以使用"投标"下拉菜单中的 ⌷招标文件更新 ,或者直接点击界面快捷键,进入招标文件更新窗口,如图 4.44 所示。

选择补充招标文件,选择需要更新的投标存档文件,按【开始更新】按钮,即进入更新过程,界面会滚动显示正在更新的内容,更新完成,如图 4.45 所示。

在内容最后一行看到了"招标文件更新完成"字样,则说明招标文件更新成功了,点击【完成】按钮关闭窗口即可。

图 4.44　招标文件更新

图 4.45　招标文件更新过程

【注意】

此功能只能修改除商务标以外的部分内容,如果商务标部分要进行修改,请务必回到计价软件中修改,再进行导入。

(2)如何确保计算结果准确

投标工具不是一个专业计算报价工具,但是软件提供了"重算"功能,在数据编辑之后,为确保结果的准确性,最好使用"重算"功能,将数据重新计算。点击投标工具界面按钮 R重算 或者在"投标"下拉菜单中找"重新计算"功能,都可以进入重算窗口完成重算操作,如图 4.46 所示。

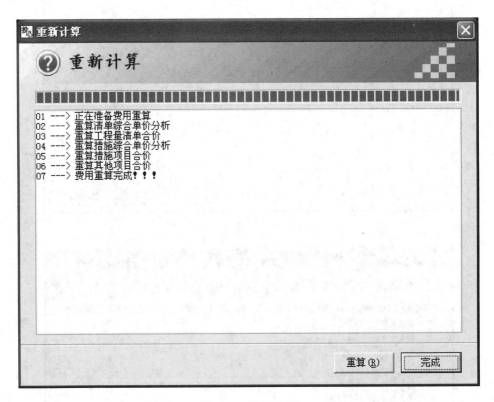

图 4.46   重新计算

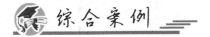 综合案例

一、案例概况

某工程为非洲某国政府建设的两所学院,资金由非洲银行提供,属技术援助项目,招标范围仅为土建工程的施工。

1.投标过程

我国某工程承包公司获得该国建设两所学院的招标信息,考虑到准备在该国发展业务,决定参加该项目的投标。由于我国与该国没有外交关系,经过几番周折,投标小组到达该国时离投标截止日仅 20 天。购买招标文件后,没有时间进行全面的招标文件分析和详细的环境调查,仅粗略地折算了各种费用,便仓促进行投标报价,待开标后才发现报价低于正常价格的30%。开标后业主代表、监理工程师进行了投标文件的分析,对授标产生了分歧。监理工程师坚持我国该公司的标为废标,因为报价太低,肯定亏损,如果授标则项目肯定不能完成。但业主代表坚持将该标授予我国公司,并坚信我国公司信誉好,工程项目一定能顺利完成。最终我国公司中标。

2.合同中的问题

中标后承包商分析了招标文件,调查了市场价格,发现报价太低,合同风险太大,如果承接,至少亏损 100 万美元以上。合同中有如下问题:

(1)没有固定汇率条款,合同以当地货币计价,而经调查发现,汇率一直变动不定。

(2)合同中没有预付款的条款,按照合同所确定的付款方式,承包商要投入很多自有资金,这样不仅会造成资金困难,而且财务成本也会相应增加。

(3)合同条款规定不免税,工程的税收约为 13% 的合同价格,而按照非洲银行与该国政府的协议本工程应该免税。

3.承包商的努力

在收到中标函后,承包商与业主代表进行了多次接触。一方面感谢其支持和信任,决心搞好工程,另一方面又讲述了所遇到的困难——由于报价太低,亏损是难免的,希望业主在以下几个方面给予支持:

(1)按照国际惯例将汇率以投标截止期前 28 天的中央银行的外汇汇率固定下来,以减少承包商的汇率风险。

(2)合同中虽没有预付款,但作为非洲银行的经济援助项目通常有预付款。没有预付款承包商无力进行工程施工。

(3)通过调查了解获悉,在非洲银行与该国政府的经济援助协议上本项目是免税的。而本项目必须执行这个经济援助协议,所以应该免税,合同规定由承包商交纳税赋是不对的,应予修改。

4.最终结果

由于业主代表坚持将标授予我国公司,如果这个项目失败,业主也要承担责任。所以,对承包商提出的上述三个要求,业主也尽了最大努力与政府交涉。最终承包商的三点要求都得到满足,在本工程中承包商顺利地完成了合同,业主也比较满意。本工程中业主代表的立场及所做出的努力起了十分关键的作用。

二、思考

(1)该承包商在投标过程中采用了何种投标技巧?

(2)该承包商在投标过程中存在哪些失误?

三、案例评析

该工程项目投标工作带来以下启示:

(1)承包商在开辟新市场时必须十分谨慎,特别在国际招标工程项目中,必须详细地进行一般环境和特殊环境调查和研究,对招标文件深入细致地分析。本案例中,我国这家投标公司虽然最终结果令人满意,但实属侥幸。

(2)合同中没有固定汇率的条款,在进行标后谈判时可以引用国际惯例要求业主修改合同条件。

（3）本工程中承包商与业主代表的关系是关键。能够获得业主代表、监理工程师的同情和支持，这对合同的签订和工程实施是十分重要的。

【学 生 笔 记】

1.获取招标信息有哪些方法？

2.简述投标前的准备工作有哪些。

3.简述一个投标工作机构应由哪些人才组成。

4.研究招标文件的目的是什么？对招标文件的分析具体分析哪些内容？

5.投标报价的主要依据有哪些？进行投标报价前应做哪些准备？

6.建设工程施工投标主要工作步骤有哪些？

7.工程建设项目的投标文件根据《房屋建筑和市政工程标准施工招标文件》（2010年版）的规定，一般包括哪些内容？

8.投标文件递交、接收和有效期分别有哪些要求？

9.投标决策包括哪些内容？

10.如何决定是否投标？

11.如何决定投标报价？确定投标报价策略和技巧有哪些？

【案 　例 　题】

1.某依法必须招标的大型工程项目，其招标方式经核准为公开招标，业主委托某招标代理公司实施代理招标。招标代理公司在规定媒体发布了招标公告，编制并发售了招标文件。招标文件规定：投标担保可采用投标保证金或投标保函方式；评标方法采用经评审的最低投标价；投标有效期为60 d。开标后发现以下情况：

（1）A投标人的投标报价为8000万元，经评审后推荐其为中标候选人。

（2）B投标人在开标后又提交了一份补充说明，提出可以降价5%。

（3）C投标人提交的银行投标保函有效期为70 d。

（4）D投标人投标文件的投标函盖有企业及企业法定代表人的印章，但没有加盖项目负责人的印章。

（5）E投标人与其他投标人组成了联合体投标，附有各方资质证书，但没有联合体共同投标协议书。

（6）F投标人的投标报价最高，故F投标人在开标后第二天撤回了其投标文件。

经过对投标书的评审，A投标人被确定为中标候选人。发出中标通知书后，招标人和A投标人进行了合同谈判，希望A投标人能再压缩工期、降低费用。经谈判后双方达成一致，不压缩工期，降价3%。

问题：

（1）A、B、C、D、E投标人的投标文件是否有效？请说明理由。

（2）F投标人的投标文件是否有效？对其撤回投标文件的行为应如何处理？

（3）该项目施工合同应该如何签订？合同价格应是多少？

2.某项工程公开招标，在投标文件的编制与递交阶段，某投标单位认为该工程原设计结构方案采用框架-剪力墙体系过于保守，该投标单位在投标报价书中建议，将框架-剪力墙体系改为框架体系，经技术经济分析和比较，可降低造价约 2.5%。该投标单位将技术标和商务标分别封装，在投标截止日期前一天上午将投标文件报送业主。次日（即投标截止日当天）下午，在规定的开标时间前一小时，该投标单位又递交了一份补充资料，其中声明将原报价降低 4%。但招标单位的有关工作人员认为一个投标单位不能递交两份投标文件，因而拒收了投标单位的补充资料。

问题：

（1）招标单位的有关工作人员是否应拒绝该投标单位的投标？请说明理由。

（2）该投标单位在投标中运用了哪几种报价技巧？其是否得当？并加以说明。

3.某管道工程采用工程量清单招标，其指定的招标原则为"低价优先"。招标文件中提供的工程量为估算量，工程结算以实际完成的工程量结算。现在某投标人有两种报价方案，其报价方案对比见表 4.2。

表 4.2　某管道工程报价方案对比

分项工程名称	单位	招标文件工程量	实际完成工程量	方案 1 单价/元	方案 2 单价/元
黏土开挖	m³	9000	18000	5.4	2
岩石开挖	m³	2800	2800	26	25
7 寸钢管铺设	m³	800	800	16	18
级配砂石回填	m³	3600	3600	21	20
3∶7 灰土回填	m³	5600	7000	13	20
表层土回填	m³	500	500	5	6

问题：

（1）计算方案 1 和方案 2 按照招标文件估算的工程量的工程价格。

（2）计算方案 1 和方案 2 按照实际完成的工程量的工程价格。

（3）分析投标人采取哪一种方案在招标阶段占优势，哪一种方案在结算阶段占优势。

【实　训　题】

实训目标：

为提高学生实践能力，将施工投标理论知识转化为编写施工投标文件的实际操作技能，学生应以《标准施工投标文件》为范本，练习编写施工投标文件。

实训要求：

案例背景可由教师根据学生专业课程学习情况安排。

（1）编写内容：教师根据教学实际需要，指导学生根据范本编写投标文件。

（2）编写要求：教师可以将本部分实训教学内容分散安排在各节教学过程中，也可以在本模块结束后统一安排。教师要指导学生按照教学内容编写，尽量做到规范化、标准化。

【课 后 题 库】

模块 4
课后题库练
习题及答案

模块 5 建设工程施工开标、评标与定标

【思维导图】

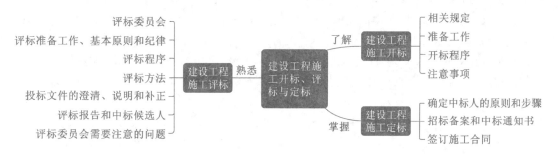

【模块导读】

建设工程施工开标、评标和定标必须遵循国家相关规定。开标时间为提交投标文件截止时间的同一时间。在招标人的主持下邀请所有投标人参加开标会。

评标委员会由招标人代表和评标专家组成，成员人数为 5 人以上的单数，其中技术、经济专家不得少于成员总数的 2/3。评标时可以采用综合评估法和经评审的最低投标价法。

中标人的投标应当能够最大限度地满足招标文件中规定的各项综合评价标准，或者能够满足招标文件的实质性要求，并且经评审的投标价格最低，但低于成本的除外。

【案例引入】

某招标项目招标文件规定：投标保证金金额为 10 万元人民币；招标人接受的投标保证金形式为现金、银行汇票或银行保函；投标函必须加盖投标人印章，同时由法定代表人或其授权代表签字；投标文件分为投标函、商务文件、技术文件三部分，均需单独密封，否则招标人不予接收。

投标人共有 6 家，分别为 a、b、c、d、e、f。投标文件递交情况如下：

(1)投标人 a 提前一天递交了投标文件，其投标函、商务文件和技术文件被密封在同一个文件箱内，投标保证金为 10 万元人民币的银行保函。

(2)投标人 b 在投标截止日期前递交了投标文件，其投标函、商务文件、技术文件单独密封，但其投标保证金 10 万元人民币现金在投标截止时间后 10 分钟送达招标人。

(3)投标人 c 在开标当天投标截止时间前按时递交了投标文件。投标函、商务文件和技术文件单独密封，其投标保证金为 5 万元人民币的银行汇票。

(4)投标人 d 的投标文件于投标截止时间前 1 日寄达招标人，但其参加开标会议的代表迟到 10 分钟抵达开标现场。

(5)投标人 e、f 的投标文件均提前递交，并均符合招标文件的要求。

招标人只接收了投标人 a、b、e、f 递交的 4 份投标文件。因投标人 c 的投标保证金金额不

足、投标人 d 的投标代表迟到，招标人拒绝接收其投标文件。

唱标过程中，发现投标人 a 的投标函上没有其法定代表人或其授权代理人签字，招标人唱标后，当场宣布 a 的投标为废标；投标人 b 的投标函上有两个大写投标报价，招标人要求其确认了其中一个报价后进行了唱标；投标人 e 的投标报价，大写为壹佰捌拾捌万元整，小写为180 万元，招标人按照有利于招标人的原则按 180 万元唱标。

唱标结束后，招标人要求每个投标人在开标会记录上签字。投标人 f 认为招标人组织的开标存在问题，拒绝在开标会记录上签字，招标人当场宣布其投标为废标。

这样仅剩下 b、e 两个有效投标人，评标委员会经评审后认为有效投标少于 3 家，明显缺乏竞争性，于是否决了所有投标。

问题：(1)对投标人 a~f 的投标文件及保证金，招标人应接收哪些？拒收哪些？

(2)招标人在唱标过程中对 a、b、e 的投标文件的处理存在哪些不妥之处？

(3)招标人当场宣布投标人 f 的投标为废标是否正确？

(4)项目中，评标委员会是否有权否决所有投标？招标人下一步应采取什么措施？

5.1　建设工程施工开标

开标是招投标活动的一项重要程序。招标人在投标截止时间的同一时间，按招标文件规定的开标地点组织公开开标，公布投标人名称、投标报价以及招标文件约定的其他唱标内容。

5.1.1　建设工程施工开标的相关规定

(1)开标时间

开标时间应当在提供给每一个投标人的招标文件中事先确定，以使每一个投标人都能事先知道开标的准确时间，以便届时参加，确保开标过程的公开、透明。开标时间一般不得改变，如特殊原因而需要变更，则应按招标文件的约定，及时发招标补遗通知所有潜在投标人。

开标时间应与提交投标文件的截止时间相一致。将开标时间规定为提交投标文件截止时间的同一时间，目的是为了防止招标人或者投标人利用提交投标文件的截止时间以后与开标时间之前的一段时间间隔进行暗箱操作。

(2)开标地点

为了使所有投标人都能事先知道开标地点，并能够按时到达，开标地点应当在招标文件中事先确定，以便使每一个投标人都能为参加开标活动做好充分的准备，如根据情况选择适当的交通工具，并提前做好机票、车票的预订工作等。招标人如果确有特殊原因，需要变动开标地点，则应当按照《招标投标法》的相关规定对招标文件作出修改，作为招标文件的补充文件，告知全部的潜在投标人。

(3)公开开标

所谓公开开标，就是开标活动都应当向所有提交投标文件的投标人公开。应当使所有提交投标文件的投标人到场参加开标。通过公开开标，投标人可以发现竞争对手的优势和劣势，从而判断自己中标的可能性大小，以决定下一步应采取什么行动。只有公开开标，才能体现和维护公开透明、公平公正的原则，保护投标人的合法权益。

(4)主持人

开标由招标人负责主持。招标人自行办理招标事宜的,自行主持开标;招标人委托招标代理机构办理招标事宜的,可以由招标代理机构按照委托招标合同的约定负责主持开标事宜。对依法必须进行招标的项目,有关行政机关可以派人参加开标,以监督开标过程严格按照法定程序进行。但是,有关行政机关人员不得越俎代庖,代替招标人主持开标。

5.1.2　建设工程施工开标准备工作

开标准备工作主要包括以下四个方面的内容:

(1)投标文件接收

招标人应当安排专人,在招标文件指定地点接收投标人递交的投标文件(包括投标保证金),详细记录投标文件送达人、送达时间、送达份数、包装密封状况、标识等查验情况,经投标人确认后,出具投标文件和投标保证金的接收凭证。投标文件密封不符合招标文件要求的,招标人不予受理。在投标截止时间前,应当允许投标人在投标文件接收场地之外自行更正修补。在投标截止时间后递交的投标文件,招标人应当拒绝接收。至投标截止时间提交投标文件的投标人少于 3 家的,不得开标,招标人应将接收的投标文件原封退回投标人,并依法重新组织招标。

(2)开标现场

招标人应保证受理的投标文件不丢失、不损坏、不泄密,并组织工作人员将投标截止时间前受理的投标文件及可能的撤销函运送到开标地点。

招标人应精细周全地准备好开标必备的现场条件,包括提前布置好开标会议室,准备好开标需要的设备、设施和服务等。

(3)开标资料

招标人应准备好开标资料,包括开标记录、标底文件(如有)、投标文件、接收登记表、签收凭证等。招标人还应准备相关国家法律法规、招标文件及其澄清及修改内容,以备必要时使用。

(4)工作人员

招标人参与开标会议的有关工作人员应按时到达开标现场,包括主持人、开标人、唱标人、记录人、监标人及其他辅助工作人员等。

5.1.3　建设工程施工开标程序

招标人应按照招标文件规定的程序开标,一般开标程序是:

(1)宣布开标纪律

主持人宣布开标纪律,对参与开标会议的人员提出会场要求,主要是开标过程中不得喧哗、通信工具调整到静音状态,以及约定提问方式等。任何人不得干扰正常的开标程序。

(2)确认投标人代表身份

招标人可以按照招标文件的约定,当场核验参加开标会议的投标人、授权代表的授权委托书和有效身份证件,确认授权代表的有效性,并留存授权委托书和身份证件的复印件。法定代表人出席开标会的要出示其有效证件。

(3)公布在投标截止时间前接收投标文件的情况

招标人当场宣布投标截止时间前递交的投标人名称、时间等。采用电子开标的,由主持人在电子招投标系统里点击获取开标项目的投标人名单,公布开标项目的投标人名称,并宣布参加的投标人总数,在投标截止时间前上传了投标文件的投标人数。

（4）宣布有关人员姓名

主持人介绍招标人代表、招标代理机构代表、监督人代表或公证人员等，依次宣布开标人、唱标人、记录人、监标人等有关人员姓名。

（5）检查投标文件的密封情况

依据招标文件约定的方式，组织投标文件的密封检查可由投标人代表或招标人委托的公证人员检查，其目的在于检查开标现场的投标文件密封状况是否与招标文件约定和受理时的密封状况一致。

（6）宣布投标文件开标顺序

主持人宣布开标顺序。如招标文件未约定开标顺序的，一般按照投标文件递交的顺序或倒序进行唱标。

（7）公布标底

招标人设有参考标底的，予以公布。也可以在唱标后公布标底。

（8）唱标

按照宣布的开标顺序当众开标。唱标人应按照招标文件约定的唱标内容，严格依据投标函（或包括投标函附录、服务投标一览表）唱标，并当即做好唱标记录。唱标内容一般包括投标函及投标函附录中的报价、备选方案报价（如有）、完成期限、质量目标、投标保证金等。

（9）开标记录签字

开标会议应当做好书面记录，如实记录开标会的全部内容，包括开标时间、地点、程序，出席开标会的单位和代表，开标会程序、唱标记录、公证机构和公证结果（如有）等。投标人代表、招标人代表、监标人、记录人等应在开标记录上签字确认，存档备查。投标人代表对开标记录内容有异议的，可以注明。

（10）开标结束

完成开标会议全部程序和内容后，主持人宣布开标会议结束。

 应用拓展

工程项目电子开标程序

工程项目电子开标一般程序如下：

打开公共资源交易网→远程评标→开标管理员登录→同步项目→进入项目→投标单位签到→开标背景→公布投标人名单→确定→标书退回（如有单位未递交投标文件）→备注退回原因→投标文件解密→拔掉代理CA→插入投标单位CA→投标人解密→投标文件解密（所有投标单位均解密完成后）→拔掉投标单位CA→插入代理CA→招标人解密→导入投标文件→批量导入→开标结束。

 特别提示

投标人对开标有异议的，应当在开标现场提出，招标人应当当场作出答复，并作记录。

招标项目设有标底的，招标人应当在开标时公布。标底只能作为评标的参考，不得以投标报价是否接近标底作为中标条件，也不得以投标报价超过标底上下浮动范围作为否决授标的条件。

知识链接

_____（项目名称）_____标段施工开标记录表

开标时间：____年____月____日____时____分

开标地点：_____

（一）唱标记录

序号	投标人	密封情况	投标保证金	投标报价/元	质量目标	工期	备注	签名

投标人编制的标底（如果有）

（二）开标过程中的其他事项记录

（三）出席开标会的单位和人员（附签到表）

招标人代表：　　　　　记录人：　　　　　　　监标人：

年　　月　　日

能力拓展

一、案例概况

某工程施工招标项目采用资格后审方式组织公开招标,在投标截止时间前,招标人共收到了投标人提交的6份投标文件。随后招标人组织有关人员对投标人的资格进行审查,查对有关证明、证件原件。有一个投标人没有派人参加开标会议,还有一个投标人少携带了一个证件的原件,没能通过招标人组织的资格审查。招标人就对通过资格审查的投标人A、B、C、D组织了开标。

唱标过程中,投标人B的投标函上有两个报价,招标人要求其确认其中的一个报价进行唱标;投标人C在投标函上填写的报价,大写与小写数值不一致,招标人查对了投标文件中的投标报价汇总表,发现投标函上的报价小写数值与投标报价汇总表一致,于是按照其小写数值进行了唱标。

二、问题

(1)招标人确定能够进入开标或唱标阶段的投标人的做法是否正确? 为什么?

(2)招标人在唱标过程中的做法是否正确? 为什么?

5.1.4　建设工程施工开标注意事项

开标应注意以下一些事项:

(1)在投标截止时间前,投标人书面通知招标人撤回其投标的,无须进入开标程序。

(2)依据投标函及投标函附录(正本)唱标,其中投标报价以大写金额为准。

(3)开标过程中,投标人若对唱标记录提出异议,开标工作人员应立即核对投标函及投标函附录(正本)的内容与唱标记录,并决定是否应该调整唱标记录。

(4)开标时,开标工作人员应认真核验并如实记录投标文件的密封、标识以及投标报价、投标保证金等开标、唱标情况,发现投标文件存在问题或投标人提出异议的,特别是涉及影响评标委员会对投标文件评审结论的,应如实记录在开标记录上。但招标人不应在开标现场对投标文件是否有效做出判断和决定,应递交评标委员会评定。

5.2　建设工程施工评标

招标项目评标工作由招标人依法组建的评标委员会按照招标文件约定的评标方法、标准进行评标。

5.2.1　建设工程施工评标委员会

依据《评标委员会和评标方法暂行规定》(国家发展计划委员会等7部委令第12号,2013年修订)和《评标专家和评标专家库管理暂行办法》(国家发展计划委员会令第29号,2013年修订)的规定,评标专家资格、权利和义务如下:

5.2.1.1　建设工程施工评标专家资格

专家入选评标专家库,采取个人申请和单位推荐两种方式。采取单位推荐方式的,应事先征得被推荐人同意。组建评标专家库的省级人民政府、政府部门或者招标代理机构,应当对申请人或被推荐人进行评审,决定是否接受申请或者推荐,并向符合规定条件的申请人或被推荐人颁发评标专家证书。入选条件如下:

(1)从事相关领域工作满 8 年并具有高级职称或同等专业水平;

(2)熟悉有关招标投标的法律法规,并具有与招标项目相关的实践经验;

(3)能够认真、公正、诚实、廉洁地履行职责;

(4)身体健康,能够承担评标工作;

(5)法律规章规定的其他条件。

5.2.1.2　建设工程施工评标专家的权利

(1)接受专家库组建机构的邀请,成为专家库成员;

(2)接受招标人依法选聘,担任招标项目评标委员会成员;

(3)熟悉招标文件有关技术、经济、管理特征和需求,依法对投标文件进行客观评审,独立提出评审意见,抵制任何单位和个人的不正当干预;

(4)获取相应的评标劳务报酬;

(5)国家规定的其他权利。

5.2.1.3　建设工程施工评标专家的义务

(1)接受建立专家库机构的资格考核,如实申报个人有关信息资料;

(2)遇到不得担任招标项目评标委员会成员的情况应当主动回避;

(3)为招标人负责,维护招标、投标双方合法利益,认真、客观、公正地对投标文件进行分析、评审、比较;

(4)遵守评标工作程序和纪律规定,不得私自接触投标人,不得收受他人的任何好处,不得透露投标文件评审的有关情况;

(5)自觉依法监督、抵制、反映和核查招标、投标、代理、评标活动中的虚假、违法和不规范行为,接受和配合有关行政监督部门的监督、检查;

(6)国家规定的其他义务。

5.2.1.4　组建评标组织

(1)评标委员会的构成

依法必须进行招标的工程,其评标委员会由招标人代表和有关技术、经济等方面的专家组成,成员人数为 5 人以上的单数,其中招标人代表不得超过成员总数的 1/3,技术、经济等方面的专家不得少于成员总数的 2/3。

(2)评标专家的抽取

评标专家应当由招标人从建设行政主管部门及其他有关政府部门确定的专家名册或者工程招标代理机构的专家库内的相关专业的专家名单中确定,一般应当采取随机抽取的方式。从工程招标代理机构专家库抽取的评标专家,不得超过评标专家总数的 1/3。与投标人有利害关系的人不得进入相关工程的评标委员会,已经进入的应当更换。评标委员会成员的名单在中标结果确定前应当保密。

（3）评标专家的回避原则

评标专家有下列可能影响公正评标情况的，应当回避：

①是投标人的雇员或投标人主要负责人的近亲属；

②是项目主管部门或者行政监督主管部门的人员；

③与投标人有经济利益关系，可能影响对投标公正评审的；

④曾因在招标、评标以及其他与招标有关的活动中从事违法行为而受过行政处罚或刑事处罚的。

评标专家从发生和知晓上述规定情形之一起，应当主动回避评标。招标人可以要求评标专家签署承诺书，确认其不存在上述法定回避的情形。评标中，如发现某个评标专家存在法定回避情形的，该评标专家已经完成的评标结果无效，招标人应重新确定满足要求的专家替代。

5.2.2　建设工程施工评标准备工作、基本原则和纪律

5.2.2.1　建设工程施工评标准备工作

招标人及其招标代理机构应为评标委员会评标做好以下准备工作：

（1）评标委员会成员签到

评标委员会成员到达评标现场时应在签到表上签到以证明其出席。

（2）评标委员会的分工

评标委员会首先推选一名评标委员会主任。招标人也可以直接指定评标委员会主任。

评标委员会主任负责评标活动的组织领导工作。评标委员会主任在与其他评标委员会成员协商的基础上，可以将评标委员会划分为技术组和商务组。

（3）熟悉文件资料

评标委员会主任应组织评标委员会成员认真研究招标文件。至少应了解和熟悉以下内容：

①招标的目标；

②招标项目的范围和性质；

③招标文件中规定的主要技术要求、标准和商务条款；

④招标文件规定的评标标准、评标方法和在评标过程中考虑的相关因素。

招标人或招标代理机构应向评标委员会提供评标所需的信息和数据，包括招标文件、未在开标会上当场拒绝的各投标文件、开标会记录。

5.2.2.2　建设工程施工评标原则

评标活动应当遵循公平、公正、科学、择优的原则，满足以下基本工作要求：

（1）认真阅读招标文件，正确把握招标项目特点和需求；

（2）全面审查、分析投标文件；

（3）严格按照招标文件中规定的评标标准、评标方法和程序评价投标文件；

（4）按法律规定推荐中标候选人或依据招标人授权直接确定中标人，完成评标报告。

评标委员会应当按照招标文件确定的评标标准和方法，对投标文件进行评审和比较，并对评标结果确认签字。招标文件中没有规定的标准和方法，评标时不得采用。投标文件指进入了开标程序的所有投标文件，以及投标人依据评标委员会的要求对投标文件的澄清和说明。如果设有标底，商务报价的评审应当参考标底。

5.2.2.3　建设工程施工评标纪律

（1）评标活动由评标委员会依法进行，任何单位和个人不得非法干预。无关人员不得参加评标会议。

（2）评标委员会成员不得与任何投标人或者与招标有利害关系的人私下接触，不得收受投标人、中介人以及其他利害关系人的财物或其他好处。

（3）招标人或其委托的招标代理机构应当采取有效措施保证评标活动严格保密，有关评标活动参与人员应当严格遵守保密规则，不得泄露与评标有关的任何情况。其保密内容涉及：

①评标地点和场所；

②评标委员会成员名单；

③投标文件评审比较情况；

④中标候选人的推荐情况；

⑤与评标有关的其他情况等。

为此，招标人应采取有效措施，必要时，可以集中管理和使用与外界联系的通信工具等，同时禁止任何人员私自携带与评标活动有关的资料离开评标现场。

5.2.3　建设工程施工评标程序

大型工程项目的评标因内容复杂、涉及面宽，通常需要分成初步评审和详细评审两个阶段进行。

5.2.3.1　初步评审

初步评审是评标委员会按照招标文件确定的评标标准和方法，对投标文件进行形式、资格、响应性评审，以判断投标文件是否存在重大偏离或保留，是否实质上响应了招标文件的要求。经评审认定投标文件没有重大偏离、实质上响应招标文件要求的，才能进入详细评审。

（1）初步评审的内容

投标文件初步评审的内容包括形式评审、资格评审、响应性评审，工程施工招标采用经评审的最低投标价法时，还应对施工组织设计和项目管理机构的合格响应性进行初步评审。

①形式评审

a. 投标文件格式、内容组成（如投标函、法定代表人身份证明、授权委托书等），是否按照招标文件规定的格式和内容填写，字迹是否清晰可辨；

b. 投标文件提交的各种证件或证明材料是否齐全、有效和一致，包括营业执照、资质证书、相关许可证、相关人员证书、各种业绩证明材料等；

c. 投标人的名称、经营范围等与投标文件中的营业执照、资质证书、相关许可证是否一致有效；

d. 投标文件法定代表人身份证明或法定代表人的代理人是否有效，投标文件的签字、盖章是否符合招标文件规定，如有授权委托书，则应审查授权委托书的内容和形式是否符合招标文件规定；

e. 如有联合体投标，应审查联合体投标文件的内容是否符合招标文件的规定，包括联合体协议书、牵头人、联合体成员数量等；

f. 投标报价是否唯一，一份投标文件只能有一个投标报价，在招标文件没有规定的情况下，不得提交选择性报价，如果提交有调价函，则应审查调价函是否符合招标文件规定。

 **特别提示**

通常符合性评审是初步评审的第一步,如果投标文件实质上不响应招标文件的要求,招标单位将予以拒绝,并不允许投标单位通过修正或撤销其不符合要求的差异,使之成为具有响应性的投标。

②资格评审

适用于未进行资格预审程序的评标,资格评审的内容见模块3。

③响应性评审

a.投标内容范围是否符合招标内容范围,有无实质性偏差。

b.项目完成工期。投标文件载明的完成项目的时间是否符合招标文件规定的时间,并应提供响应时间要求的进度计划安排的图表等。

c.项目质量要求。投标文件是否符合招标文件提出的工程质量目标、标准要求。

d.投标有效期。投标文件是否承诺招标文件规定的有效期。

e.投标保证金。投标人是否按照招标文件规定的时间、方式、金额及有效期递交投标保证金或银行保函。

f.投标报价。投标人是否按照招标文件规定的内容范围及工程量清单进行报价,是否存在算术错误,并需要按规定修正;招标文件设有招标控制价的,投标报价不能超过招标控制价,是否可以等于招标控制价则应根据具体招标文件的规定来判断。

g.合同权利和义务。投标文件中是否完全接受并遵守招标文件合同条件约定的权利、义务,是否对招标文件合同条款有重大保留、偏离和不响应内容。

h.技术标准和要求。投标文件的技术标准是否响应招标文件要求。

④施工组织设计和项目管理机构评审

采用经评审的最低投标价法时,审查投标文件的施工组织设计和项目管理机构的各项要素是否响应招标文件要求。

(2)否决投标的情形

《招标投标法实施条例》第五十一条规定,有下列情形之一的,评标委员会应当否决其投标:

①投标文件未经投标单位盖章和单位负责人签字;

②投标联合体没有提交共同投标协议;

③投标人不符合国家或者招标文件规定的资格条件;

④同一投标人提交两个以上不同的投标文件或者投标报价,但招标文件要求提交备选投标的除外;

⑤投标报价低于成本或者高于招标文件设定的最高投标限价;

⑥投标文件没有对招标文件的实质性要求和条件做出响应;

⑦投标人有串通投标、弄虚作假、行贿等违法行为。

 **特别提示**

投标文件中的大写金额和小写金额不一致的,以大写金额为准;总价金额与单价金额不一

致的,以单价金额为准,但单价金额小数点有明显错误的除外;对不同文字文本投标文件的解释发生异议的,以中文文本为准。

5.2.3.2　详细评审

详细评审是评标委员会对各投标书实施方案和计划进行实质性评价与优劣比较,并找出若授标给该投标人可能存在的好处及隐含的风险。评审时不允许再采用招标文件中要求投标人考虑因素以外的任何条件作为标准。设有标底的,评标时应参考标底。

详细评审通常分为两个步骤进行。首先对各投标书进行技术和商务方面的审查,评定其合理性,以及若将合同授予该投标人在履行过程中可能给招标人带来的风险;然后在此基础上再由评标委员对各投标书分项进行量化比较,从而评定出优劣次序。大型复杂工程的评标过程经常分成商务评审和技术评审,为了保证评标的客观、公正,以及保证项目的顺利实施,应先进行技术评审,然后再进行商务评审。如果设立两个评审组,应分别独立工作,在综合评价前不应互通评分信息。

(1)评审比较的程序和原则

经初步评审合格的投标文件,评标委员会应当根据招标文件确定的评标标准和方法,对其技术部分和商务部分做进一步评审、比较。

①经评审的最低投标价法

a.投标文件做出实质性响应,满足招标文件规定的技术要求和标准;

b.根据招标文件中规定的评标价格调整方法,对所有投标人的投标报价以及投标文件的商务部分做必要的价格调整;

c.不再对投标文件的技术部分进行价格折算,仅以商务部分折算的调整值作为比较基础;

d.经评审的最低投标价的投标,应当推荐为中标候选人。

②综合评估法

a.采用量化方式比较时,应当对投标文件做必要的调整,将量化指标建立在同一基础或者同一标准上,使各投标文件具有可比性。

b.对技术部分和商务部分进行量化后,评标委员会应当对这两部分的量化结果进行加权平均,计算出每一投标的综合评估价或者综合评估分。

c.根据招标文件的规定,允许投标人投备选标的,评标委员会可以对符合中标条件的投标人所投的备选标进行评审,以决定是否采纳备选标。不符合中标条件的投标人的备选标不予考虑。

d.对于划分有多个单项合同的招标项目,招标文件如果允许投标人为获得整个项目合同而提出优惠,评标委员会可以对投标人提出的优惠进行审查,以决定是否将招标项目作为一个整体合同授予中标人。根据综合评估法,最大限度地满足招标文件中规定的各项综合评价标准的投标,应当推荐为中标候选人。

(2)对投标书的审查

评审投标人如何实施招标工程时,主要考虑以下几个方面:

①技术评审。主要是对投标书的实施方案进行评定,包括:

a.施工总体布置。着重评审施工现场布局的合理性,避免造成交叉作业的施工干扰,以及与其他分阶段实施工程部分的衔接是否合适。

b.施工进度计划。不仅要看总进度计划,而且要考察里程碑工期是否切实可行和保证措施是否科学、可靠。

c.施工方法和技术措施。主要评审各单项工程所采用的施工方案、程序与措施,既要保证工程质量和安全,又能减少干扰,加快施工进度。

d.材料和设备。规定由承包方提供或采购的材料和设备,质量和性能等各项指标是否满足设计和招标文件中的要求。

e.技术建议和替代方案。评价这些建议和替代方案对工程的质量和技术性能有何影响,依据可行性和技术经济价值,考虑是否可以全部或部分采纳。

②价格分析。分析投标价的目的在于鉴定投标报价的合理性,并找出报价高与低的原因。

a.报价构成分析。用标底与投标书中各单项工作内容的报价进行对比分析,对差异较大之处找出原因,并评定是否合理。

b.计日工报价。对于无名义工程量,只填单价的机械台班费和人工费,分析报价的合理性。

c.分析前期工程价格提高的幅度。虽然投标单位为了解决前期施工中资金流通的困难,可以采用不平衡报价法投标,但不允许有严重的不平衡报价。过大地提高前期工程的支付要求,会影响到项目的资金筹措计划。

③管理和技术能力评价。主要考虑以下几个方面:

a.施工管理的组织机构模式。

b.管理人员和技术人员的能力。着重审查项目经理和总工程师的人选,但也要兼顾派驻现场的主要技术人员在数量上和专业方面能否满足施工要求,必要时还可审查特殊技术工种工人的技术等级和数量。

c.施工机械设备。评审投入本工程施工的机械设备在类型、型号、数量等方面能否满足施工需要。

d.评价质量保证体系。审查质量保证体系的方案、措施等是否先进、合理和可靠。

④商务法律评审。该部分为对投标书的响应性检查。

a.投标书对招标文件中的规定是否有重大偏离。允许投标书中提出与招标文件规定不一致的方案或建议供评标参考,但这些背离或保留不能在实质上影响到承包工程的范围、质量、应承担的合同责任,以及实质上限制了合同条件中规定的项目法人权利。

b.修改合同条件某些条款建议的采用价值。投标书中有多方案报价时,在审查修改部分规定的双方权利、义务条款,可能降低报价的经济价值和预估带来的风险后,确定该建议是否可行。

c.替代方案的可行性。投标书在正常报价之外提出的替代方案,不仅要考虑其技术可行性,还要评价它的实用价值及对工程造价的影响。

d.评价优惠条件。分析如果从优惠条件方面考虑授予合同,在其他方面可能存在的风险。

5.2.4　建设工程施工评标方法

5.2.4.1　评标方法简介

评标方法包括综合评估法、经评审的最低投标价法以及法律法规允许的其他评标方法。

(1)基本概念

综合评估法,是指投标人最大限度地满足招标文件中规定的各项综合评价标准的评标方法。衡量投标文件是否最大限度地满足招标文件中规定的各项评价标准,可以采取折算为货币的方法或者打分的方法予以量化,需量化的因素及其权重应当在招标文件中明确规定。

经评审的最低投标价法(以下简称最低投标价法),是指投标人能够满足招标文件的实质性要求,以及"经评审的最低投标价"的评标方法。经评审的最低投标价是指经过对投标文件商务部分中的细微偏差、遗漏进行修正和调整后的投标价格。

(2)适用范围

综合评估法适用于大型复杂工程及其他不宜采用经评审的最低投标价法的招标项目。

经评审的最低投标价法一般适用于具有通用技术、性能标准或者招标人对其技术、性能没有特殊要求的招标项目。

5.2.4.2　综合评估法

综合评估法是指将评审内容分类后分别赋予不同权重,评标委员依据评分标准对各类内容细分的小项进行相应的打分,最后计算的累计分值反映投标人的综合水平,以得分最高的投标书为最优。这种方法由于需要评分的涉及面较宽,每一项都要经过评委打分,因此可以全面地衡量投标人实施招标工程的综合能力。

大型复杂工程的评分标准最好设置几级评分目标,以利于评委控制打分标准,减小随意性。评分的指标体系及权重应根据招标工程项目特点设定。

(1)比较内容和标准的设定

综合评估法是依据招标文件中规定的评标方法,对投标书中的实施计划(包括报价)进行全面比较,以选择最大限度满足招标文件要求的投标书。

①技术标和商务标标准分值或权重的设定。较为简单的工程项目由于评审要素相对较少,通常采用百分制法评标,但应预先设定技术标和商务标的满分值;大型复杂工程的评审要素较多,简单的百分制法不能满足要求,需将评审要素划分为几大类,并分别赋予不同的权重,每一类再采用百分制记分。技术部分与商务部分分值的分配比例,应按照工程项目的特点和招标人对投标人要求不同具体设定。如普通的工程项目,一般的承包人采用常规方法即可完成,商务部分的分值的比例较高(如 70%~90%);而大型复杂工程,则应更强调技术标的质量,降低商务标分值的比例。因此投标竞争不是简单的投标报价高低的比较。

②评审要素的设定。为了能够对各投标书进行客观公正的比较,应合理地选择对招标工程有较大影响的要素进行比较,既不要过于简单,使条件不是最好的投标人中标,也不应该过于繁多,导致评审比较的重点不够突出。

③为了保证评标委员之间主观评审的差异不致过大,分值的分配范围应有细化标准。

住房和城乡建设部发布的施工招标文件范本中规定了评标办法,能最大限度满足招标文件中规定的各项综合评价标准的投标人为中标人,可以参照下列方式:

方法一

$$N = A_1 \times J + A_2 \times S + A_3 \times X$$

式中　N——评标总得分;

　　　J——施工组织设计(技术标)评审得分;

　　　S——投标报价(商务标)评审得分,以最低报价(但低于成本的除外)得满分,其余报价按比例折减计算得分;

　　　X——投标人的质量、综合实力、工期得分;

　　　A_1,A_2,A_3——各项指标所占的权重。

得分最高者为中标候选人。

方法二

$$N' = A_1 \times J' + A_2 \times S' + A_3 \times X'$$

式中　　N'——评标总得分；

J'——施工组织设计(技术标)评审得分排序,从高至低排序,$J' = 1,2,3,\cdots$；

S'——投标报价(商务标)评审得分排序,按报价从低至高排序(报价低于成本的除外),
$S' = 1,2,3,\cdots$；

X'——投标人的质量、综合实力、工期得分排序,按得分从高至低排序,$X' = 1,2,3,\cdots$；

A_1,A_2,A_3——同上。

得分最低的为中标候选人。

建议：一般 A_1 取 $20\% \sim 70\%$,A_2 取 $30\% \sim 70\%$,A_3 取 $0 \sim 20\%$,且 $A_1 + A_2 + A_3 = 100\%$。

评述：两种方法的主要区别在于 J、S 和 X 记分的取值方法不同。第一种方法按与标准值的偏差取值,而第二种方法仅按投标书此项的排序取值。第二种方法计算相对简单,但当偏差较大时,最终得分值的计算不能反映具体的偏差度,可能导致报价最低但综合实力不够强或施工方案不是最优的投标人中标。

(2)商务标的评分办法

报价部分的比较按照评分基准不同,可以划分为用标底作为衡量基准、用修正标底值作为衡量基准和不用标底而考虑投标人报价水平计算衡量基准三大类。

①以标底作为标准值计算报价得分的综合评分法

评标委员会首先用标底作为衡量标准,然后按照评标规则计算各项得分,最后以累计得分比较投标书的优劣。应注意,若某投标书的总分不低,但其中某一项得分低于该项及格分时,也应充分考虑授标给此投标人在实施过程中可能发生的风险。

②以修正标底值作为报价评分衡量标准的综合评分法

以标底作为报价评定标准时,有可能因编制的标底没有反映出较为先进的施工技术水平和管理水平,导致报价分的评定不合理。为了弥补这一缺陷,采用标底的修正值作为衡量标准。此方法在工程项目管理的有关著作中也称为"$A+B$"法,A 值为反映投标人报价的平均水平,可以是简单算术平均值,也可以是加权平均值;B 值为标底。具体步骤为：

A.淘汰报价不合理的投标书

a.计算经过审查认为可以接受的各投标书报价的算术平均值,以这个平均值考察报价的平均水平。

b.将各投标书报价平均值与标底再做算术平均。

c.以 A 算出的值为中心,按预先确定的允许浮动范围(如 $\pm 10\%$)确定入围的有效投标书。此范围作为第一次对报价合理性的判断标准,将所有投标人分成高于和低于此值的两类,超过设定范围的投标书将被认为报价不合理,予以淘汰。

B.计算报价项的评分基准(或称为最佳分点)

a.计算所有入围有效标书报价的平均值 A。

低于标底入围报价的平均值为 X,加权系数 α；高于标底入围报价的平均值为 Y,加权系数 β。则有：

$$A = \alpha X + \beta Y$$

式中，α 的取值建议在 $0.3 \sim 0.7$ 范围内，且应满足 $\alpha + \beta = 1$。

b. 设标底为 B。

c. 最佳分点 $= \zeta A + \eta B$。ζ 的取值在 $0.35 \sim 0.65$ 范围内，且应满足 $\zeta + \eta = 1$。

C. 计算有效投标书报价项的得分

a. 以评分基准为标准，再将入围标书分成高于和低于此值的两类。

b. 依据评标规则确定的计算方法，按报价与标准的偏离度计算各投标书的该项得分。

③不用标底衡量的综合评分法

前两种方法在商务评标过程中对报价部分的评审都以预先设定的标底作为衡量条件，如果标底编制得不够合理，有可能对某些投标书的报价评分不公平。为了鼓励投标人的报价竞争，可以不预先制定标底，用反映投标人报价平均水平的某一值作为衡量基准来评定各投标书的报价部分得分。但此种方法又不同于评标价法中的鼓励低报价，仍然设置一个标准值，视报价与其偏离度的大小确定分值高低。采用较多的方法包括：

a. 以最低报价为标准值。在所有投标书的报价中以报价最低者为标准（该项满分），其他投标人的报价按预先确定的偏离百分比计算相应得分。但应注意，如果最低的投标报价与次低投标人的报价相差悬殊（如 20% 以上），则应首先考虑最低报价者是否有低于其企业成本的竞标，只有其报价的费用组成合理，才可以作为标准值。

b. 以平均报价为标准值。开标后，首先计算各主要报价项的标准值。可以采用简单的算术平均值或平均值下浮某一预先规定的百分比作为标准值。标准值确定后，再按预先确定的规则，视各投标书的报价与标准值的偏离程度，计算各投标书的该项得分。

几种评标计算方法应用实例

一、以最低报价为标准值的综合评分法

某综合楼项目经有关部门批准由业主自行进行工程施工公开招标。该工程有 A、B、C、D、E 共 5 家企业经资格审查合格后参加投标。评标采用四项综合评分法。四项指标及权重为：投标报价 0.5，施工组织设计合理性 0.1，工期 0.3，投标单位的业绩与信誉 0.1，各项指标均以 100 分为满分。报价以所有投标书中报价最低者为标准（该项满分），在此基础上，其他各家的报价比标准值每上升 1% 扣 5 分；工期比计划工期（600 天）提前 15% 为满分，在此基础上，每延后 10 天扣 3 分。5 家投标单位的报价及有关评分情况见表 5.1。

表 5.1　某综合楼报价及评分表

投标单位	报价/万元	施工组织设计/分	工期/天	业绩与信誉/分
A 企业	4080	100	580	95
B 企业	4120	95	530	100
C 企业	4040	100	550	95
D 企业	4160	90	570	95
E 企业	4000	90	600	90

根据表 5.1,计算各投标单位综合得分,并据此确定中标单位。

【解】　(1)5 家企业的投标报价得分

根据评标标准,5 家企业中,E 企业报价 4000 万元,报价最低,E 企业投标报价得分为满分 100 分。

A 企业报价为 4080 万元,A 企业投标报价得分:$(4080/4000-1)\times100\%=2\%$;$100-2\times5=90$ 分。

B 企业报价为 4120 万元,B 企业投标报价得分:$(4120/4000-1)\times100\%=3\%$;$100-3\times5=85$ 分。

C 企业报价为 4040 万元,C 企业投标报价得分:$(4040/4000-1)\times100\%=1\%$;$100-1\times5=95$ 分。

D 企业报价为 4160 万元,D 企业投标报价得分:$(4160/4000-1)\times100\%=4\%$;$100-4\times5=80$ 分。

(2)5 家企业的工期得分

根据评标标准,工期比计划工期(600 天)提前 15% 为满分,即 $600\times(1-15\%)=510$ 天为满分。

A 企业所报工期为 580 天,A 企业工期得分:$100-(580-510)/10\times3=79$ 分。

B 企业所报工期为 530 天,B 企业工期得分:$100-(530-510)/10\times3=94$ 分。

C 企业所报工期为 550 天,C 企业工期得分:$100-(550-510)/10\times3=88$ 分。

D 企业所报工期为 570 天,D 企业工期得分:$100-(570-510)/10\times3=82$ 分。

E 企业所报工期为 600 天,E 企业工期得分:$100-(600-510)/10\times3=73$ 分。

(3)5 家企业的综合得分

A 企业:$90\times0.5+79\times0.3+100\times0.1+95\times0.1=88.2$ 分。

B 企业:$85\times0.5+94\times0.3+95\times0.1+100\times0.1=90.2$ 分。

C 企业:$95\times0.5+88\times0.3+100\times0.1+95\times0.1=93.4$ 分。

D 企业:$80\times0.5+82\times0.3+90\times0.1+95\times0.1=83.1$ 分。

E 企业:$100\times0.5+73\times0.3+90\times0.1+90\times0.1=89.9$ 分。

根据得分情况,C 企业为中标单位。

二、以标底作为标准值计算报价得分的综合评分法

某工程由于技术难度大,对施工单位的施工设备和同类工程施工经验要求高,工期也十分紧迫。因此,根据相关规定,业主采用邀请招标的方式邀请了国内 3 家施工企业参加投标。招标文件规定该项目采用钢筋混凝土框架结构,支模现浇施工方案施工。业主要求投标单位将技术标和商务标分别装订报送。评分原则如下:

(1)技术标共 40 分,其中施工方案 10 分(因已确定施工方案,故该项投标单位均得分 10 分),施工总工期 15 分,工程质量 15 分。满足业主总工期要求(32 个月)者得 5 分,每提前 1 个月加 1 分,工程质量自报合格者得 5 分,报优良者得 8 分(若实际工程质量未达到优良将扣罚合同价的 2%),通过质量管理体系认证得 2 分,如成功运行 2 年(含 2 年)以上可再得 2 分;通过环境管理体系认证得 1 分,如成功运行 2 年以上可再得 1 分。

(2)商务标共 60 分。标底为 42354 万元,报价为标底的 98% 者得满分 60 分;报价比标底

的 98% 每下降 1% 扣 1 分,每上升 1% 扣 2 分(计分按四舍五入取整)。各单位投标报价资料见表 5.2。

表 5.2　各单位投标报价资料

投标单位	报价/万元	总工期/月	自报工程质量	质量管理体系认证/年限	环境管理体系认证/年限
甲企业	40748	28	优良	2	1
乙企业	42162	30	优良	1	2
丙企业	42266	30	优良	1	1

根据上述资料运用综合评分法计算。

【解】　(1)计算各投标单位的技术标得分,见表 5.3。

表 5.3　技术标得分

投标单位	施工方案/分	总工期/分	工程质量/分	合计
甲企业	10	$5+(32-28)\times1=9$	$8+2+2+1=13$	32
乙企业	10	$5+(32-30)\times1=7$	$8+2+1+1=12$	29
丙企业	10	$5+(32-30)\times1=7$	$8+2+1=11$	28

(2)计算各授标单位的商务标得分,见表 5.4。

表 5.4　商务标得分

投标单位	报价/万元	报价占标底的比例/%	扣分/分	得分/分
甲企业	40748	$(40748/42354)\times100=96.2$	$(98-96.2)\times1\approx2$	$60-2=58$
乙企业	42162	$(42162/42354)\times100=99.5$	$(99.5-98)\times2\approx3$	$60-3=57$
丙企业	42266	$(42266/42354)\times100=99.8$	$(99.8-98)\times2\approx4$	$60-4=56$

(3)计算各投标单位的综合得分,见表 5.5。

表 5.5　综合得分

投标单位	技术标得分/分	商务标得分/分	综合得分/分
甲企业	32	58	90
乙企业	29	57	86
丙企业	28	56	84

因此,根据综合得分情况,甲企业为中标单位。

三、以修正标底值计算报价的评分法

某项工程施工招标,报价项评分采用"A+B"法,报价项满分为 60 分。标底价格为 5000 万元。报价项比修正的标底值每高 1% 扣 3 分,比修正的标底值每低 1% 扣 2 分。试求各入围企业报价项得分。

【解】　(1)确定投标报价入围的企业

入围的 5 家企业报价如下:C 企业为 5250 万元,D 企业为 5050 万元,E 企业为 4850 万元,F 企业为 4800 万元,G 企业为 4750 万元。

（2）计算 A 值（本例采用加权平均值方法计算 A 值）

$$A = \alpha X + \beta Y$$

低于标底入围报价的平均值为 X,加权系数 $\alpha = 0.7$。

高于标底入围报价的平均值为 Y,加权系数 $\beta = 0.3$。

$$X = (4850 + 4800 + 4750)/3 = 4800 \text{ 万元}$$
$$Y = (5250 + 5050)/2 = 5150 \text{ 万元}$$
$$A = 4800 \times 0.7 + 5150 \times 0.3 = 4905 \text{ 万元}$$

（3）$B = 5000$ 万元

（4）修正后的标准值

$$(A + B)/2 = (4905 + 5000)/2 = 4952.5 \text{ 万元}$$

（5）计算各投标书报价得分

C 企业:$60 - 3 \times (5250 - 4952.5)/4952.5 \times 100 = 41.98$ 分

D 企业:$60 - 3 \times (5050 - 4952.5)/4952.5 \times 100 = 54.09$ 分

E 企业:$60 - 2 \times (4952.5 - 4850)/4952.5 \times 100 = 55.86$ 分

F 企业:$60 - 2 \times (4952.5 - 4800)/4952.5 \times 100 = 53.84$ 分

G 企业:$60 - 2 \times (4952.5 - 4750)/4952.5 \times 100 = 51.82$ 分

根据得分情况,E 企业为中标单位。

（6）案例评析

采用修正标底的评分法,能够在一定程度上避免预先制定的标底不够准确,使具有竞争性报价的投标人受到不公正待遇的缺点。采用这种评分方法计算时,为鼓励授标的竞争性,如果所有投标报价均高于标底,则通常仍以标底作为标准值。

5.2.4.3　最低投标价法

最低投标价法是指评审过程中以该标书的报价为基数,将预定报价之外需要的评定要素按预先规定的折算办法换算为货币价值,按照投标书对招标人有利或不利的原则,在其报价上增加或扣减一定金额,最终构成评标价格。评标价格最低的投标书为最优标书。最低投标价法适用于具有通用技术、性能标准或者招标人对技术、性能标准没有特殊要求的招标项目。

（1）最低投标价法的特点

①进入量化比较阶段的标书必须是经过评标委员会审核可以接受的标书,即施工组织、施工技术、拟投入的人员、施工机具、质量保证体系等方面合理,实施过程不会给招标人带来较大风险的投标书。

②横向量化比较的要素比综合评分法的要素少,简化了评比内容。

③以价格作为量化的基本单位。

④从建筑产品也是商品的角度出发,评审价格反映了购买建筑产品的价格-功能比,因此需预先确定比较的内容和折算成一定价格的方法。

⑤评审价格（评标价）既不是投标价,也不是中标价,只是使用价格作为指标评审标书优劣的衡量方法,评标价最低的投标书为最优。

⑥定标签订合同时,仍以该投标人的报价作为中标的合同价。

（2）评审量化折算

由于评审比较内容中有些项目是直接用价格（元）表示的，但也有某些要素的基本单位不是价格，如投标工期的单位是月（或日），所以需要用一定的方法将其折算为价格，以便在投标价上予以增减。可以折算成价格的评审要素一般包括：

①投标书承诺的工期提前给项目可能带来的超前收益，以月为单位按预定计算规则折算为相应的货币值，从该投标人的报价内扣减此值。

②实施过程中必然发生而标书又明显漏项部分，给予相应的补项，增加到报价上去。如施工现场所在地必须缴纳的某些地方税在报价中未包括，而在工程施工过程中一定会发生且将作为施工成本出现，则应把此笔费用加到评标价中，以评定投标人漏报这笔费用在实施过程中可能给发包人带来的风险。

③技术建议可能带来的实际经济效益，按预定的比例折算后，在投标价内减去该值。

④投标书内提出的优惠条件可能给招标人带来的好处，以开标日为准，按一定的方法折算后，作为评审价格因素之一。如招标文件中说明工程预付款为合同价的 20％，投标人在标书内承诺只要求发包方支付 15％的预付款，则余下的 5％预付款是发包人资金晚到位向银行少付的利息，也可以按一定的方法或比例折算为若干费用计入评标价内。

⑤对其他可以折算为价格的要素，按照对招标人有利或不利的原则，增加或减少到投标报价上去。

 **应用案例**

一、案例概况

有段公路投资 1200 万元，经咨询公司测算的标底为 1200 万元，计划工期为 300 天。现有甲、乙、丙 3 家企业的报价、工期及质量目标见表 5.6。招标文件规定，该项目采用经评审的最低投标价法进行评标，评标时应考虑如下评标因素：（1）工期每提前 1 天为业主带来 2.5 万元的预期效益；（2）工程竣工验收时质量达到优良的将为业主带来 20 万元的收益。请计算经评审的评标价，并确定排名第一的中标候选人。

表 5.6　某公路评审报价

企业名称	报价/万元	工期/天	质量目标	评标价/万元
甲	1000	260	优良	880
乙	1100	200	合格	850
丙	800	310	优良	805

计算各家企业的评标价如下：

甲：$1000+(260-300)\times2.5+(-20)=880$ 万元。

乙：$1100+(200-300)\times2.5+0=850$ 万元。

丙：$800+(310-300)\times2.5+(-20)=805$ 万元。

综合考虑报价、工期和质量目标评审因素后，以经评审的评标价作为选定中标候选人的依据，因此，选定乙企业为排名第一的中标候选人。

上述 3 家企业中丙企业报价最低,但工期已经超过了标底的工期,属于重大偏差,因此不予考虑。甲企业报价虽比乙企业低,但综合评审各因素后,乙企业较甲企业的评标价格低,因此最后选定乙企业为中标候选人。

二、案例评析

本案例说明,工程报价最低并不是工程评审综合价格最低。在评审时要将所有实质性要求,如工期、质量等因素综合考虑到评审价格中。如工期提前可能为投资者节约各种利息,项目及时投入使用后可及早回收建设资金,创造经济效益。又如可能因为工程质量不合格、合格而未达到优良,给业主带来销售困难、给投资者带来不良社会影响等问题。因此,招标人要合理确定利用最低投标价格法的具体操作步骤和价格因素,这样才可能使评标更加科学、合理。

5.2.5 建筑工程施工投标文件的澄清、说明和补正

澄清、说明和补正是指评标委员会在评审投标文件过程中,遇到投标文件中不明确或存在细微偏差的内容时,要求投标人做出书面澄清、说明或补正,但投标人不得借此改变投标文件的实质性内容。投标人不得主动提出澄清、说明或补正的要求。

若评标委员会发现投标人的投标价或主要单项工程报价明显低于同标段其他投标人报价,或者在设有参考标底时明显低于参考标底价时,应要求该投标人做出书面说明并提供相关证明材料。如果投标人不能提供相关证明材料证明该报价能够按招标文件规定的质量标准和工期完成招标项目,则评标委员会应当认定该投标人以低于成本价竞标,作废标处理。

如果投标人提供了证明材料,评标委员会也没有充分的证据证明投标人低于成本价竞标,评标委员会应当接受该投标人的投标报价。

5.2.6 建筑工程施工评标报告和中标候选人

5.2.6.1 评标报告的编写

评标委员会完成评标后,应当向招标人提出书面评标报告,阐明评标委员会对各投标文件的评审和比较意见。评标委员会的工作属于受招标人委托提供咨询服务,因此,除非招标人授权评标委员会定标,否则对各投标书的评审、比较结果结束后应提交评标报告,作为招标人定标的依据。

评标报告是评标委员会经过对各投标书评审后提出的结论性报告,一般应分为评标情况说明、对合格标书的评价和推荐中标人名单三部分。

(1)评标情况说明

评标报告的第一部分应对评标过程加以说明,包括一共收到多少份投标书,其中有多少份属于无效投标,并具体说明被判定为无效投标书的依据。

(2)对合格标书的评价

此部分是评标报告的重点。对各合格标书应分别就标价分析、实施能力分析、技术建议分析、合同建议分析、授予合同的风险分析等方面分别做出评述。详细说明若将合同授予该投标人,则在合同履行过程中对发包方会有哪些好处和可能存在哪些风险,以供发包人定标时参考。

(3)推荐中标人名单

在评审的量化比较基础上,列出投标人的排序,并明确提出评标委员会推荐的中标人(评

标委员会定标)或推荐的候选中标人(招标人定标)名单,推荐不超过 3 名有排序的合格的中标候选人,以便招标人从中选择一名最符合要求的投标人作为中标者。

5.2.6.2　评标报告形式

较为规范的评标报告通常由 5 个部分组成。推荐的评标报告提要为如下形式:

(1)招标过程

①资格预审文件、招标文件预审时间、招标管理机构核准时间;

②刊登资格预审通告或者招标文件的情况;

③领取资格预审文件或招标文件的情况;

④现场勘察和投标预审会的情况;

⑤至投标截止时间投标单位的投标文件情况。

(2)开标过程

开标的时间、地点、参加单位及开标情况。

(3)评标过程

评标委员会的组成及人员情况。评标考虑的内容:投标文件符合性鉴定;资格审查,包括人员、设备、财务、经验、履约情况等;审核报价;对投标文件的澄清;对投标文件的分析论证及评审意见。

(4)具体评审和推荐意见(略)

(5)附件

附件包括评标委员会人员名单、投标人资格审查情况表、投标文件符合性鉴定表、投标书评比表、评分汇总表等。

5.2.6.3　中标候选人

评标委员会推荐的中标候选人应当限定在 1~3 名,并标明排列顺序。中标候选人应当公示,公示时应当注意以下事项:

(1)招标人依法确定中标候选人后,应当根据招标文件明确的媒体和发布时间进行公布,接受社会监督。

(2)中标候选人公示时间应当按有关规定执行。中标候选人公示期间内,投标人和其他利害相关人如对中标结果有异议,可以按照法律法规规定的程序提出异议、质疑或投诉。

5.2.7　建筑工程施工评标委员会需要注意的问题

招标人组织评标委员会评标,应注意以下问题:

(1)评标委员会的职责是依据招标文件规定的评标标准和方法,对进入开标程序的投标文件进行系统的评审和比较,无权修改招标文件中已经公布的评标标准和方法。

(2)评标委员会对招标文件中的评标标准和方法产生疑义时,招标人或其委托的招标代理机构要进行解释。

(3)招标人接收评标报告时,应核对评标委员会是否遵守招标文件规定的评标标准和方法、评标报告是否有算术性错误、签字是否齐全等内容,发现问题应要求评标委员会即时更正。

(4)评标委员会成员及招标人或其委托的招标代理机构参与评标的人员应该严格保密,不得泄露任何信息。评标结束后,招标人应将评标的各种文件资料、记录表收回归档。

5.3　建设工程施工定标

5.3.1　确定中标人的原则和步骤

5.3.1.1　确定中标人的原则

（1）采用综合评估法的，应能够最大限度地满足招标文件中规定的各项综合评标标准。

（2）采用经评审的最低投标价法的，应能够满足招标文件的实质性要求，并且经评审的投标价格最低。但中标人的投标价格应不低于其成本价。

此外，使用国有资金投资或者国家融资的项目以及其他依法必须招标的施工项目，招标人应当确定排名第一的中标候选人为中标人。排名第一的中标候选人放弃中标、因不可抗力提出不能履行合同，或者招标文件规定应当提交履约保证金而在规定期限内未能提交的，招标人可以确定排名第二的中标候选人为中标人。排名第二的中标候选人出现上述情况的，招标人可以确定排名第三的中标候选人为中标人。

招标人可以授权评标委员会直接确定中标人。

5.3.1.2　确定中标人的步骤

（1）确定中标人一般在评标结果已经公示，没有质疑、投诉或质疑、投诉均已处理完毕时；

（2）确定中标人前后，招标人不得与投标人就投标价格、投标方案等实质性内容进行谈判；

（3）如果招标人授权评标委员会直接确定中标人，应在评标报告形成后确定中标人。

5.3.2　招标备案和中标通知书

5.3.2.1　招标备案

依法必须进行施工招标的工程，招标人应当自确定中标人之日起 15 日内，向工程所在地的县级以上地方人民政府建设行政主管部门或者工程招标投标监督管理机构提交施工招标投标情况的书面报告。书面报告应当包括下列内容：

（1）招标人编写的招标投标情况书面报告；

（2）评标委员会编写的评标报告；

（3）中标人的投标文件；

（4）中标通知书；

（5）建设项目的年度投资计划或立项批准文件；

（6）经备案的工程项目报建登记表；

（7）建设工程施工招标备案登记表；

（8）项目法人单位的法人资格证明书和授权委托书；

（9）招标公告或投标邀请书；

（10）投标报名表及合格投标人名单；

（11）招标文件或资格预审文件（采用资格预审时）；

（12）招标人机构有关人员的证明资料；

（13）如委托工程招标代理机构招标，委托方和代理方签订的"委托工程招标代理合同"。

县级以上地方人民政府建设行政主管部门或者工程招标投标监督机构自收到书面报告之

日起 5 个工作日内未提出异议,招标人可以向中标人发出中标通知书,并将中标结果通知所有未中标的投标人。

5.3.2.2　中标通知书

中标通知书是指招标人在确定中标人后向中标人发出的书面文件。中标通知书的内容应当简明扼要,通常只需告知投标人招标项目已经中标,并确定签订合同的时间、地点即可。中标通知书发出后,对招标人和中标人均具有法律约束力,如果招标人改变中标结果,或者中标人放弃中标项目,应当依法承担相应的法律责任。

(1)中标人确定后,招标人应当向中标人发出中标通知书,并同时将中标结果通知所有未中标的投标人。

(2)中标通知书的发出时间不得超过投标有效期的时效范围。

(3)中标通知书需要载明签订合同的时间和地点。需要对合同细节进行谈判的,中标通知书上需要载明合同谈判的有关安排。

(4)中标通知书可以载明提交履约担保等投标人需注意或完善的事项。

应用案例

一、案例概况

2017 年 3 月,甲公司准备对其将要完工的大厦工程进行装饰装修。经研究决定,采取公开招标方式向社会公开招标施工单位。乙公司参与了竞标,并于 5 月 1 日收到甲公司发出的中标通知书。按甲公司要求,乙公司于 5 月 10 日进场施工,并同时建样板间,在此前后,双方对样板间的验收标准未做约定。

6 月 20 日,甲公司以样板间不合格为由通知乙公司,要求乙公司 3 日内撤离施工现场。乙公司认为,甲公司擅自毁约,不符合《招标投标法》的规定,遂诉至人民法院,要求甲公司继续履约,并签订装修合同。

二、案例评析

本案是一起在招标投标过程中引起的纠纷。根据《招标投标法》的相关规定,投标人一旦中标即在招标与中标单位之间形成了相应的权利和义务关系,中标文件即是招标单位与中标单位之间已形成的相应的权利、义务关系的证明。招标单位有义务、中标单位有权利要求自中标通知书发出之日起 30 日内,按照招标文件和中标者的投标文件与中标人订立书面合同,招标人和中标人都不得再行订立背离合同实质性内容的其他协议。

本案中甲公司有义务于 5 月 31 日以前与中标人乙公司签订正式合同,并不得要求乙公司撤离施工现场,如果因甲公司的违约行为给乙公司造成损失,甲公司还应赔偿乙公司的损失。

5.3.3　签订施工合同

工程施工合同协议是依据招标人与中标人按照招标投标及中标结果形成的合同关系,为按约定完成招标工程建设项目,明确双方责任、权利、义务关系而签订的合同协议书。

5.3.3.1 合同的签订

招标人和中标人应当自中标通知书发出之日起 30 日内,按照招标文件和中标人的投标文件订立书面合同。招标人和中标人不得再行订立背离合同实质性内容的其他协议。如果投标书内提出的某些非实质性偏离的不同意见发包人也同意接受,双方应就这些内容通过谈判达成书面协议。通常的做法是,不改动招标文件中的通用条件和专用条件,将对某些条款协商一致后改动的部分在合同协议书附录中予以明确。合同协议书附录经过双方签字后将作为合同的组成部分。

5.3.3.2 投标保证和履约保证

(1)投标保证金的退还

《招标投标法实施条例》第五十七条规定,招标人最迟应当在书面合同签订后 5 日内向中标人和未中标的投标人退还投标保证金及银行同期存款利息。

除不可抗力外,中标人不与招标人签订合同的,招标人可以没收其投标保证金;招标人不与中标人签订合同的,应当向中标人双倍返还投标保证金。给对方造成损失的,依法承担赔偿责任。

(2)提交履约保证

如果招标文件要求中标人提交履约保证,中标人应当提交。履约保证可以采用银行出具的履约保函或招标人可以接受的企业法人提交的履约保证书其中的任何一种形式。若中标人不能按时提供履约保证,可以视为投标人违约,没收其投标保证金,招标人再与下一位候选中标人商签合同。按照建设法规的规定,当招标文件中要求中标人提供履约保证时,招标人也应当向中标人提供工程款支付担保。

综合案例

一、案例概况

某办公楼的招标人于 2017 年 3 月 20 日向具备承担该项目能力的甲、乙、丙 3 家承包商发出投标邀请书,其中说明,3 月 25 日在该招标人总工程师室领取招标文件,4 月 5 日 14 时为投标截止时间。该 3 家承包商均接受邀请,并按规定时间提交了投标文件。

开标时,由招标人检查投标文件的密封情况,确认无误后,由工作人员当众拆封,并宣读了该 3 家承包商的名称、投标价格、工期和其他主要内容。

评标委员会委员由招标人直接确定,共有 4 人组成,其中招标人代表 2 人,经济专家 1 人,技术专家 1 人。

招标人预先与咨询单位和被邀请的这 3 家承包商共同研究确定了施工方案。经招标工作小组确定的评标指标及评分方法如下:

(1)报价不超过标底(35500 万元)的±5%者为有效标,超过者为废标。报价为标底的 98%者得满分,在此基础上,每下降 1%扣 1 分,每上升 1%扣 2 分(计分按四舍五入取整)。

(2)定额工期为 500 天,评分方法是工期提前 10%得 100 分,在此基础上每推迟 5 天扣 2 分。

(3)企业信誉和施工经验得分在资格审查时评定。

上述四项评标指标的总权重分别为:投标报价 45%,投标工期 25%,企业信誉和施工经验均为 15%。各承包商具体情况见表 5.7。

表 5.7　各承包商投标具体情况

投标单位	报价/万元	总工期/天	企业信誉得分/分	施工经验得分/分
甲承包商	35642	460	95	100
乙承包商	34364	450	95	100
丙承包商	33867	460	100	95

二、问题

(1)从所介绍的背景资料来看,该项目的招标投标过程中有哪些方面不符合《招标投标法》的规定?

(2)请按综合得分最高者中标的原则确定中标单位。

三、案例评析

(1)从所介绍的背景资料来看,该项目的招标投标过程中存在以下问题:

①从 3 月 25 日发放招标文件到 4 月 5 日提交投标文件截止招标,这段时间太短。根据《招标投标法》第二十四条规定,依法必须进行招标的项目,自招标文件开始发出之日起至投标人提交投标文件截止之日止,最短不得少于 20 日。

②开标时,不应由招标人检查投标文件的密封情况。根据《招标投标法》第三十六条规定,开标时,由投标人或者其推选的代表检查投标文件的密封情况,也可以由招标人委托的公证机构检查并公证。

③评标委员会委员不应全部由招标人直接确定,而且评标委员会成员组成也不符合规定。根据《招标投标法》第三十七条规定,评标委员会由招标人的代表和有关技术、经济等方面的专家组成,成员人数为 5 人以上单数,其中技术、经济等方面的专家不得少于成员总数的 2/3。评标委员会中的技术、经济专家,一般招标项目应采取(从专家库中)随机抽取的方式,特殊招标项目可以由招标人直接确定。本项目是办公楼项目,显然属于一般招标项目。

(2)各承包商的各项指标得分及总得分见表 5.8 和表 5.9。

表 5.8　各承包商各项指标得分

投标单位	报价/万元	报价与标底的比例/%	扣分/分	得分/分
甲承包商	35642	35642/35500=100.4	$(100.4-98)\times2\approx5$	$100-5=95$
乙承包商	34364	34364/35500=96.8	$(98-96.8)\times1\approx1$	$100-1=99$
丙承包商	33867	33867/35500=95.4	$(98-95.4)\times1\approx3$	$100-3=97$
投标单位	工期/天	工期与定额工期的比较	扣分/分	得分/分
甲承包商	460	$460-500(1-10\%)=10$	$10/5\times2=4$	$100-4=96$
乙承包商	450	$450-500(1-10\%)=0$	0	$100-0=100$
丙承包商	460	$460-500(1-10\%)=10$	$10/5\times2=4$	$100-4=96$

表 5.9 各承包商总得分

项目	甲承包商	乙承包商	丙承包商	权重
报价得分/分	95	99	97	45%
工期得分/分	96	100	96	25%
企业信誉得分/分	95	95	100	15%
施工经验得分/分	100	100	95	15%
总得分/分	96	98.8	96.9	100%

乙承包商的综合得分最高,应选择乙承包商为中标单位。

【学 生 笔 记】

1.建设工程施工开标是招投标活动的一项重要程序,简述开标有哪些相关规定。

2.简述建设工程施工开标有哪些准备工作、建设工程施工开标程序有哪些和有哪些注意事项。

3.建设工程施工评标专家入选条件有哪些? 建设工程施工评标专家的权利和义务分别是什么?

4.简述建设工程施工组建评标组织的原则。

5.简述建设工程施工评标准备工作、基本原则和纪律。

6.简述建设工程施工评标程序。

7.简述确定中标人的原则和步骤。

8.简述招标备案书面报告应当包括哪些内容。

【案 例 题】

1.某建设单位准备建一座体育馆,建筑面积 3000 m²,预算投资 270 万元,建设工期为 8个月。工程采用公开招标的方式确定承包商。建设单位编制了招标文件,并向当地的建设行政管理部门提出了招标申请书,得到了批准。但是在招标之前,该建设单位就已经与甲施工公司进行了工程招标沟通,对投标价格、投标方案等实质性内容达成了一致的意向。招标公告发布后,来参加投标的公司有甲、乙、丙 3 家。按照招标文件规定的时间、地点及投标程序,3 家施工单位向建设单位投递了标书。在公开开标的过程中,甲和乙承包单位在施工技术、施工方案、施工力量及投标报价上相差不大,乙公司在总体技术和实力上较甲公司好一些。但是,定标的结果却是甲公司。乙公司很不满意,但最终接受了这个结果。20 多天后,一个偶然的机会,乙公司接触到甲公司的一名中层管理人员,在谈到该建设单位的工程招标问题时,甲公司的这名员工透露说,在招标之前,该建设单位和甲公司已经进行了多次接触,中标条件和标底是双方议定的,参加投标的其他人都蒙在鼓里。对此情节,乙公司认为该建设单位严重违反了法律的有关规定,遂向当地建设行政管理部门举报,要求建设行政管理部门依照职权宣布该招标结果无效。经建设行政管理部门审查,乙公司所陈述的事实属实,遂宣布本次招标结果无效。

甲公司认为,建设行政管理部门的行为侵犯了甲公司的合法权益,遂起诉至法院,请求法院依法判令被告承担侵权的民事责任,并确认招标结果有效。

问题:

(1)简述建设单位进行施工招标的程序。

(2)通常情况下,招标人和投标人串通投标的行为有哪些表现形式?

(3)依据《招标投标法》的规定,该建设单位应对本次招标承担什么法律责任?

2.某工程施工项目采用资格预审方式招标,并采用经评审最低投标价法进行评标。共有3个投标人进行投标,且3个人都通过了初步评审,评标委员会对经修正后的投标报价进行了详细评审。

招标文件规定工期为 30 个月,工期每提前一个月给招标人带来的预期效益为 50 万元,招标人提供的临时用地 500 亩,临时用地的费用为 5000 元/亩,评标价折算考虑以下两个因素:

(1)投标人所报的租用临时用地的数量。

(2)提前竣工的效益。

投标人甲:算术修正后的投标报价为 6000 万元,提出需要临时用地 400 亩,承诺工期为28 个月。

投标人乙:算术修正后的投标报价为 5500 万元,提出需要临时用地 500 亩,承诺工期为29 个月。

投标人丙:算术修正后的投标报价为 5000 万元,提出需要临时用地 550 亩,承诺工期为30 个月。

问题:

根据上述背景资料,计算各投标人的评标价格并确定第一中标候选人。

【实　训　题】

实训目标:

结合本书模块 3 及模块 4 的内容,完成建筑工程施工招投标整个工作程序的学习。通过模拟开标、评标和定标工作,培养学生组织协作能力、语言表达能力和书面写作能力。

实训要求:

(1)将一个教学班分成 6 组,其中招标单位和投标单位各 3 组。每小组共同完成一份招标或投标文件。模拟开标、评标及定标现场会的全部过程。

(2)开标会应依据下列程序进行开标:

①开标由任课教师或招标单位代表主持,邀请招标单位代表、投标单位代表人及模拟监督机构的人员参加,其他同学旁听。

②所有列席代表会议签到。

③主持人宣布开标纪律,介绍参加会议人员及工程项目概况。

④宣布开标人、唱标人、记录人、监标人等有关人员姓名。

⑤请投标人代表或公证机构按照投标人须知前附表规定检查投标文件的密封情况。

⑥设有标底的,公布标底。

⑦按照宣布的开标顺序当众开标,公布投标人名称、标段名称、投标保证金的递交情况、投标报价、质量目标、工期及其他内容,并记录在案。

⑧投标人代表、招标人代表、监标人、记录人等有关人员在开标记录上签字确认。

⑨开标结束。

(3)评标工作可以根据教学具体情况组织。如果已经完成了模块3及模块4编写招标投标文件的实训任务,且学生相关专业知识——工程概预算、施工组织、施工技术等课程学习结束,掌握程度较好,教师可以根据招标文件规定采取的定量评标办法进行评标;也可仅对招标、投标文件的完成时间、格式规范性、内容合理完整性等方面设置评定标准进行评分。

评标小组可以由各小组推选代表和教师共同组成,也可采用招标与投标小组之间互评的方式,具体方式由教师根据教学情况安排。

评标小组应根据评标结果撰写一份评标报告。

(4)定标。根据评标结果排序,确定中标单位,并依照格式写一份中标通知书。

(5)签订建筑工程合同(可将本部分实训内容安排在模块7)。

【课后题库】

模块 5
课后题库练
习题及答案

模块 6　建设工程合同管理概述

【思维导图】

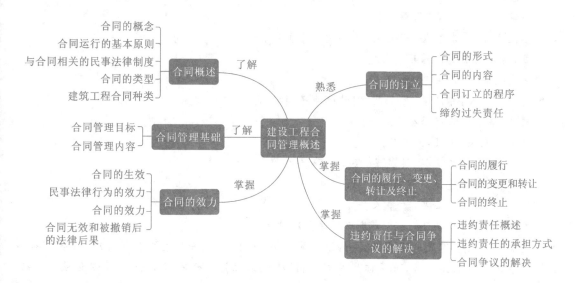

【模块导读】

合同是双方当事人设立、变更和终止民事权利和义务关系的协议。它是作为一种法律手段在具体问题中对签订合同的双方实行必要的约束。

2021年1月开始实施的《民法典》中的合同编分为通则、典型合同、准合同三个分编,共计526个条文。它是在原《合同法》的基础上,贯彻全面深化改革的精神,坚持维护契约、平等交换、公平竞争,促进商品和要素自由流动,完善合同制度。

合同按约履行是合同权利义务关系终止最常见的情形,在履行中双方当事人都应遵守相应的原则,确保权利义务的实现。掌握合同生效的要件,在实际中能够判断出合同的效力。合同的担保制度更加完善地保障了债权人权利的实现。担保形式共有五种,即保证、抵押、质押、留置和定金。

合同法律制度的完善对在市场经济中当事人实现各自的目的有着重要的意义。

【案例引入】

某厂房建设工程施工合同纠纷
上海市××区人民法院民事判决书
(2012)嘉民三(民)初字第×××号

原告:某某建设工程有限公司。

法定代表人:吴某某,董事长。

委托代理人:朱某某、杨某某,某某律师事务所律师。

被告:某某绘图仪器厂。

法定代表人:袁某某,总经理。

委托代理人:邱某某、吴某某,某律师事务所律师。

被告:某某化工有限公司。

法定代表人:李某,总经理。

委托代理人:邱某某、吴某某,某律师事务所律师。

第三人:某某建筑工程有限公司。

法定代表人:仇某某,董事长。

委托代理人:庄某某,上海某某律师事务所律师。

关于原告某某建设工程有限公司(以下简称 A 公司)与被告某某绘图仪器厂(以下简称 B 厂)、某某化工有限公司(以下简称 C 公司)间的建设工程施工合同纠纷一案,本院依法组成合议庭,公开开庭进行了审理。审理过程中,本院依法追加了某某建筑工程有限公司(以下简称 D 公司)作为本案的第三人参加诉讼。原告 A 公司的委托代理人朱某某,被告 B 厂、C 公司的委托代理人邱某某、吴某某,第三人 D 公司的委托代理人庄某某到庭参加诉讼。本案现已审理终结。

原告 A 公司诉称:2005 年,被告 B 厂委托原告分期建造厂房,全部工程于 2008 年竣工。2009 年 8 月,被告 B 厂补办了工程招投标手续后与原告补签了"上海市建设工程施工合同",约定工程地点为嘉定区某某镇某某村,工程内容为 1 号至 4 号厂房、实验车间、1 号和 2 号仓库的土建安装;工程质量标准为合格;工程价款(固定价)为 5699074 元;工程配套等设施、增加部分原告按上海"93 定额"提交造价,材料按"上海造价信息"2009 年 4 月价格确定等。工程施工期间,被告 B 厂先后支付了工程款约 520 万元。工程完工后,被告 B 厂以工程未通过竣工验收为由,要求在办妥全部工程验收手续后付款。2009 年 11 月,被告 B 厂办妥了上述施工合同中厂房、配套设施中 2 间门卫室的房地产权证。同年 12 月,原告要求按建设工程施工合同及配套决算书结算工程款,但被告 B 厂仍未同原告结算工程款。2010 年 5 月,被告 B 厂将原告承建的厂房及配套工程、设施全部转让给被告 C 公司,在办理厂房转让前被告 C 公司承诺在此过程中产生的任何和其他公司的法律纠纷,均由被告 C 公司负责并承担责任。原告认为,在原告与被告 B 厂签订的施工合同中明确约定工程价款采用固定价,并约定了配套设施、增加部分的结算方式,被告 B 厂应依约结算工程款;被告 C 公司在受让被告 B 厂的厂房时知道受让厂房的工程款尚未结清,在被告 C 公司承诺承担责任后应对被告 B 厂转让厂房时拖欠的工程款承担连带清偿责任。现起诉要求:一、被告 B 厂支付工程款 1504526 元及利息(按银行同期贷款利率),自起诉之日计算至判决生效之日;二、被告 C 公司对上述款项承担连带清偿责任。庭审中,原告变更第一项诉讼请求的金额为 1582895.40 元。

被告 B 厂辩称,不同意原告的诉讼请求。原告、被告之间不存在建设工程施工合同关系。本案的系争工程是被告 B 厂委托第三人 D 公司进行施工的,与原告无关,故原告的诉讼主体是错误的;原告提供的"上海市建设工程施工合同"系其利用被告 B 厂委托其办理产权证时的便利私自制作,原告据此主张权利没有事实和法律依据;被告 B 厂已付清全部工程款,不存在拖欠工程款的情形。

被告 C 公司辩称,被告 C 公司没有对被告 B 厂承担担保责任的意思表示,故被告 C 公司不应承担连带清偿责任。且被告 B 厂已付清全部工程款,被告 C 公司也无须承担所谓的连带清偿责任。

第三人 D 公司辩称,根据 D 公司 2005 年 10 月 20 日的董事会决议,2006 年以前公司的债权、债务由原公司法定代表人施某某负责,且 2009 年 5 月,被告 B 厂通知 D 公司 2003 年的中标通知书作废,故 D 公司未同被告 B 厂结算工程款。2005 年 7 月的工程,其也未参与招投标。

经审理查明,2003 年 11 月 10 日,第三人 D 公司(承包商)与被告 B 厂(发包人)签订了一份"建设工程施工合同",约定 D 公司承建位于上海市嘉定区某某工业园区内的新建厂房工程,承包方式为双包,工期 232 天,自 2003 年 11 月 10 日至 2004 年 6 月 30 日(最迟可逾期至 2004 年 7 月 30 日)。合同价款 205 万元,采用固定价方式确定。工程款支付方式为:签订合同一周内支付合同价款的 20%,基础工程完工支付合同价款的 25%,主体结构完工支付合同价款的 25%,粉刷完工支付合同价款的 10%,工程竣工、产权证办妥支付合同价款的 18%,合同价款的 2% 作为保修金,保修金于一年后退回。逾期竣工的,承包商赔偿发包人 20 万元。工程所需配套费用(包括室内外水电安装、道路、围墙及相关办证手续及费用)由承包商支付,其中只负责大地块围墙建造及土地平整。合同另对其他事项做了约定。同年 12 月 18 日,上海市嘉定区建设工程招投标管理办公室对上述工程中标通知书进行备案。2005 年 7 月 27 日,第三人 D 公司(承包商)与被告 B 厂(发包人)再次签订一份"建设工程施工合同",约定 D 公司承建位于上海市嘉定区某某工业园区内的新建厂房二期工程,承包方式为双包,工期 180 天,自 2005 年 7 月 30 日至 2006 年 3 月 30 日。合同价款 268 万元,采用固定价方式确定。工程款支付方式为:签订合同一周内支付合同价款的 25%,基础工程完工支付合同价款的 25%,主体结构完工支付合同价款的 20%,粉刷完工支付合同价款的 15%,工程竣工支付合同价款的 13%,合同价款的 2% 作为保修金,保修金于一年后退回。其他配套费用在总造价内,不再另行结算。合同另对其他事项做了约定。上述合同签订后,D 公司先后组织人员进行施工。2008 年,全部工程竣工。2009 年 8 月 18 日,原告(承包商)与被告 B 厂(发包人)签订一份"上海市建设工程施工合同",约定原告承建位于上海市嘉定区某某镇某某村的扩建厂房工程,工程内容为 1 号至 4 号厂房、实验车间、1 号和 2 号仓库的土建安装。工期 210 天,自 2009 年 8 月 13 日至 2010 年 3 月 28 日。合同价款 5699074 元,采用固定价方式确定。工程款支付方式为:合同生效后十日内支付工程合同造价的 30%,工程进度至 60% 时支付合同造价的 30%,工程竣工后支付合同造价的 35%,余款 5% 作为质保金,保留至质保期(一年)结束后十日内支付。工程的配套等设施及增加部分,原告按上海"93 定额"提交造价,材料按"上海造价信息"确定,为 2009 年 4 月的价格。合同另对其他事项做了约定。同日,上海市嘉定区建设工程招投标管理办公室对上述工程中标通知书进行备案。2010 年 3 月 10 日,被告 C 公司出具一份声明,内容为"某某绘图仪器厂将沪房地嘉字(2009)第×××号和第×××号房产过户给某某化工有限公司。如在此过程中产生任何和其他公司的法律纠纷,均由某某化工有限公司负责处理并承担责任"。2011年1月12日,被告B厂在该声明上盖章确认原件由其保管。现系争厂房于2010年5月27日登记在被告C公司名下。2011年8月,原告分别向两被告发函,催要工程款,无果。

另查,2005年10月20日,第三人D公司达成一份"董事会决议",内容为原公司法定代表人兼总经理施某某退出投资,原D公司2006年以前的债权、债务由施某某负责。2008年2月20日,被告B厂取得了系争工程的"建设用地批准书"。

庭审中,原告确认被告B厂已支付工程款的数额为5121630.60元,而被告B厂认为,其实际支付给第三人D公司的工程款数额为521万,另外的649391.60元系代第三人D公司支付的各类费用,故被告B厂实际支付的金额已超过合同金额,被告B厂不拖欠任何款项。第三人D公司则表示,董事会决议后,2006年以前的债权、债务均由施某某负责,与其无关,且工程款已和施某某结算完毕。

以上事实,由建设工程施工合同、工程中标通知书、上海市建设工程施工合同、声明、上海市房地产登记信息、上海市房地产权证、董事会决议、建设用地批准书、付款凭证及当事人的陈述等证据证实,本院依法予以认定。

本院认为,被告B厂与第三人D公司分别于2003年11月10日和2005年7月27日签订"建设工程施工合同",是双方当事人的真实意思表示,且不违反法律、行政法规的相关规定,当属合法有效,本院予以确认。庭审中经查明的D公司原法定代表人施某某于2005年10月退出投资,2006年以前的债权、债务由施某某负责的事实,因该事实所体现的"董事会决议"系D公司的内部决议,现没有证据证明D公司或施某某已将决议内容告知被告B厂并征得B厂的同意,故该决议内容仅发生内部效力,对被告B厂不产生约束力。被告B厂与第三人D公司仍应依约履行。在施某某退出D公司后,现原告也无证据证明D公司关于系争工程的债权或债务已转让或概括转让予原告,并已通知被告B厂或已征得被告B厂的同意,故无法认定原告对系争工程款具有债权。另外,系争工程已于2008年竣工,原告提交的中标通知书、施工合同等均是在工程竣工之后形成的,不排除这些材料仅作为办理房地产权证之需进行补办的可能性,原告提交的证据也不足以证明双方的施工合同已实际履行。故系争工程的实际履行依据应为被告B厂与第三人D公司分别于2003年11月10日和2005年7月27日签订的"建设工程施工合同"。而根据上述两份合同的约定,室内外水电安装、道路、围墙及相关办证手续及费用等均在总造价内,不再另行结算,故这些费用应由工程承包商负担,与被告B厂无关。根据被告B厂与第三人D公司确定的合同金额(固定价473万元)及被告B厂已支付的工程款金额(原告与被告B厂确认的付款金额均已超过473万元),可以确认被告B厂并不拖欠工程款。另外,因无法认定原告对系争工程款具有债权,故被告C公司无须承担连带清偿责任。故对原告的诉讼请求,本院不予支持。据此,依照《中华人民共和国合同法》第八十条和第八十八条、《中华人民共和国民事诉讼法》第六十四条第一款、《最高人民法院关于民事诉讼证据的若干规定》第二条的规定,判决如下:

一、驳回原告某某建设工程有限公司的全部诉讼请求。

二、本案受理费18340.73元,由原告某某建设工程有限公司负担。

如不服本判决,可在判决书送达之日起十五日内,向本院递交上诉状,并按对方当事人的人数提出副本,上诉于上海市第二中级人民法院。

6.1　合同概述

6.1.1　合同的概念及《民法典》中合同编的适用范围

6.1.1.1　合同的概念

《中华人民共和国民法典》(以下简称《民法典》)第四百六十四条第一款规定"合同是民事主体之间设立、变更、终止民事法律关系的协议"。

6.1.1.2　《民法典》中合同编的适用范围

《民法典》第四百六十三条规定了合同编的调整范围:"本编调整因合同产生的民事关系。"第四百六十四条第二款规定"婚姻、收养、监护等有关身份关系的协议,适用有关该身份关系的法律规定;没有规定,可以根据其性质参照适用本编规定"。

第四百六十七条"无名合同及涉外合同的法律适用"规定:"本法或者其他法律没有明文规定的合同,适用本编通则的规定,并可以参照适用本编或者其他法律最相类似合同的规定。在中华人民共和国境内履行的中外合资经营企业合同、中外合作经营企业合同、中外合作勘探开发自然资源合同,适用中华人民共和国法律。"

第四百六十八条关于"非因合同产生的债权债务关系的法律适用"规定:"非因合同产生的债权债务关系,适用有关该债权债务关系的法律规定;没有规定的,适用本编通则的有关规定,但是根据其性质不能适用的除外。"

《民法典》自 2021 年 1 月 1 日起施行,我国的《婚姻法》《继承法》《民法通则》《收养法》《担保法》《合同法》《物权法》《侵权责任法》《民法总则》同时废止。

6.1.2　合同运行的基本原则

合同部分是《民法典》中的重要一编,合同履行过程中也应遵循《民法典》的基本原则。

6.1.2.1　平等原则

《民法典》规定,民法调整平等主体的自然人、法人和非法人组织之间的人身关系和财产关系。民事主体在民事活动中的法律地位一律平等。因此,合同当事人的法律地位平等。平等原则是合同关系的本质特征,是对合同法的必然要求,是调整合同关系的基础。平等原则的具体表现有:

①自然人的民事权利能力一律平等;

②不同的民事主体参与民事关系适用同一法律,具有平等地位;

③民事主体在民事法律关系中必须平等协商。

6.1.2.2　自愿原则

《民法典》规定,民事主体从事民事活动,应当遵循自愿原则,按照自己的意思设立、变更、终止民事法律关系。这是《民法典》的重要原则之一。自愿原则也称意思自治原则,即合同当事人在法律规定的范围内,可以按照自己的意愿设立、变更、终止民事法律关系,不受任何单位和个人的非法干预。

自愿原则具体表现主要有:

①缔结合同的自由；

②选择相对人的自由；

③决定合同内容的自由；

④变更解除合同的自由；

⑤决定合同方式的自由。

合同自由不是绝对的自由，它要受到国家法律、法规的限制。

6.1.2.3　公平原则

《民法典》规定，民事主体从事民事活动，应当遵循公平原则，合理确定各方的权利和义务。合同当事人应当遵循公平原则确定各方的权利和义务。在合同的订立和履行中，合同当事人应当正当行使合同权利和履行合同义务，兼顾他人利益，使当事人的利益能够均衡；当事人变更、解除和终止合同关系也不能导致不公平的结果出现。

6.1.2.4　诚实信用原则

《民法典》规定，民事主体从事民事活动，应当遵循诚信原则，秉持诚实，恪守承诺。合同当事人行使权利、履行义务应当遵循诚实信用原则。这是市场经济活动中形成的道德规则，它要求人们在订立和履行合同中讲究信用，信守诺言，诚实不欺。在合同关系终止后，当事人也应当遵循诚实信用原则，根据交易习惯履行通知、协助和保密等义务。

6.1.2.5　守法和公序良俗原则

《民法典》规定，民事主体从事民事活动，不得违反法律，不得违背公序良俗。当事人订立、履行合同，应当遵守法律、行政法规，只有将合同的订立纳入法律的轨道，才能保障经济活动的正常秩序。

公序良俗即公共秩序和善良风俗。善良风俗应当是以道德为核心的，是某一特定社会应有的道德准则。公序良俗原则要求当事人在订立、履行合同时不仅遵守法律而且应当尊重社会道德，不得扰乱社会经济秩序，损害社会公共利益。

6.1.2.6　绿色原则

《民法典》规定，民事主体从事民事活动，应当有利于节约资源、保护生态环境。

6.1.3　与合同相关的民事法律制度

6.1.3.1　代理制度

（1）代理的概念

根据《民法典》第一百六十二条，代理是指代理人在代理权限内，以被代理人名义实施的民事法律行为，对被代理人发生效力的民事法律制度。

（2）代理的特征

代理人必须在代理权限范围内实施代理行为；代理人以被代理人的名义实施代理行为；代理人在被代理人的授权范围内独立地表现自己的意志；被代理人对代理行为承担民事责任。

（3）代理的种类

根据代理权产生的依据不同，可将代理分为委托代理和法定代理。委托代理是基于被代理人的委托授权行为而产生的代理；法定代理是根据法律规定而产生的代理。在建设工程中涉及的代理主要是委托代理，如项目经理作为施工企业的代理人、总监理工程师作为监理单位的代理人等。

（4）无权代理

行为人没有代理权、超越代理权或者代理权终止后，仍然实施代理行为，未经被代理人追认的，而进行的"代理活动"。

6.1.3.2　担保制度

（1）担保的概念

担保是指当事人根据法律规定或者双方约定，为促使债务人履行债务实现债权人的权利的法律制度。

（2）担保方式

担保方式有保证、抵押、质押、留置和定金。

①保证的概念和方式。保证是指保证人和债权人约定承担的责任的行为。保证的方式有一般保证和连带责任保证两种。

②抵押的概念。抵押是指债务人或者第三人向债权人以不转移占有的方式提供一定财产作为抵押物，用以担保债务履行的担保方式。

③质押的概念和分类。质押是指债务人或第三人将其动产或者权利移交债权人占有，将该动产或权利作为债权的担保。当债务人不履行债务时，债权人有权依法就该动产或权利卖得价款优先受偿。质押分为动产质押和权利质押两种，动产质押是指可移动并因此不损害其效用的物的质押；权利质押是指以可转让的权利为标的物的质押。

④留置的概念。留置是指债权人按照合同约定占有债务人的动产，债务人不按照合同约定的期限履行债务的，债权人有权依照法律规定留置该财产，以留置财产折价或者以拍卖、变卖该财产的价款优先受偿的权利。《民法典》规定，能够留置的财产仅限于动产，且只有因保管合同、仓储合同、运输合同、加工承揽合同发生的债权，债权人才有可能实施留置。

⑤定金的概念和返还规定。定金是指当事人双方为了保证债务的履行，约定由当事人一方先行支付给对方一定数额的货币作为担保。定金不得超过主合同标的额的 20%，给付定金的一方不履行约定的债务的，无权要求返还定金；收受定金的一方不履行约定的债务的，应当双倍返还定金。

（3）保证在建设工程中的应用

在工程建设的过程中，保证是最为常用的一种担保方式。

①施工投标保证。工程项目的投标担保应当在投标时提供。担保方式既可以是由投标人提供一定数额的保证金，也可以提供第三人的信用担保（保证）。

②施工合同的履约保证。施工合同的履约保证是为了保证施工合同的顺利履行而要求承包人提供的担保。

③施工预付款保证。发包人一般应向承包人支付预付款，帮助承包人解决前期施工资金周转的困难。预付款担保，是承包人提交的、为保证返还预付款的担保。

6.1.3.3　合同的公证和鉴证法律制度

（1）合同公证的概念和原则

合同公证是指国家公证机关根据当事人双方的申请，依法对合同的真实性与合法性进行审查并予以确认的一种法律制度。合同公证一般实行自愿公证原则。

在建设工程领域，除了证明合同本身的合法性与真实性外，在合同的履行过程中有时也需要进行公证。如承包人已经进场，但在开工前发包人违约而导致合同解除，承包人撤场前如果双方无法就赔偿达成一致，则可以对承包人已经进场的材料设备数量进行公证，即进行证据保全，为以后解决纠纷留下证据。

（2）合同鉴证的概念和原则

合同鉴证是指合同管理机关根据当事人双方的申请对其所签订的合同进行审查证明其真实性和合法性，并督促当事人双方认真履行的法律制度。我国的合同鉴证实行的是自愿原则，合同鉴证根据双方当事人的申请办理。

6.1.4　合同的类型

从不同的角度可以对合同进行不同的分类。

6.1.4.1　合同法的基本分类

根据《民法典》第三编第二分编"典型合同"部分，可将合同分为 19 类：买卖合同；供用电、水、气、热力合同；赠与合同；借款合同；保证合同；租赁合同；融资租赁合同；保理合同；承揽合同；建设工程合同；运输合同；技术合同；保管合同；仓储合同；委托合同；物业服务合同；行纪合同；中介合同；合伙合同。在《民法典》中对每一类合同都作了较为详细的规定。

特别提示

典型合同在市场经济活动和社会活动中应用普遍。为适应现实需要，《民法典》在原《合同法》规定的 15 种典型合同基础上，增加了 4 种新的典型合同，即保证合同、保理合同、物业服务合同和合伙合同。

6.1.4.2　合同的其他分类

（1）计划与非计划合同

计划合同是指依据国家有关部门下达的计划签订的合同；非计划合同则是当事人依据市场需求和自己的意愿订立的合同。虽然在市场经济中，依计划订立的合同的比重降低了，但仍然有一部分合同是依据国家有关计划订立的。计划合同和非计划合同在合同的签订、履行、变更和解除等方面都存在很大的差别：计划合同在以上各方面都要符合有关计划的要求，而非计划合同则完全出于当事人自愿。

（2）双务合同与单务合同

根据当事人双方权利和义务的分担方式，可将合同分为双务合同与单务合同。双务合同是指当事人双方相互享有权利、承担义务的合同，如买卖、互易、租赁、承揽、运送、保险等合同为双务合同。单务合同是指当事人一方只享有权利，另一方只承担义务的合同，如赠与、借用合同就是单务合同。

（3）诺成合同与实践合同

根据合同的成立是否以交付标的物为要件，可将合同分为诺成合同与实践合同。诺成合同又称不要物合同，是指当事人意思表示一致即可成立的合同。实践合同又称要物合同，是指除当事人意思表示一致外，还必须交付标的物方能成立的合同。在现代经济生活中，大部分合同都是诺成合同。这种合同分类的目的在于确立合同的生效时间。

（4）主合同与从合同

根据合同间是否有主从关系，可将合同分为主合同与从合同。主合同是指不依赖其他合同而能够独立存在的合同。从合同是指须以主合同的存在为前提而存在的合同。主合同的无效、终止将导致从合同的无效、终止,但从合同是否有效不会影响主合同的效力。担保合同就是典型的从合同。

(5)有偿合同与无偿合同

根据当事人取得权利是否以偿付为代价,可以将合同分为有偿合同与无偿合同。有偿合同是指当事人一方享有合同权利须向另一方偿付相应代价的合同。有些合同只能是有偿的,如买卖合同、互易合同、租赁合同等;有些合同只能是无偿的,如赠与合同等;有些合同既可以是有偿的也可以是无偿的,由当事人协商确定,如委托合同、保管合同等。双务合同都是有偿合同,单务合同原则上为无偿合同,但有的单务合同也可为有偿合同,如有息贷款合同。

(6)要式合同与不要式合同

根据合同的成立是否需要特定的形式,可将合同分为要式合同与不要式合同。要式合同是指法律要求必须具备一定的形式和手续的合同。不要式合同是指法律不要求必须具备一定形式和手续的合同。

拓展案例

(7)定式合同

定式合同又称定型化合同、标准合同,是指合同条款由当事人一方预先拟订,对方只能表示全部同意或者不同意的合同,也即一方当事人要么整体上接受合同条件,要么不订立合同。

特别提示

根据《民法典》第四百九十六、第四百九十七、第四百九十八条中对格式条款的解释说明如下:

(1)格式条款是当事人为了重复使用而预先拟定,并在订立合同时未与对方协商的条款。

采用格式条款订立合同的,提供格式条款的一方应当遵循公平原则确定当事人之间的权利和义务,并采取合理的方式提示对方注意免除或者减轻其责任等与对方有重大利害关系的条款,按照对方的要求,对该条款予以说明。提供格式条款的一方未履行提示或者说明义务,致使对方没有注意或者理解与其有重大利害关系的条款的,对方可以主张该条款不成为合同的内容。

(2)有下列情形之一的,该格式条款无效:

①具有本法第一编第六章第三节和本法第五百零六条规定的无效情形;

②提供格式条款一方不合理地免除或者减轻其责任、加重对方责任、限制对方主要权利;

③提供格式条款一方排除对方主要权利。

(3)对格式条款的理解发生争议的,应当按照通常理解予以解释。对格式条款有两种以上解释的,应当作出不利于提供格式条款一方的解释。格式条款和非格式条款不一致的,应当采用非格式条款。

6.1.5　建设工程合同的种类

工程项目建设是一个极为复杂的社会生产过程,它按时间顺序分别经历可行性研究、勘察、设计、工程施工和运行等阶段;按专业有土建、水电、机电设备、通信等专业设计和施工活动;需要各种材料、设备、资金和劳动力的供应。由于现代的社会化大生产和专业化分工,一个规模稍大一点的工程,相关的合同可能有几份、几十份、几百份,甚至几千份,从而形成一个复杂的合同网络。在这个网络中,业主和承包商是两个最主要的节点。

6.1.5.1　业主方的主要合同

业主作为工程或服务的买方,是工程的所有者,可能是政府、企业、其他投资者、几个企业的组合、政府与企业的组合(例如合资项目、BOT 项目的业主)。业主投资一个项目,通常委派一个代理人(或代表)以业主的身份进行工程的经营管理。

业主根据对工程的需求,确定工程项目的整体目标,这个目标是所有相关工程合同的核心。要实现工程目标,业主必须将建筑工程的勘察设计、各专业工程施工、设备和材料供应等工作委托出去,必须与有关单位签订如下合同:

(1)工程咨询服务合同

现代工程中,项目管理的模式是丰富多彩的,如业主自己管理,或聘请工程师管理,或业主代表与工程师共同管理,或采用 CM 模式。项目管理合同的工作范围可能包括可行性研究、设计监理招标代理、造价咨询和施工监理等其中一项或几项,或全部工作,即由一个项目管理公司负责整个项目管理工作。

(2)勘察设计合同

业主与勘察设计单位签订的合同。勘察设计单位负责工程的地质勘察和技术设计工作。

(3)采购合同

当由业主负责提供工程材料和设备时,业主与有关材料和设备供应单位签订采购合同。

(4)工程施工合同

业主与工程承包商签订的工程施工合同。按承包内容可以分为建设工程施工总承包合同、建设工程施工专业分包合同、建设工程施工劳务分包合同。

(5)融资合同

业主与金融机构签订的合同,后者向业主提供资金保证。按照资金来源的不同,分为贷款合同、合资合同或 BOT 合同等。

按照工程承包方式和范围的不同,业主可能订立几十份合同。例如将工程分专业、分阶段委托,将材料和设备供应分别委托,也可能将上述委托以某种形式合并,如把土建和安装委托给一个承包商,把整个设备供应委托给一个成套设备供应企业。当然,业主还可以与一个承包商订立一个总承包合同,由承包商负责整个工程的设计、供应、施工,甚至管理等工作。

6.1.5.2　承包商的主要合同

承包商是工程施工的具体实施者,是工程承包合同的执行者。承包商通过投标接受业主的委托,签订工程总承包合同。承包商要完成承包合同的责任,包括由工程量表所确定的工程范围的施工、竣工和保修,为完成这些工程提供劳动力、施工设备、材料,有时也包括技术支持。承包商可能不具备所有的专业工程的施工能力、材料和设备的生产和供应能力,他同样可以将许多专业工作委托出去。所以,承包商常常又有自己复杂的合同关系。

(1)分包合同

对于大中型工程,承包商常常必须与其他承包商合作才能完成总承包合同责任。承包商把从业主那里承接到的工程中的某些分项工程或工作分包给另一承包商来完成,则与其要签订分包合同。

承包商在承包合同下可能订立许多分包合同,而分包商仅完成总承包商分包给自己的工程,向总承包商负责,与业主无合同关系。总承包商仍向业主担负全部工程责任,负责工程的管理和所属各分包商工作之间的协调,以及各分包商之间合同责任界面的划分,同时承担协调失误造成损失的责任,向业主承担工程风险。

在投标书中,承包商必须附上拟定的分包商的名单,供业主审查。如果在工程施工中重新委托分包商,必须经过监理工程师的批准。

(2)采购合同

承包商为工程所进行的必要的材料与设备的采购,必须与供应商签订采购合同。

(3)运输合同

这是承包商为解决材料和设备的运输问题而与运输单位签订的合同。

(4)加工合同

即承包商将建筑构配件、特殊构件加工任务委托给加工承揽单位而签订的合同。

(5)租赁合同

在建设工程中,承包商需要许多施工设备、运输设备、周转材料。当有些设备、周转材料在现场使用率较低,或自己购置需要大量资金投入而自己又不具备这个经济实力时,可以采用租赁方式,此时需与租赁单位签订租赁合同。

(6)保险合同

承包商按施工合同要求对工程进行保险,与保险公司签订保险合同。

承包商的这些合同都与工程承包合同相关,都是为了履行承包合同而签订的。此外,在许多大型工程中,尤其是在业主要求总承包的工程中,承包商经常是几个企业的联营,即联营承包(最常见的是设备供应商、土建承包商、安装承包商、勘察设计单位的联合投标),这时承包商之间还需订立联营合同。

6.1.5.3 建设工程合同体系

按照上述分析和项目任务的结构分解,就能得到不同层次、不同种类的合同,它们共同构成如图 6.1 所示的建设工程合同体系。

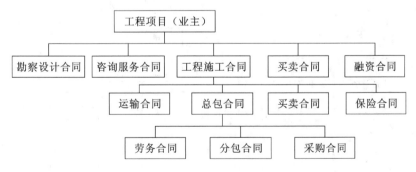

图 6.1 建设工程合同体系

在该合同体系中,这些合同都是为了完成业主的工程项目目标而签订和实施的。由于这些合同之间存在着复杂的内部联系,从而构成了该工程的合同体系。

6.2 建设工程合同管理基础

6.2.1 建设工程合同管理目标

6.2.1.1 合同管理的概念

合同管理是对工程项目中相关合同的策划、签订、履行、变更、索赔和争议解决的管理。它是综合性的、全面的、高层次的、高度准确的、严密的、精细的管理工作。

6.2.1.2 合同管理的目标

合同管理是为项目总目标和企业总目标服务的,保证项目总目标和企业总目标的实现。具体地说,合同管理目标包括:

(1)使整个工程项目在预定的成本(投资)和工期范围内完成,达到预定的质量和功能要求,实现工程项目的三大目标。

(2)使项目的实施过程顺利,合同争执较少,合同各方面能互相协调,都能够圆满地履行合同义务。

(3)保证整个工程合同的签订和实施过程符合法律的要求。

(4)成功的合同管理,还要在工程结束时使双方都感到满意。最终业主按计划获得了一个合格的工程,达到投资目的,对工程、对承包商和对双方的合作感到满意;承包商不但获得了合理的价格和利润,而且赢得了信誉,建立了双方友好合作关系。这是企业经营管理和发展战略对合同管理的要求。

6.2.2 建设工程合同管理内容

6.2.2.1 合同管理的工作流程

合同管理作为项目管理的一个职能,有自己独特的工作任务与过程。在现代工程项目管理中,合同管理的工作流程见图 6.2。

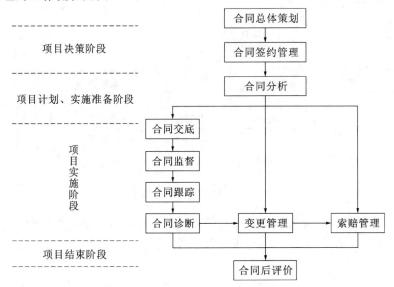

图 6.2 建设工程合同管理工作流程

　　从图 6.2 中可以看出,合同管理贯穿于工程项目的决策、计划、实施和结束的全过程。合同总体策划、合同签约管理、合同分析、合同实施控制、合同后评价等构成工程项目的合同管理子系统。

6.2.2.2　合同总体策划

　　在工程项目的开始阶段,必须对与工程相关的合同进行总体策划。首先应确定根本性和方向性的,对整个工程、对整个合同的签订和实施有重大影响的问题进行研究和选择,以决定具体项目的合同体系、合同类型、合同风险的分配、各个合同之间的协调等。合同总体策划的目标是通过合同保证项目总目标的实现,它必须反映建筑工程项目战略和企业战略,反映企业的经营指导方针和根本利益。它主要确定如下一些重大问题:

　　(1)如何将项目分解成几个独立的合同? 每个合同的工程范围是什么?

　　(2)采用什么样的委托方式和承包方式?

　　(3)采用什么样的合同种类、形式及条件?

　　(4)合同中一些重要条款的确定;

　　(5)合同签订和实施过程中一些重大问题的决策;

　　(6)工程项目相关各个合同在内容上、时间上、组织上、技术上的协调等。

6.2.2.3　合同签约管理

　　合同签约前都要进行合同谈判,工程合同谈判主要内容是在保证招标要求和中标结果的基础上,商讨合同细节,将双方在招标过程中达成的协议具体化或就细节做某些增补与删改,对价格和所有合同条款进行法律认证,最终订立一份对双方都有法律约束力的合同文件的过程。

　　(1)谈判准备

　　合同谈判的结果直接关系到合同条款的订立是否于己方有利。因此,在合同正式谈判开始前,合同各方应深入细致地做好充分的思想准备、组织准备、资料准备等,为合同谈判最后的成功奠定基础。

　　(2)缔约谈判

　　①初步洽谈。初步洽谈就是要做好市场调查、签约资格审查、信用审查等工作。如果双方通过初步的洽谈了解到的资料及信息同各自所要达到的预期目标相符,就可以为下一阶段的实质性谈判做好准备。

　　②实质性谈判。在双方通过初步的洽谈并取得了广泛的相互了解后,就可以进入实质性谈判阶段。主要谈判的合同条款一般包括:标的物、数量和质量、价款或酬金、履行方式、验收方法、违约责任等条款。

　　③签约。由于项目的复杂性和合同履行的长期性,在签约前必须就双方一致同意的条件拟订明确、具体的书面协议,以明确双方的权利和义务。具体形式可由一方起草并经商讨由另一方确认后形成;或者由双方各起草一份协议,经双方综合讨论,逐条商定,最后形成双方一致同意的合同。

6.2.2.4　合同分析

　　合同分析是从合同执行的角度去分析、补充和解释合同的具体内容和要求,将合同目标和合同规定落实到合同实施的具体问题和具体时间上,用以指导具体工作,使合同能符合日常工程管理的需要,使工程按合同要求实施,为合同执行和控制确定依据。

（1）基本要求

准确性和客观性、简易性、合同双方的一致性、全面性。

（2）作用

分析合同中的漏洞，解释有争议的内容；分析合同风险，制定风险对策；合同任务分解，落实。

（3）分析的内容

分析合同合法性、合同完备性、合同公平性、合同应变性、合同文字唯一性和准确性等。

6.2.2.5　合同实施控制

合同实施控制应立足于现场，在施工中合同管理对项目管理的各个方面起总协调、总控制作用，它的工作主要包括合同交底、合同实施监督、合同实施跟踪、合同实施诊断、合同实施措施等。

（1）合同交底

合同分析后，应向各层次管理者作"合同交底"。由合同管理人员在对合同的主要内容进行分析、解释和说明的基础上，通过组织项目管理人员和各个工程小组学习合同条文和合同总体分析结果，使大家熟悉合同中的主要内容、规定、管理程序，了解合同双方的合同责任和工作范围，各种行为的法律后果等，使大家都树立全局观念，使各项工作协调一致，避免执行中的违约行为。

（2）合同实施监督

工程师的合同实施监督如旁站监理，工程师立足施工现场；工程师要促使业主按合同要求履行合同，为承包商履行合同提供帮助；对承包商工程实施的监督。

承包商的合同实施监督，合同管理人员与项目其他职能人员一齐落实合同实施计划；在合同范围内协调业主、工程师、各职能人员之间的工作关系；对各工程小组和分包商进行工作指导，作经常性的合同解释。

（3）合同实施跟踪

通过分析合同实施情况，找出偏离，以便及时采取措施；在整个工程实施过程中，能使项目管理人员一直清楚地了解合同实施情况。

（4）合同实施诊断

合同实施诊断是在跟踪的基础上进行的，包括合同执行差异的分析、合同差异责任分析、合同实施趋向预测。

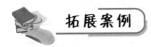
拓展案例

一、案例概况

某建筑公司急需一批钢筋，急电某物资公司，请求该公司在一周之内发货 20 t。物资公司接到电报后，立即回电马上发货。一周后，货到建筑公司。一个月后，物资公司来电催建筑公司交付货款，并将每吨钢筋的单价和总货款数额一并提交建筑公司。建筑公司接到电报后，认为物资公司的单价超过以前购买同类钢筋的价格，去电要求按原来的价格计算货款。物资公司不同意，称卖给建筑公司的钢筋是他们在钢厂提价后购买的，这次给建筑公司开出的单价只有微薄利润。鉴于此种情况,建筑公司提出因双方价格不能达成一致,愿意将自己从其他地方购买的同类同型号钢筋退给物资公司。物资公司不同意,为此诉至法院。

法院判决不能退货;货物单价按订立合同时建筑公司所在地市场价格计。

二、案例评析

建筑公司与物资公司之间已经就合同的标的、数量通过要约和承诺达成协议,虽货物价格没有达成协议,但不影响合同的成立。事后,物资公司又按约定按时发货,履行了合同规定的义务。建筑公司以事后没有就价格事项达成协议为由提出退货,实际上是否认了自己的承诺,故法院判决不能退货。至于货物按交货时建筑公司所在地市场价格计算的判决,则是根据《民法典》第五百一十一条:"价款或者报酬不明确的,按照订立合同时履行地的市场价格履行……"的规定处理的。

6.2.2.6　合同后评价

合同实施后评价包括合同签订情况评价、合同执行情况评价、合同管理工作评价。

6.3　合同的订立

6.3.1　合同的形式

合同的形式是指合同双方当事人对合同的内容、条款,经过协商,做出共同的意思表示的具体方式。根据《民法典》规定,当事人订立合同,可以采用书面形式、口头形式和其他形式。书面形式是指合同书、信件和数据电文(包括电报、传真、电子数据交换和电子邮件)等可以有形地表现所载内容的形式。口头形式是以口头语言形式表现合同内容的合同。其他形式则包括公证、审批、登记的形式。

当事人可以参照各类合同的示范文本订立合同。

 特别提示

法律、行政法规规定或者当事人约定合同应当采用书面形式订立,当事人未采用书面形式但是一方已经履行主要义务,且对方接受时,该合同成立。

6.3.2　合同的内容

合同的内容即当事人的权利和义务。合同的内容由当事人约定,一般包括下列条款:

(1)当事人的名称或者姓名和住所

当事人由其名称或姓名及住所加以特定化、固定化,在合同中明确当事人的基本情况,有利于合同的顺利履行,也有利于确定诉讼管辖。

(2)标的

标的是合同权利和义务所共同指向的对象。标的的表现形式为物、劳务、行为、智力成果、工程项目等。合同的标的必须明确、具体、合法。标的没有或不明确的,合同无法履行或不能成立。

（3）数量

数量是衡量合同标的多少的尺度，以数字和计量单位表示。数量是确定合同当事人权利义务范围、大小的标准。若双方未约定具体数量，则合同无法履行。

（4）质量

质量是标的的内在品质和外观形态的综合指标，如产品的品种、型号、规格和工程项目的标准等。签订合同时，必须明确质量标准，对于技术上较为复杂的和容易引起争议的词语、标准，应当加以说明和解释。如果标的有不同的质量标准，当事人应在合同中写明合同执行的是什么标准，若标的有国家强制性标准或行业性标准，当事人必须执行，合同约定质量不得低于该强制性标准。

（5）价款或报酬

价款或报酬是指当事人一方履行义务时另一方当事人以货币形式支付的代价。价款通常指标的物本身的价款，但因商业上的大宗买卖一般是异地交货，便产生了运费、保险费、装卸费、保管费、报关费等一系列额外费用。它们由哪一方支付，需在价款条款中写明。

（6）履行期限、地点和方式

履行期限是当事人各方依照合同规定全面完成各自义务的时间。履行期限直接关系到合同义务完成的时间，涉及当事人的期限利益，也是确定违约与否的一个重要因素。履行地点是指当事人交付标的和支付价款或报酬的地点，是确定运输费用由谁负担、风险由承受的依据。履行方式是当事人完成合同规定义务的具体方法。履行方式包括很多方面的内容，如标的的交付方式、价款或报酬的结算方式、货物运输方式等。

（7）违约责任

违约责任是任何一方当事人不履行或不适当履行合同规定的义务而应承担的法律责任当事人可以在合同中约定，一方当事人违反合同时，向另一方当事人支付违约金或赔偿金。

（8）解决争议的方法

解决争议的方法是指当事人在订立合同时约定，在合同履行过程中产生争议以后，通过什么方式来解决，即解决争议运用什么程序、适用何种法律、选择哪家检验或鉴定机构等内容。

6.3.3　合同订立的程序

合同的订立需要经过要约和承诺两个阶段。实际上就是当事人对合同内容进行协商，达成一致意见的过程。

6.3.3.1　要约

（1）要约的概念和条件

要约是希望和他人订立合同的意思表示。提出要约的一方为要约人，接受要约的一方为受要约人。要约应当具有以下条件：

第一，要约的内容必须具体确定；第二，应表明经受要约人承诺，要约人即受该意思表示的约束；第三，要约必须是对相对人发出的行为；第四，要约必须具备合同的主要条款。

（2）要约邀请

要约邀请是希望他人向自己发出要约的意思表示。要约邀请不是合同成立过程中的必经过程，它是当事人订立合同的预备行为，在法律上无须承担责任。这种意思表示的内容往往不确定，不含有合同得以成立的主要内容，也不含有相对人同意后受其约束的表示。比如价目表的寄送、招标公告、商业广告(如果商业广告内容符合要约规定的,视为要约)、招股说明书等均是要约邀请。悬赏广告是要约,而不是要约邀请。

(3)要约的撤回和撤销

要约可以撤回。要约撤回是指要约在发生法律效力之前,要约人欲使其不发生法律效力而取消要约的意思表示。要约人撤回要约的通知应当在要约到达受要约人之前或同时到达受要约人。

要约可以撤销。要约撤销是指要约生效后,要约人欲使其丧失法律效力的意思表示。要约人撤销要约的通知应当在受要约人发出承诺通知之前到达受要约人。但有下列情形之一的,要约不得撤销:第一,要约人确定承诺期限或者以其他形式明示要约不可撤销;第二,受要约人有理由认为该要约是不可撤销的,并且已经为履行合同做了准备工作的,比如向银行贷款、购买原材料、租赁运输工具等。

(4)要约失效

要约失效是指要约丧失了法律上的拘束力,因而不再对要约人和受要约人具有拘束作用。在合同订立过程中有下列情形之一的,要约失效:第一,拒绝要约的通知到达要约人;第二,要约人依法撤销要约;第三,承诺期限届满,受要约人未做出承诺;第四,受要约人对要约内容做出实质性的变更。

6.3.3.2　承诺

(1)承诺的概念和条件

承诺是受要约人做出同意要约的意思表示。承诺意味着合同成立,意味着当事人之间形成了合同关系。因此,承诺的有效成立应当具备以下条件:第一,承诺必须是由受要约人做出;第二,承诺只能向要约人做出;第三,承诺的内容必须与要约的内容相一致;第四,承诺必须在承诺期限内发出。

 **特别提示**

承诺的内容应当与要约的内容相一致,是指受要约人对要约的内容不得做出实质性变更。所谓实质性变更包括有关合同标的、数量、质量、价款或报酬、履行期限、履行地点和方式、违约责任和解决争议方法的变更。受要约人对要约的内容做出实质性变更的,应视为新要约,而不是承诺。

(2)承诺的撤回与延迟

承诺可以撤回。承诺的撤回是承诺人阻止或者消灭承诺发生法律效力的意思表示。撤回承诺的通知应当在承诺通知到达要约人之前或者与承诺的通知同时到达要约人。承诺迟延的,除要约人及时通知受要约人该承诺有效的以外,视为新要约。

承诺不可以撤销。因为承诺生效合同即成立,如允许撤销承诺,将等同于撕毁合同。

6.3.3.3　要约和承诺的生效

要约和承诺的生效指的是要约和承诺开始受法律保护,具有法律效力。对于要约和承诺的生效,有以下不同的做法。

(1)发信主义

要约人发出要约以后,只要要约已处于要约人控制范围之外,要约即生效。

（2）到达主义

要约必须到达受要约人时才能生效。我国采用到达主义。

（3）了解主义

不但要求对方收到要约、承诺的意思表示，而且要求真正了解其内容时，该意思表示才生效。

 应用案例

一、案例概况

某水泥厂接到某建筑公司通过电子邮件方式采购水泥的要约后经过研究，同意出售水泥给建筑公司。水泥厂于 2021 年 8 月 12 日上午 11:30 给建筑公司发出了同意出售水泥的电子邮件。但是，由于建筑公司所在地区的网络出现故障，直到下午 15:30 才收到邮件。

二、问题

你认为该承诺是否有效？为什么？

三、案例评析

根据《民法典》第一百三十七条的规定可知，以非对话方式作出的采用数据电文形式的意思表示，相对人指定特定系统接收数据电文的，该数据电文进入该特定系统时生效；未指定特定系统的，相对人知道或者应当知道该数据电文进入其系统时生效。当事人对采用数据电文形式的意思表示的生效时间另有约定的，按照其约定。《民法典》第四百八十六条规定，受要约人超过承诺期限发出承诺，或者在承诺期限内发出承诺，按照通常情形不能及时到达要约人的，为新要约；但是，要约人及时通知受要约人该承诺有效的除外。

水泥厂于 2021 年 8 月 12 日上午 11:30 发出电子邮件，正常情况下，建筑公司即时即可收到承诺，但是由于外界原因而没有在承诺期限内收到。此时根据《民法典》第四百七十八条，建筑公司可以承认该承诺的效力，也可以不承认。如果不承认该承诺的效力，就要及时通知水泥厂，若不及时通知，则视为已经承认该承诺的效力。

6.3.4 缔约过失责任

6.3.4.1 缔约过失责任的概念

缔约过失责任是指在合同订立过程中，当事人一方或双方因自己的过失而致合同不成立、无效或被撤销，给对方造成损失时所应承担的民事责任。

缔约过失责任既不同于违约责任，也有别于侵权责任，是一种独立的责任。

6.3.4.2 缔约过失责任的构成

（1）当事人的行为发生在订立合同的过程中

当事人的行为发生在合同订立过程中，即合同尚未成立。这是缔约过失责任有别于违约责任的最重要原因。合同一旦成立，当事人应当承担的是违约责任或者合同无效的法律责任。

（2）当事人一方受有损失

损失事实是构成民事赔偿责任的首要条件，如果没有损失，就不会存在赔偿问题。缔约过失责任的损失是一种信赖利益的损失，即缔约的当事人信赖合同有效成立，但因法定事由发生，致使合同不成立、无效或被撤销等而造成的损失。

（3）当事人一方具有过错

承担缔约过失责任一方应当有过错，包括故意行为和过失行为导致的后果责任。这些过错主要表现为违反先合同义务。先合同义务是指自缔约人双方为签订合同而相互接触磋商开始但合同尚未成立，逐渐产生的注意义务（或称随附义务），包括协助、通知、照顾、保护、保密等义务，它自要约生效开始产生。

（4）当事人的过错行为与该损失之间有因果关系。即该损失是由违反先合同义务引起的。

6.3.4.3　承担缔约过失责任的情形

（1）假借订立合同，恶意进行磋商

恶意磋商是指一方没有订立合同的诚意，假借订立合同与对方磋商而导致另一方遭受损失的行为。

（2）故意隐瞒与订立合同有关的重要事实或者提供虚假情况

故意隐瞒重要事实或者提供虚假情况是指对涉及合同成立与否的事实予以隐瞒或者提供与事实不符的情况而引诱对方订立合同的行为。

（3）泄露或不正当地使用商业秘密

当事人在订立合同过程中知悉的商业秘密，无论合同是否成立，均不得泄露或者不正当使用。泄露或不正当使用该商业秘密给对方造成损失的，应当承担损害赔偿责任。

（4）其他违背诚实信用原则的行为

其他违背诚实信用原则的行为主要是指当事人一方对随附义务的违反，即违反了通知、保护、说明等义务。

能力拓展

 特别提示

缔约过失责任与违约责任的区别

缔约过失责任与违约责任都属于民事责任，都具有民事责任的一般特征。但它们又是两种性质完全不同的民事责任，往往使人混淆，具体来说有以下几个方面的差异：

（1）责任形成条件不同。缔约过失责任是合同未成立时发生的；违约责任是合同已经成立时发生的，以合同为依据。

（2）归责原则不同。缔约过失责任的归责原则是过错责任原则；违约责任的归责原则是严格责任原则。只要当事人有违约行为，就应当承担违约责任，不要求以违约人有过错为承担违约责任的前提。

（3）承担责任的方式不同。缔约过失责任只能以赔偿损失为承担责任的方式；违约责任除赔偿损失外，还可以由当事人双方约定其他方式来承担责任。

6.4 合同的效力

6.4.1 合同的生效

6.4.1.1 合同生效的时间

依法成立的合同,自成立时生效,但是法律另有规定或者当事人另有约定的除外。

依照法律、行政法规的规定,合同应当办理批准等手续的,依照其规定。未办理批准等手续影响合同生效的,不影响合同中履行报批等义务条款以及相关条款的效力。应当办理申请批准等手续的当事人未履行义务的,对方可以请求其承担违反该义务的责任。

依照法律、行政法规的规定,合同的变更、转让、解除等情形应当办理批准等手续的,适用前款规定。

6.4.1.2 附条件和附期限合同的生效时间

根据《民法典》的相关规定,民事法律行为可以附条件,但是根据其性质不得附条件的除外。附生效条件的民事法律行为,自条件成就时生效。附解除条件的民事法律行为自条件成就时失效。附条件的民事法律行为,当事人为自己的利益不正当地阻止条件成就的,视为条件已经成就;不正当地促成条件成就的,视为条件不成就。民事法律行为可以附期限,但是根据其性质不得附期限的除外。附生效期限的民事法律行为,自期限届至时失效。

因此,附条件合同是指合同当事人约定某种事实状态,并以其将来发生或不发生作为该合同生效或解除依据的合同,分为附生效条件和附解除条件的合同两种类型。附生效条件的合同,自条件成就时生效;附解除条件的合同,自条件成就时失效。

附期限合同是指以将来确定到来的事实作为合同的条款,并在该期限到来时合同的效力发生或终止的合同。

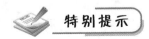 **特别提示**

附期限合同与附条件合同的区别

附期限合同与附条件合同都是当事人约定的限制合同效力的方式,但两者的区别在于:期限为将来确定要发生的事实,是可知的;而所附的条件是将来可能发生也可能不发生的,是不确定的事实。

由于《民法典》专设一节"民事法律行为的效力"(在《民法典》第一编第六章)详细规定了不同行为的效力形态,因此合同效力内容较原《合同法》有大幅压缩。《民法典》第五百零八条规定:"本编对合同的效力没有规定的,适用本法第一编第六章的有关规定"。依据上述条款的规定,《民法典》第一编第六章"民事法律行为的效力"及第三编第三章"合同的效力"进行进一步说明。

6.4.2 民事法律行为的效力

6.4.2.1 有效的民事法律应具备的条件

根据《民法典》第一百四十三条,具备下列条件的民事法律行为有效:

（1）行为人具有相应的民事行为能力。

（2）意思表示真实。

（3）不违反法律、行政法规的强制性规定，不违背公序良俗。

6.4.2.2　无效的民事法律行为

（1）无民事行为能力人实施的民事法律行为无效。

（2）行为人与相对人以虚假的意思表示实施的民事法律行为无效。

（3）违反法律、行政法规的强制性规定的民事法律行为无效。但是，该强制性规定不导致该民事法律行为无效的除外。违背公序良俗的民事法律行为无效。

（4）行为人与相对人恶意串通，损害他人合法权益的民事法律行为无效。

6.4.2.3　可撤销的民事法律行为

（1）基于重大误解实施的民事法律行为，行为人有权请求人民法院或者仲裁机构予以撤销。

（2）一方以欺诈手段，使对方在违背真实意思的情况下实施的民事法律行为，受欺诈方有权请求人民法院或者仲裁机构予以撤销。

（3）第三人实施欺诈行为，使一方在违背真实意思的情况下实施的民事法律行为，对方知道或者应当知道该欺诈行为的，受欺诈方有权请求人民法院或者仲裁机构予以撤销。

（4）一方或者第三人以胁迫手段，使对方在违背真实意思的情况下实施的民事法律行为，受胁迫方有权请求人民法院或者仲裁机构予以撤销。

（5）一方利用对方处于危困状态、缺乏判断能力等情形，致使民事法律行为成立时显失公平的，受损害方有权请求人民法院或者仲裁机构予以撤销。

无效的或者被撤销的民事法律行为自始没有法律约束力。民事法律行为部分无效，不影响其他部分效力的，其他部分仍然有效。

6.4.3　合同的效力

6.4.3.1　无权代理合同的追认

无权代理人以被代理人的名义订立合同，被代理人已经开始履行合同义务或者接受相对人履行的，视为对合同的追认。

6.4.3.2　越权订立的合同效力

法人的法定代表人或者非法人组织的负责人超越权限订立的合同，除相对人知道或者应当知道其超越权限外，该代表行为有效，订立的合同对法人或者非法人组织发生效力。

6.4.3.3　超越经营范围订立的合同效力

当事人超越经营范围订立的合同的效力，应当依照《民法典》第一编第六章第三节和第三编的有关规定确定，不得仅以超越经营范围确认合同无效。

6.4.3.4　合同的免责条款无效的情形

合同的免责条款是指当事人约定免除或者限制其未来责任的合同条款。不是所有的免责条款都无效，合同中的下列免责条款无效：

（1）造成对方人身伤害的。

（2）因故意或者重大过失造成对方财产损失的。

以上两种免责条款违反了公平原则，占据有利地位的一方将自己的意志强加给他人。免责条款无效,并不影响合同中其他条款的效力。

一、案例概况

2015年6月,某建筑施工企业从水泵厂购得20台A级水泵,在现场使用后反映效果良好。因施工需要,该施工企业决定派采购员王某再购进同样的水泵35台。王某从2015年6月所购水泵所嵌的铭牌上抄下品名、规格、型号、技术指标等,出示介绍信及前述铭牌内容,与同一厂家签订了购买35台A级水泵的合同。该施工企业收到35台水泵后,即投入使用,使用中发现第二次所购水泵与2015年6月所购水泵性能上存在较大差异,便怀疑水泵厂第二次提供的水泵质量有问题,要求更换。水泵厂以提供产品均合格为由,拒绝更换。该施工企业遂诉至法院要求更换并赔偿损失。经查明:2015年6月所供水泵实际上是B级水泵,由于水泵厂出厂环节失误,所镶铭牌错为A级水泵;第二次所供水泵实际上是A级水泵。

二、问题

施工企业提出的诉讼要求能否得到支持?

三、案例评析

施工企业本意是购买B级水泵,但由于水系厂的原因,使其将本希望采购的B级水泵错误地表达为A级水泵,与其真实意思发生重大错误,属于重大误解。因此,施工企业对第二次采购合同享有撤销权或者变更权,其变更标的物的主张能获得支持。

6.4.4 合同无效和被撤销后的法律后果

能力拓展

合同不生效、无效、被撤销或者终止的,不影响合同中有关解决争议方法的条款的效力。合同无效或者被撤销后,尚未履行的,不得履行;正在履行的应当立即终止履行。民事法律行为无效、被撤销或者确定不发生效力后,行为人因该行为取得的财产,应当予以返还;不能返还或者没有必要返还的,应当折价补偿。有过错的一方应当赔偿对方由此所受到的损失;各方都有过错的,应当各自承担相应的责任。法律另有规定的,依照其规定。

6.5 合同的履行、变更、转让及终止

6.5.1 合同的履行

6.5.1.1 合同履行的概念

合同履行是指合同各方当事人按照合同的规定,全面履行各自的义务,实现各自的权利,使各方的目的得以实现的行为。合同的履行以有效的合同为前提和依据,也是当事人订立合

同的根本目的。

6.5.1.2　合同履行的原则

（1）全面履行的原则

全面履行是指当事人应当按照合同约定的标的、价款、数量、质量、地点、期限、方式等全面履行各自的义务。

合同有明确约定的,应当按照约定履行。如果合同生效后,双方当事人就质量、价款、履行地点等内容没有约定或者约定不明的,可以协议补充。不能达成补充协议的,按照合同有关条款或者交易习惯确定。如果按照上述办法仍不能确定合同如何履行的,适用下列规定进行履行:

①质量要求不明的,按照国家标准、行业标准履行;没有国家、行业标准的,按照通常标准或者符合合同目的的特定标准履行。

②价款或报酬不明的,按照订立合同时履行地的市场价格履行;依法应当执行政府定价或者政府指导价的,按规定履行。

③履行地点不明确的,给付货币的,在接受货币一方所在地履行;交付不动产的,在不动产所在地履行;其他标的在履行义务一方所在地履行。

④履行期限不明确的,债务人可以随时履行,债权人也可以随时要求履行,但应当给对方必要的准备时间。

⑤履行方式不明确的,按照有利于实现合同目的的方式履行。

⑥履行费用的负担不明确的,由履行义务一方承担。

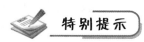 特别提示

合同履行中既可能是按照市场行情约定价格,也可能是执行政府定价或政府指导价。

如果是按照市场行情约定价格履行,则市场行情的波动不应影响合同价,合同仍执行原价格。

如果是执行政府定价或政府指导价的,在合同约定的交付期限内政府价格调整时,应按照交付时的价格计价。逾期交付标的物的,遇价格上涨时,按照原价格执行;遇价格下降时,按新价格执行。逾期提取标的物或者逾期付款的,遇价格上涨时,按新价格执行;遇价格下降时,按照原价格执行。

（2）诚实信用原则

当事人应当遵循诚实信用原则,根据合同性质、目的和交易习惯履行通知、协助和保密义务。履行中发现问题应及时协商解决,一方发生困难时,另一方在法律允许的范围内给予帮助,只有这样合同才能圆满履行。

6.5.1.3　合同履行中的抗辩权

抗辩权是指在双务合同中,当事人一方有依法对抗对方要求或否认对方权利主张的权利。

（1）同时履行抗辩权

当事人互负债务,没有先后履行顺序的,应当同时履行。同时履行抗辩权包括:一方在对方履行之前有权拒绝其履行要求;一方在对方履行债务不符合约定时,有权拒绝其履行要求。

同时履行抗辩权的适用条件:①必须是双务合同;②合同中未约定履行顺序;③对方当事

人没有履行债务或者没有正确履行债务；④对方的义务是可能履行的义务。

（2）先履行抗辩权

先履行抗辩权是指当事人互负债务，有先后履行顺序的，先履行一方未履行债务或者履行债务不符合约定，后履行一方有权拒绝先履行一方履行的请求。

先履行抗辩权的适用条件：①必须是双务合同；②合同中约定了履行的先后顺序；③应当先履行的合同当事人没有履行债务或者没有正确履行债务；④对方的对价给付是可能履行的义务。

（3）不安抗辩权

不安抗辩权是指合同中约定了履行顺序，合同成立后发生了应当后履行合同一方财务状况恶化的情况，应当先履行合同一方在对方未履行或者提供担保前有权拒绝先履行。设立不安抗辩权的目的在于预防合同成立后情况发生变化而损害合同另一方的利益。应当先履行合同的一方有确切证据证明对方有下列情形之一的，可以中止履行。

①经营状况严重恶化。

②转移财产、抽逃资金，以逃避债务。

③丧失商业信誉。

④有丧失或者可能丧失履行债务能力的其他情形。

当事人中止履行合同的，应当及时通知对方。对方提供适当的担保时应当恢复履行。中止履行后，对方在合理期限内未恢复履行能力并且未提供适当的担保，中止履行一方可以解除合同。当事人没有确切证据就中止履行合同的应承担违约责任。

 应用案例

一、案例概况

2015年底，某发包人与某施工承包人签订施工承包合同，约定施工到月底结付当月工程进度款。2016年初承包人接到开工通知后随即进场施工，截至2016年4月，发包人均结清当月应付工程进度款。承包人计划2016年5月完成的当月工程量为1200万元，此时承包人获悉，法院在另一诉讼案中对发包人实施保全措施，查封了其办公场所；同月，承包人又获悉，发包人已经严重资不抵债。2016年5月3日，承包人向发包人发出书面通知称："鉴于贵公司工程款支付能力严重不足，本公司决定暂时停止本工程施工，并愿意与贵公司协商解决后续事宜。"

二、问题

施工承包人这么做是否合适？他行使什么权来维护自身的合法权益？

三、案例评析

上述情况属于有证据表明发包人经营状况严重恶化，承包人可以中止施工，并有权要求发包人提供适当担保，并可根据是否获得担保再决定是否终止合同。此案属于行使不安抗辩权的典型情形。

6.5.1.4　合同的保全

在合同履行过程中,为了防止债务人的财产不适当减少而给债权人带来危害,《民法典》规定允许债权人为保全其债权的实现采取保全措施。保全措施包括代位权和撤销权。

(1)代位权

代位权是指债务人怠于行使其到期债权,对债权人造成损害的,债权人可以向人民法院请求以自己的名义代位行使债务人的债权。但该债权专属于债务人时不能行使代位权。代位权的行使范围以债权人的债权为限,其发生的费用由债务人承担。

(2)撤销权

撤销权是指当债务人放弃其到期债权或无偿转让财产,或者以明显不合理低价处分其财产,对债权人造成损害的,债权人可以依法请求法院撤销债务人所实施的行为。撤销权的行使范围以债权人的债权为限,其发生的费用由债务人承担。撤销权自债权人知道或者应当知道撤销事由之日起1年内行使。自债务人的行为发生之日起5年内没有行使撤销权的,该撤销权消灭。

6.5.2　合同的变更和转让

6.5.2.1　合同的变更

合同变更是指当事人对已经发生法律效力,但尚未履行或尚未完全履行的合同,进行修改或补充所达成的协议。《民法典》规定,当事人协商一致可以变更合同,当事人对合同变更的内容约定不明确的,推定为未变更。合同变更有广义和狭义之分。广义的合同变更是指合同内容和合同主体发生变化;而狭义的合同变更仅指合同内容的变更,不包括合同主体的变更。我们通常所说的合同变更是从狭义的角度来讲的。

6.5.2.2　合同的转让

合同转让是指合同成立后,当事人依法可以将合同中的全部权利、部分权利或者合同中的全部义务、部分义务转让或转移给第三人的法律行为。合同转让分为权利转让和义务转让。

合同的转让需要具备以下条件:

(1)必须以合法有效的合同关系存在为前提,如果合同不存在或被宣告无效,被依法撤销、解除、转让的行为属无效行为,转让人应对善意的受让人所遭受的损失承担损害赔偿责任。

(2)必须由转让人与受让人之间达成协议,该协议应该是平等协商的,而且应当符合民事法律行为的有效要件,否则该转让行为属无效行为或可撤销行为。

(3)转让符合法律规定的程序,合同转让人应征得对方同意并尽通知义务。对于按照法律规定由国家批准成立的合同,转让合同应经原批准机关批准,否则转让行为无效《民法典》规定,债权人可以将债权的全部或者部分转让给第三人,但是有下列情形之一的除外:

①根据债权性质不得转让。

②按照当事人约定不得转让。

③依照法律规定不得转让。

债权人转让债权,未通知债务人的,该转让对债务人不发生效力。债务人将债务的全部或者部分转移给第三人的,应当经债权人同意。债务人或者第三人可以催告债权人在合理期限内予以同意,债权人未作表示的,视为不同意。

6.5.3 合同的终止

6.5.3.1 合同终止的概念

合同终止是指当事人之间根据合同确定的权利义务在客观上不复存在,据此合同不再对双方具有约束力。

合同终止与合同中止的不同之处在于,合同中止只是在法定的特殊情况下,当事人暂时停止履行合同,当这种特殊情况消失后,当事人仍然承担继续履行的义务;而合同终止是合同关系的消灭,不可能恢复。权利义务的终止不影响合同中结算和清理条款的效力。

6.5.3.2 合同终止的原因

(1)债务已按照约定履行

债务已按照约定履行即是债的清偿,是按照合同约定实现债权目的的行为。清偿是合同的权利和义务终止的最主要和最常见的原因。

(2)合同解除

合同解除是指对已经发生法律效力,但尚未履行或者尚未完全履行的合同,因当事人一方的意思表示或者双方的协议而使债权债务关系提前归于消灭的行为。合同解除可分为约定解除和法定解除两类。

①约定解除是当事人通过行使约定的解除权或者双方协商决定而进行的合同解除。当事人协商一致可以解除合同,即合同的协商解除。

②法定解除是解除条件直接由法律规定的合同解除。当法律规定的解除条件具备时,当事人可以解除合同。有下列情形之一的当事人可以解除合同:

a.因不可抗力致使不能实现合同目的的。

b.在履行期限届满之前,当事人一方明确表示或者以自己的行为表明不履行主要债务。

c.当事人一方延迟履行主要债务,经催告后在合理的期限内仍未履行。

d.当事人一方延迟履行债务或有其他违法行为,致使不能实现合同目的的。

e.法律规定的其他情形。

(3)债务抵销

债务抵销是指合同当事人互负债务时,各以其债权充当债务之清偿,而使其债务与对方的债务在对等额内相互消灭。依据抵消产生根据的不同,可分为法定抵销和约定抵销两种。

①法定抵销是合同当事人互负到期债务,并且该债务的标的物种类、品质相同,任何一方当事人做出的使相互间数额相当的债务归于消灭的意思表示。

②约定抵销是当事人互负到期债务,在债的标的物种类、品质不相同的情形下,经双方自愿协商一致而发生的债务抵销。

(4)债务人依法将标的物提存

提存是指由于债权人的原因致使债务人无法向其交付标的物,债务人可以将标的物交给有关机关保存,以此消灭合同关系的行为。

提存的标的物以适用于提存为限。标的物不适用于提存或提存费用过高的,债务人依法可以拍卖或变卖标的物,提存所得价款。我国目前法定的提存机关为公证机构。自提存之日起,债务人的债务归于消灭。债权人领取提存物的权利、自提存之日起 5 年内不行使而消灭,提存物扣除提存费用后,归国家所有。

（5）债权债务同归一方

债权债务同归一方也称混同，是指债权债务同归一人而导致合同权利义务归于消灭的情形。发生混同的主要原因有企业合并。但在合同标的物上设有第三人利益的，不能混同，如债权上设有抵押权。

（6）债权人免除债务

免除是债权人放弃债权，从而全部或部分终止合同关系的单方行为。债权人免除债务，应由债权人向债务人做出明确的意思表示。

（7）合同的权利义务终止的其他情形

其他情形包括时效（取得时效）的期满、合同的撤销等，合同主体的自然人死亡而其债务又无人承担等均会导致合同当事人权利义务的终止。

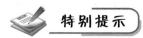

特别提示

关于债务的清偿抵充

《民法典》第三编第七章的规定如下：债务人对同一债权人负担的数项债务种类相同，债务人的给付不足以清偿全部债务的，除当事人另有约定外，由债务人在清偿时指定其履行的债务。

债务人未作指定的，应当优先履行已经到期的债务；数项债务均到期的，优先履行对债权人缺乏担保或者担保最少的债务；均无担保或者担保相等的，优先履行债务人负担较重的债务；负担相同的，按照债务到期的先后顺序履行；到期时间相同的，按照债务比例履行。

债务人在履行主债务外还应当支付利息和实现债权的有关费用，其给付不足以清偿全部债务的，除当事人另有约定外，应当按照下列顺序履行。

（一）实现债权的有关费用。

（二）利息。

（三）主债务。

6.6　违约责任与合同争议的解决

6.6.1　违约责任概述

6.6.1.1　违约责任的概念

违约责任是指当事人任何一方不履行合同义务或者履行合同义务不符合约定而应当承担的法律责任。违约行为的表现形式包括不履行和不适当履行。对于逾期违约的，当事人也应当承担违约责任。当事人一方明确表示或者以自己的行为表明不履行合同义务的，对方可以在履行期限届满之前要求其承担违约责任。

6.6.1.2　承担违约责任的条件和原则

（1）承担违约责任的条件

当事人承担违约责任的条件是指当事人承担违约责任应当具备的要件。《民法典》采用了严格责任条件,只要当事人有违约行为,就应当承担违约责任,不要求以违约人有过错为承担违约责任的前提。

(2)承担违约责任的原则

《民法典》规定的承担违约责任是以补偿性为原则的。补偿性是指违约责任旨在弥补或者补偿因违约行为造成的损失。赔偿损失额应当相当于因违约行为所造成的损失,包括合同履行后可获得的利益。

 应用案例

一、案例概况

2013年7月,某棉纺厂与锦安公司签订购销棉纱的合同,双方约定:锦安公司供给棉纺厂21支纱20吨,货到后付款,每吨2000元。合同还规定:为节省锦安公司的费用,由给锦安公司供货的第三人蒂娜纱厂直接将货于同年12月底以前送到棉纺厂。在该合同签订后,锦安公司又与蒂娜纱厂签订合同一份。合同规定:由蒂娜纱厂将20吨21支纱于12月底前送到棉纺厂,货到并经验收后,由锦安公司向蒂娜纱厂按每吨1800元支付货款。蒂娜纱厂在合同订立后,因原材料涨价,严重影响了生产,到12月底未能向棉纺厂供货,棉纺厂因此而受到重大损失。在多次协商未能达成一致意见的情况下,棉纺厂以锦安公司、蒂娜纱厂违约为由,向法院起诉,要求他们承担违约责任。

二、问题

本案如何处理为妥?为什么?

6.6.2 违约责任的承担方式

6.6.2.1 继续履行

继续履行是指违反合同的当事人不论是否承担了赔偿金或者违约金责任,都必须根据对方的要求,在自己能够履行的条件下,对合同未履行的部分继续履行,但有下列情形之的除外:

(1)法律上或者事实上不能履行。

(2)债务的标的不适于强制履行或者履行费用过高。

(3)债权人在合理期限内未要求履行。

6.6.2.2 采取补救措施

采取补救措施是指在当事人违反合同的事实发生后,对违约责任没有约定或者约定不明确,依据《民法典》第五百一十条的规定仍不能确定的,受损害方根据标的的性质以及损失的大小,可以合理选择请求对方承担修理、重作、更换、退货、减少价款或者报酬等违约责任。

6.6.2.3 赔偿损失

当事人一方不履行合同义务或者履行合同义务不符合约定,给对方造成损失的,应当赔偿对方的损失。损失赔偿额应当相当于因违约所造成的损失,包括合同履行后可以获得的利益,但不得超过违反合同一方订立合同时预见到或应当预见到的因违反合同可能造成的损失。

6.6.2.4 支付违约金

当事人可以约定一方违约时应当根据违约情况向对方支付一定数额的违约金,也可以约定因违约产生的损失额的赔偿办法。约定违约金低于造成损失的,当事人可以请求人民法院或者仲裁机构予以增加;约定违约金过分高于造成损失的,当事人可以请求人民法院或仲裁机构予以适当减少。

6.6.2.5　定金罚则

当事人可以约定一方向对方给付定金作为债权的担保。债务人履行债务后定金应当抵作价款或收回。给付定金的一方不履行约定债务的,无权要求返还定金;收受定金的一方不履行约定债务的,应当双倍返还定金。

当事人既约定违约金,又约定定金的,一方违约时,对方可以选择适用违约金或定金条款。但是,这两种违约责任不能合并使用。

因不可抗力不能履行合同的,根据不可抗力的影响,部分或全部免除责任。当事人延迟履行后发生的不可抗力,不能免除责任。当事人因不可抗力不能履行合同的,应当及时通知对方,以减轻给对方造成的损失,并应当在合理的期限内提供证明。

6.6.3　合同争议的解决

6.6.3.1　合同争议的概念

合同争议是指合同当事人在合同履行过程中所产生的有关权利义务纠纷。在合同履行过程中,由于各种原因,在当事人之间产生争议是不可避免的。争议的解决直接关系到合同目的的实现。

6.6.3.2　合同争议的解决方式

(1)和解解决

和解是指合同纠纷当事人在自愿平等的基础上,互相沟通、互相谅解,从而解决纠纷的一种方式。自愿、平等、合作是和解解决争议的基本原则。和解的特点在于简便易行,能够在没有第三人参加的情况下及时解决当事人之间的纠纷,有利于双方当事人的进一步合作。但局限在于,当当事人之间的纠纷分歧较大时,或者当事人故意违约,根本没有解决问题的诚意时,这种方法就不能解决问题。

知识链接
——仲裁

(2)调解解决

调解是指合同当事人对合同所约定的权利、义务发生争议,不能达成和解协议时,在经济合同管理机关或者有关机关、团体等的主持下,通过对当事人进行说服教育,促使双方互相做出适当的让步,平息争端,自愿达成协议,以求解决经济合同纠纷的方法。合同纠纷的调解往往是当事人经过和解仍不能解决纠纷后采取的方式,因此与和解相比,它面临的纠纷要大一些。但与诉讼、仲裁相比,其优势在于能够较经济、较及时地解决纠纷。

(3)仲裁

仲裁是指当事人双方在争议发生前或争议发生后达成协议,自愿将争议交给第三者做出裁决,并负有自动履行义务的一种解决争议的方式。

双方当事人可以在合同中订立仲裁条款或者在争议发生后以书面形式达成仲裁协议。仲裁本着自愿原则并且实施一裁终局制。裁决做出后,当事人就同一纠纷再申请仲裁或者向人民法院起诉的,仲裁委员会或者人民法院不予受理。

（4）诉讼解决

诉讼是指合同当事人依法请求人民法院行使审判权，审理双方之间发生的合同争议，做出有国家强制保证实现其合法权益，从而解决纠纷的审判活动。合同双方当事人如果未约定仲裁协议，则只能以诉讼作为解决争议的最终方式。当事人应当履行发生法律效力的判决、仲裁协议、调解书，拒不履行的，对方可以请求人民法院强制执行。

综合案例

乙公司诉甲公司建设工程施工合同纠纷上诉案

一、案情简介

2006年3月1日，甲公司通过公开招投标中标奥林花园一期工程，随即依据招投标文件与乙公司订立"建设工程施工合同"，约定：乙公司将奥林花园一期工程交给甲公司施工，合同价款4500万元，合同价款可调整，调整方法为施工图纸加变更、签证，根据定额工程量按实计算，材料价格按约定方式计算。

同时，双方还签订一份"房屋建设工程质量保修书"，约定：质保金为工程总价的3%，保修期满后15日内无息返还；属于保修范围、内容的项目，承包人应当在接到保修通知之日起7日内派人保修；承包人不在约定期限内派人保修的，发包人可以委托他人修理。

2006年4月1日，甲公司向乙公司出具一份"承诺书"，承诺对奥林花园工程予以让利，具体内容为：奥林花园一期4号楼、5号楼、6号楼、7号楼、8号楼及地下车库附属工程让利20%。

2007年8月15日，奥林花园一期工程经竣工验收合格，但双方因工程款纠纷诉至法院。

二、法院裁判情况

一审期间，乙公司委托丙工程造价咨询有限公司对奥林花园一期项目进行工程造价鉴定。丙工程造价咨询有限公司出具"工程造价鉴定报告"，认定奥林花园一期4号楼至8号楼及地下车库附属工程在扣除水电费、甲供材及承诺让利后的工程总造价为42783198.68元，其中4号楼让利1230794.07元、5号楼让利2325531.03元、6号楼让利1472490.16元、7号楼让利456775.08元、8号楼让利456949.96元、地下车库让利1224834.14元、管网工程让利112561.80元、中央水井工程让利23554.60元、一期道路及其他工程让利21653.94元、会所让利663905.96元，合计让利8989050.74元。

一审法院认为，本案的焦点问题是甲公司于2006年4月1日向乙公司出具的"承诺书"应否作为确定工程价款的依据；丙工程造价咨询有限公司出具的"工程造价鉴定报告"能否作为认定工程价款的依据。因该"承诺书"违反了招投标法律强制性规定，承诺让利的部分也超出了承建工程所得利润，应为无效。另查，丙工程造价咨询有限公司具有工程造价咨询企业乙级资质证书，两位鉴定人员具有工程造价鉴定资质，并出庭接受了质询，故鉴定报告应该作为认定工程价款的依据。已查明，乙公司实际已支付甲公司工程款应为57036761.92元，而涉案的工程总造价为51772249.42元，甲公司应将多收的5264512.50元工程款返还给乙公司。据此,一审法院判决:甲公司于判决生效后 10 日内返还乙公司工程款 5264512.50 元;案件受理费 72153 元,由乙公司负担 35000 元,甲公司负担 37153 元。

乙公司不服一审判决上诉称:原判决错误认定甲公司在建设工程施工合同签订后作出的让利承诺为无效承诺。甲公司中标后的单方承诺让利不可能影响到招投标活动的公正性。现行的《招标投标法》及相关法律、法规也没有任何一个法律条款禁止承包人在工程中标后作出单方让利的行为。同时,在甲公司没有提出有关承诺让利超出承建工程利润的抗辩观点的前提下,原审法院径直认定承诺让利超出承建工程利润显然无任何事实依据。因此,甲公司让利承诺依法应当作为双方结算工程价款的依据,请求二审法院在查清事实的基础上依法改判。

甲公司答辩称:其让利"承诺书"违反了《招标投标法》及相关法律、法规的强制性规定,一审法院依法认定无效于法有据。请求驳回乙公司上诉,维持原判。

二审法院经审理认为,根据《招标投标法》第 46 条和《最高人民法院关于审理建设工程施工合同纠纷案件适用法律问题的解释》(以下简称《司法解释》)第 21 条之规定,招标人(发包人)与中标人(承包人)按照招标文件和中标人的投标文件订立"建设工程施工合同"后,中标人单方出具让利承诺书,承诺对承建工程予以大幅让利,该让利承诺书构成对工程价款的实质性变更,该承诺书无效,不产生变更"建设工程施工合同"的效力。

遂判决驳回乙公司的上诉,维持原判。

三、主要观点及理由

该案的焦点问题是:承包人通过招投标中标与发包人签订"建设工程施工合同"后,又向发包人出具让利承诺书,承诺对承建工程予以大幅让利,该让利承诺书是否有效。

围绕这一焦点,二审法院在讨论这一问题时形成两种意见:

第一种意见认为,招标人(发包人)与中标人(承包人)按照招标文件和中标人的投标文件订立"建设工程施工合同"后,中标人单方出具让利承诺书,承诺对承建工程予以让利,该让利承诺书构成对工程价款的实质性变更,该承诺书无效,不产生变更"建设工程施工合同"的效力。

第二种意见认为,甲公司在中标后向乙公司出具的让利"承诺书",是当事人之间的真实意思表示,是目前建筑市场的普遍现象,应认定为有效,人民法院可以在双方约定的基础上适当限制让利比例。

经分析,同意第一种意见的理由如下:

(一)让利承诺书本质上是"黑白合同"

建设工程"黑白合同"又称"阴阳合同",是指建设工程施工合同的当事人就同一建设工程签订的两份或两份以上实质性内容相异的合同。通常把经过招投标并经备案的正式合同称为"白合同",把实际履行的协议或补充协议称为"黑合同"。

《司法解释》第 21 条将"黑合同"表述为另行订立的建设工程施工合同,可能容易给人造成一种误解,即另行订立的"黑合同"必须是具备全部施工合同内容的比较完备的建设施工合同。而在实践中大部分"黑合同"都是在中标之后签订的。

"黑合同"一般都以协议、补充协议、会议纪要、备忘录、让利承诺书的形式表现出来。实践中也出现了个别法院以这些协议、补充协议、会议纪要、备忘录或让利承诺书不是建设施工合同为由,而不适用该条《司法解释》的情况。

具体到本案涉及的让利承诺书,分析认为,虽然承包人出具让利承诺书的行为是单方民事行为,但发包人对此予以接受认可,便形成了合意,双方意思表示一致,从而符合了合同成立的要件。正是承包人发出承诺,发包人接受承诺的过程,使承诺书的内容变成了双方合意,形成完备的合同形式。该承诺书记载的内容因与中标的建设工程施工合同不一致而成为"黑合同"。因此,不管"黑合同"的形式如何,只要双方形成合意,对"白合同"的工程价款、工程质量、工程期限或违约责任任一方面进行了实质性改变,就构成与备案的中标合同"实质性内容不一致",法院不认可其效力,应以备案中标合同为结算工程价款的依据。

本案中,2006年3月1日,乙公司与甲公司依据招投标文件签订的"建设工程施工合同"是当事人按照招标文件和中标人的投标文件订立的合同,是"白合同",其后承包人单方出具的让利承诺书承诺让利20%,发包人予以接受,双方形成合意从而构成对建设工程价款的实质变更,如果照此履行,明显与"建设工程施工合同"的实际内容相背离。

《招标投标法》第46条规定:"招标人和中标人应当自中标通知书发出之日起三十日内,按照招标文件和中标人的投标文件订立书面合同,招标人和中标人不得再行订立背离合同实质性内容的其他协议。"根据该条规定,如果在确定中标人后,中标人向招标人承诺让利,该让利承诺与招投标中标合同实质背离,则该承诺应为无效,不产生变更中标建设工程施工合同的效力。

(二)招投标活动基本原则决定了该让利承诺书无效

《招标投标法》第5条规定:"招标投标活动应当遵循公开、公平、公正和诚实信用的原则。"《建筑法》第16条规定:"建筑工程发包与承包的招标投标活动,应当遵循公开、公正、平等竞争的原则,择优选择承包单位。"我国《民法通则》规定民事活动必须遵循平等原则、自愿原则、公平原则和诚实信用原则。从以上规定不难看出,建筑工程招投标的基本原则是公开、公平与公正。

就工程招投标而言,"公开"即将招投标事宜公之于众,以便在社会大众的知晓和监督下积极实施;"公正"则要求招标者对所有的投标者一视同仁、不能偏私,建筑行政监管主体对招投标双方实施平等的监督,不能厚此薄彼,尤其不能偏护一方;"公平"则指工程招投标各方在招投标活动中所享有的权利和所承担的义务应彼此对等或均衡。

显然,如果允许中标人在中标合同之外,对中标工程予以大幅让利,实际上侵害了其他投标主体平等参与竞争的权利,构成对招投标活动的基本原则的违反,法院不应认可其效力。

(三)承诺让利的原因很复杂,有可能侵害公共利益,并给工程质量带来隐患

实践中,大量存在中标建设工程后,中标人想尽办法要求发包人增加工程价款的情形,鲜有中标人单方出具让利承诺书,对工程价款予以让利的情况。因为,根据《招标投标法》中标合同受法律保护,中标人完全可以要求发包人依照中标合同的约定支付工程价款,其再主动让利有悖常理。当然不能排除存在事前通谋规避《招标投标法》排挤其他投标人的情形,也不能排除存在事后应招标人要求而为的情形。

根据《招标投标法》第1条,《招标投标法》的功能在于规范招标投标活动,保护国家利益、社会公共利益和招标投标活动当事人的合法权益,提高经济效益,保证项目质量。

当前,随着社会的发展,对公共利益的界定也越来越宽泛,商品房开发建设固然是商业行为,因为工程质量涉及广大购房者的生命财产安全,不可谓不事关公共利益。

建设工程招投标中标合同因其公开、公平、公正的特点,又决定了该中标合同是一份公平合理,既能保证招投标双方合法权益,又能保证工程质量的合同。需要强调的是,该中标合同不应是投标人中标的最低报价,而应是合理低价,它高于成本,通过保证承包人有正常的利润,从而保证工程质量。如果允许中标人在中标合同之外,再予以大幅让利,不仅侵害"白合同"成

立时其他投标人的利益,也必然会危及工程质量,最终给公共利益造成损害。基于此,必须维护招投标活动的严肃性,坚守中标合同必须信守原则,对于一切与中标合同相背离的不合理变更包括让利承诺予以否认,坚决不承认其效力。

【学 生 笔 记】

1.简述合同的概念和运行的基本原则。

2.简述建设工程合同的内容和种类。

3.简述建设工程合同管理的概念和目标。

4.简述建设工程合同管理的工作流程。

5.如何对建设工程合同实施控制?

6.合同的内容即当事人的权利和义务。合同的内容由当事人约定,一般包括哪些条款?

7.简述合同订立的程序。

8.合同的效力有哪些?

9.简述合同的履行、变更、转让及终止和变更。

10.违约责任是指当事人任何一方不履行合同义务或者履行合同义务不符合约定而应当承担的法律责任。简述承担违约责任的条件和原则,违约责任的承担方式。

【案 例 题】

1.某开发公司作为建设单位与施工单位某建筑公司签订了某住宅小区的施工承包合同。合同中约定该项目于 2015 年 6 月 6 日开工,2017 年 8 月 8 日竣工。2016 年 1 月 20 日,有群众举报该建设项目存在严重的偷工减料行为。经权威部门鉴定确认该工程已完成部分(大约为整个项目工程量的 1/3)为"豆腐渣"工程。开发公司以此为由单方面与建筑公司解除了合同。建筑公司认为需要当事人双方协商一致方可解除合同。

问题:

(1)简述合同可以解除的情形。

(2)你认为建筑公司的观点正确吗?

2.某施工单位承揽了一项综合办公楼项目的总承包工程,施工过程中发生了如下事件。

事件 1:某施工单位与某材料供应商所签订的材料供应合同中未明确材料供应时间。急需材料时,施工单位要求材料供应商马上将所需材料运抵现场,遭到材料供应商的拒绝。材料供应商两天后才将材料运抵施工现场。

事件 2:某设备供应商由于进行设备调试,超过合同约定的期限交付施工单位订购的设备,恰好此时该设备价格下降,施工单位按照下降后的价格支付给设备供应商,设备供应商要求以原价执行,双方产生争执。

事件 3:施工单位与某机械租赁公司签订的租赁合同约定的期限已到,施工单位将租赁的机械交还给租赁公司并交付租赁费,此时,双方签订的合同终止。

事件 4:该施工单位与某分包单位所签订的合同中明确约定要降低分包工程质量,从而为双方创造更高的利润。

问题：

(1)事件1中的材料供应商的做法是否正确？为什么？

(2)事件2中的施工单位的做法是否正确？为什么？合同当事人在约定合同时要包括哪些方面的条款？

(3)事件3中合同终止的原因是什么？除此之外,还有什么情况可以使合同的权利义务终止？

(4)事件4的合同是否有效？什么情况下会导致合同无效？

【实　训　题】

实训目标：

通过草拟一份合同,熟悉合同的内容及拟订合同时应注意的一般事项。

实训要求：

(1)项目情况:购货方为×××建设集团有限公司,供货方为×××有限责任公司。双方约定,×××建设集团有限公司将福瑞南郡项目(一期)工地的建筑钢材供应委托供方完成,需方从供方采购工地所用建筑钢材,总量约为7000 t(结算以实际供货数量为准),供货总额约2900万元;钢材指定冷钢、武顺钢等品牌,以送货当日×××钢铁网发布的钢材价格行情相应钢厂的钢材报价作为基价,规格为直径8～10 mm的HRB400冷轧螺纹钢。送货由供方委托的运输公司将货送到需方×××市×××区云山路的工地指定区域。供方应按约定时间及时送货,否则每延迟交货一天应承担该批次货款总额的0.2%的违约金;需方必须在约定的时间内按时支付货款,否则每延迟支付一天应承担其所欠供方货款总额的0.2%的违约金。

(2)任务:根据所给背景资料,拟订一份钢材购销合同。

(3)拟定时必须明确如下事项:

①合同双方当事人的身份基本信息。个人需要出示身份证明,公司需要提交公司营业执照、组织机构代码证、法人代表证明,如果委托他人的还需要有授权委托书。

②明确采购建筑材料的规格、质量、数量及型号。

③约定货款费用的给付方式、数额及时间。

④约定交货的时间、地点及方式。

⑤违约责任的承担。

⑥合同争议的解决方式。

【课 后 题 库】

模块6
课后题库练
习题及答案

模块 7 建设工程施工合同管理

【思维导图】

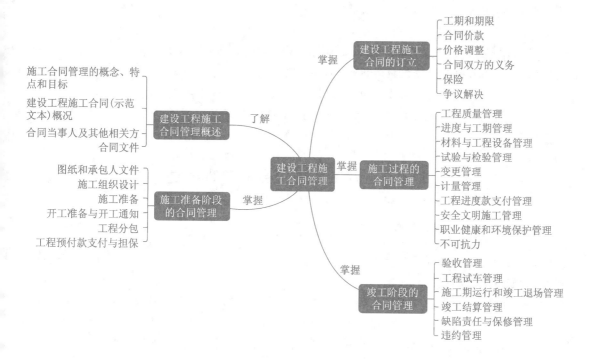

【模块导读】

合同是当事人双方设立、变更和终止民事权利和义务关系的协议。它是作为一种法律手段在具体问题中对签订合同的双方实行必要的约束。委托监理合同管理是建设单位与监理企业签订,为了委托监理单位承担监理业务,明确双方权利与义务的关系协议。工程勘察与设计合同管理是委托方与承包人为完成一定的勘察、设计任务,明确相互权利与义务关系的协议。

建设工程施工合同即建筑安装工程承包合同,是发包人和承包人为完成商定的建筑安装工程,明确相互权利和义务关系的合同。依据工程施工合同,承包人应完成一定的建筑工程任务,发包人应提供必要的施工条件并支付工程价款。在订立合同时双方应遵守自愿、公平、诚实和信用等原则。

【案例引入】

某综合办公楼工程,建设单位甲通过公开招标确定承包商乙为中标单位,双方签订了工程总承包合同。由于乙不具有勘察、设计能力,经甲同意,乙与建筑设计院丙签订了工程勘察、设计合同。勘察、设计合同约定由丙对甲的办公楼及附属公共设施提供设计服务,并按勘察、设计合同的约定交付有关的设计文件和资料。随后,乙又与建筑工程公司丁签订了工程施工合同。施工合同约定由丁根据丙提供的设计图纸进行施工,工程竣工时根据国家有关验收规定及设计图纸进行质量验收。合同签订后,丙按时将设计文件和有关资料交付给丁,丁根据设计图纸进行施工。工程竣工后,甲会同有关质量监督部门对工程进行验收,发现工程存在严重质量问题,且质量问题是由于设计不符合规范所致。原来丙未对现场进行考察导致设计不合理,给甲带来了重大损失。丙以与甲没有合同关系为由拒绝承担责任,乙又以自己不是设计人为由推卸责任,甲遂以丙为被告向法院提起诉讼。

思考:

(1)在本案例中,甲与乙、乙与丙、乙与丁分别签订的合同是否有效?

(2)甲以丙为被告向法院提起诉讼是否妥当?为什么?

(3)工程存在严重问题的责任应如何划分?

(4)根据我国法律法规的规定,承包单位将承包的工程转包或违法分包应承担什么法律后果?

7.1　建设工程施工合同管理概述

7.1.1　施工合同管理的概念、特点和目标

7.1.1.1　施工合同管理的概念

(1)施工合同的概念

建设工程施工合同(以下简称"施工合同")是发包人与承包人就完成具体工程项目的建筑施工、设备安装、设备调试、工程保修等工作内容,确定双方权利和义务的协议。建设工程施工合同是建设工程的主要合同之一,其标的是将设计图纸变为满足功能、质量、进度、投资等发包人投资预期目的的建筑产品。

(2)施工合同管理的概念

施工合同管理是对工程项目施工过程中所发生的或所涉及的一切经济、技术合同的签订、履行、变更、索赔、解除、解决争议、终止与评价的全过程进行的管理工作。施工合同管理的任务是根据法律、政策的要求,运用指导、组织、检查、考核、监督等手段,促使当事人依法签订合同,全面履行合同,及时妥善地处理合同争议和纠纷,不失时机地进行合理索赔,预防发生违约行为,避免造成经济损失,保证合同目标顺利实现,从而提高企业的信誉和竞争能力。

7.1.1.2　施工合同管理的特点

建设工程一般具有工程体积庞大、结构复杂、工程持续时间长等特点,这使得工程施工合同的履行期较长。因此,合同管理必须是在这么长的时间内连续不断地进行,这与一般的经济合同管理有显著的不同。施工合同管理具有如下特点:

(1)对经济效益影响大

建设工程投资额大,合同价格高,合同管理水平的高低对承包商的经济效益影响很大。由于市场竞争激烈,合同价格中包含的利润减少,合同管理得好,不但可使承包商避免亏损,而且可以赢得较好的经济回报,否则,承包商就要蒙受较大的经济损失。

（2）合同变更频繁，管理难度大

工程施工过程中由于受到当事人主观因素和客观事件的影响较大，几乎每个工程都不可避免地存在工程变更的问题，合同管理必须按变化了的情况不断地加以调整，从而导致合同管理的难度加大。因此，在合同实施过程中，合同控制和合同变更管理极为重要。

（3）综合性强

合同管理工作涉及面广，融资方式和承包方式、合同内容和合同条款、参与单位和协作单位的增多，使得合同关系、合同条件以及合同的实施过程越来越复杂，这就要求合同管理人员具有较高的综合管理的能力。

（4）风险大

由于施工合同履行时间长，不可预测的因素多，再加上市场竞争激烈，合同条款较为苛刻，或条款本身常常隐含着许多难以预测的风险，使得施工合同管理的风险非常大，承包商对此要高度重视。

7.1.1.3　施工合同管理的目标

施工合同签订后便进入了合同实施和履行阶段，这个阶段对合同实施进行控制和管理，不仅可以约束双方圆满地完成各自的合同义务，而且可以弥补合同签订中的损失，改变自己的不利地位，通过索赔等手段增加工程利润。施工阶段合同管理的目标如下：

（1）保证工程项目三大目标的实现

业主在项目建设实施阶段的目标是在短时间内，以低造价高质量地完成建设项目。由于施工合同中包括了进度要求、质量标准、工程造价以及双方的权利义务关系，因此，承包商应通过合同管理以保证履行合同责任，在约定的工期内以约定的价款按质完成建设项目。

（2）保证承包获得盈利

承包商不仅要在合同规定的工期和预算成本范围内，完成合同规定的工程施工和保修责任，还应当通过合同管理挖掘潜力，减少失误，全面正确地履行自己的合同义务，使建设项目的实施得以顺利完成，争取有较大的盈利；同时，积极开展索赔和反索赔，切实保护自己的正当权益。

（3）赢得信誉

承包商要在激烈的市场竞争中立于不败之地，就必须守合同、讲信誉，加强合同管理，使合同当事人都能感到满意。合同争执较少，合同各方能互相协调，工程中问题的解决公平合理，就能建立友好的合作关系。这样，承包商不但取得了利润，而且赢得了信誉，为将来在新的项目上继续合作和扩展业务奠定了基础。

7.1.2　《建设工程施工合同（示范文本）》概况

7.1.2.1　《建设工程施工合同（示范文本）》简介

鉴于施工合同的内容复杂、涉及面宽，为了避免施工合同的编制者遗漏某些方面的重要条款，或条款约定责任不够公平合理，原建设部和国家工商行政管理局于 1999 年 12 月 24 日印发了《建设工程施工合同（示范文本）》（GF—1999—0201）；2013 年 4 月 3 日，住房和城乡建设部、国家工商总局联合印发了《建设工程施工合同（示范文本）》（GF—2013—0201）；2017 年再次对《建设工程施工合同（示范文本）》（GF—2013—0201）进行了修订，制定了《建设工程施工合同（示范文本）》（GF—2017—0201）（以下简称《示范文本》），自 2017 年 10 月 1 日起执行，原《建设工程施工合同（示范文本）》（GF—2013—0201）同时废止。

2013 版与 1999 版施工合同相比,主要增加了双向担保、合理调价、缺陷责任期、工程系列保险、索赔期限、双倍赔偿、争议评审等八项新的制度,使合同结构体系更加完善,完善了合同价格类型,加强了与现行法律和其他文本的衔接,保证了合同的适用性等。

2017 版与 2013 版施工合同相比,主要依据住房和城乡建设部、财政部印发的《建设工程质量保证金管理办法》(建质〔2016〕295 号),修改了质量保证金的相关合同条款。

7.1.2.2 《示范文本》的性质和适用范围

《示范文本》为非强制性使用文本。《示范文本》适用于房屋建筑工程、土木工程、线路管道和设备安装工程、装修工程等建设工程的施工承发包活动,合同当事人可结合建设工程具体情况,根据《示范文本》订立合同,并按照法律法规规定和合同约定承担相应的法律责任及合同权利义务。

7.1.2.3 《示范文本》的组成

作为推荐使用的《示范范本》由合同协议书、通用合同条款、专用合同条款三部分组成,并附有 11 个附件。

(1)合同协议书

合同协议书具有两个主要的作用:第一,它是合同的纲领性文件,基本涵盖合同的基本条款;第二,它是合同生效的形式要件反映。合同协议书一般在合同当事人加盖公章,并由法定代表人或法定代表人的授权代表签字后生效,但合同当事人对合同生效有特别要求的,可以通过设置一定的生效条件或生效期限以满足具体项目的特殊情况。

标准化的协议书格式文字量不大,需要结合承包工程特点填写。《示范文本》合同协议书共计 13 条,主要包括:工程概况、合同工期、质量标准、签约合同价格与合同价格形式、项目经理、合同文件构成、承诺、词语定义、签订时间、签订地点、补充协议、合同生效、合同份数等。集中约定了合同当事人基本的合同权利义务。

(2)通用合同条款

通用合同条款是合同当事人根据法律规范的规定,就工程项目施工的实施及相关事项,对合同当事人的权利义务做出的通用性约定。其作用是反复使用、避免漏项、便于管理和查阅。在使用过程中,如果工程建设项目的技术要求、现场情况与市场环境等实际履行条件存在特殊性,则可以在专用合同条款中进行相应的补充和完善。通用条款包括:一般约定、发包人、承包人、监理人、工程质量、安全文明施工与环境保护、工期和进度、材料与设备、试验与检验、变更、价格调整、合同价格及计量与支付、验收和工程试车、竣工结算、缺陷责任与保修、违约、不可抗力、保险、索赔、争议解决等 20 个要素,共计 119 个小条款。通用条款在使用时不做任何改动,原文照搬。

(3)专用合同条款

专用合同条款是对通用合同条款原则性约定的细化、完善、补充、修改或另行约定的条款。合同当事人可以根据不同建设工程的特点及具体情况,通过双方的谈判、协商对相应的专用合同条款进行修改补充。在使用专用合同条款时,应注意以下事项:

①专用合同条款的编号应与相应的通用合同条款的编号一致;

②合同当事人可以通过对专用合同条款的修改,满足具体建设工程的特殊要求,避免直接修改通用合同条款;

③在专用合同条款中有横道线的地方,合同当事人可针对相应的通用合同条款进行细化、完善、补充、修改或另行约定;如无细化、完善、补充、修改或另行约定,则填写"无"或划"/"。

（4）附件

《示范文本》提供了 11 个标准化附件,其中附件 1 属于协议书附件,附件 2 至附件 11 属于专用合同条款附件。附件 1 是"承包人承揽工程项目一览表";附件 2 至附件 11 依次是:"发包人供应材料设备一览表""工程质量保修书""主要建设工程文件目录""承包人用于本工程施工的机械设备表""承包人主要施工管理人员表""分包人主要施工管理人员表""履约担保格式""预付款担保格式""支付担保格式""暂估价一览表"。如果具体项目的实施为包工包料承包,则可以不使用"发包人供应材料设备一览表"。

 能力拓展

一、案例概况

原告（反诉被告）:天津市某房地产开发有限公司。

被告（反诉原告）:江苏省某建设工程总公司。

原、被告双方于 2012 年 2 月 8 日按照《建设工程施工合同(示范文本)》签订了施工合同,由被告(反诉原告)完成原告(反诉被告)开发的某房地产项目,该工程包括 1 栋回迁楼和 2 栋商品楼。合同规定了工程建筑面积 31677 m^2,工程造价 32807820 元(暂定),付款方式为按进度付款,工程 2012 年 3 月 1 日开工,竣工日期为 2013 年 10 月 25 日。原、被告在履行合同中,于 2012 年 9 月 19 日签订纪要(以下称《9·19 会议纪要》),对施工合同内容做了部分变更。纪要约定,被告(反诉原告)在 2012 年内确保工程主体完工,原告(反诉被告)确保落实工程资金 1700 万元(含前期已付工程款)。双方在履行合同中,因资金及工程进度问题产生矛盾,被告(反诉原告)于 2012 年国庆节前基本停工。为此,原告(反诉被告)起诉至某中级人民法院,要求解除双方合同。原告(反诉被告)还认为工程质量存在问题,被告(反诉原告)未按照设计图纸进行施工,擅自将地下室的混凝土浇筑厚度由 24 mm 改为 12 mm。被告(反诉原告)则提出反诉,认为原告(反诉被告)拖欠巨额工程款,经多次催要仍拒不支付才被迫停工的,要求原告(反诉被告)支付工程款;工程无质量问题,地下室的混凝土浇筑厚度由 24 mm 改为 12 mm,是原告(反诉被告)要求的。被告(反诉原告)认为:该项目从 2012 年 3 月 1 日开工到 2012 年 9 月,原告(反诉被告)从未按合同要求按时支付工程款,到 2012 年 9 月被告(反诉原告)已完成工程量 1300 万元,而原告(反诉被告)仅仅支付工程款 507 万元,拖欠工程款近 800 万元。人民法院审理后查明:原告(反诉被告)确实拖欠了巨额工程款;地下室的混凝土浇筑厚度由 24 mm 改为 12 mm,工程师的确下达过口头变更指令,原告(反诉被告)也予以承认。

二、问题

（1）该工程采用的是哪一种施工合同? 是否妥当? 为什么?

（2）《9·19 会议纪要》对施工合同的修改是否有效? 为什么?

（3）承包人的停工是否妥当? 为什么?

（4）如果发包人否认工程师曾经下达过口头变更指令,也无其他证据证明工程师曾经下达过口头变更指令,则承包人是否应当承担违约责任? 为什么?

7.1.3　施工合同当事人及其他相关方

7.1.3.1　合同当事人

（1）发包人

通用条款规定，发包人指与承包人签订合同协议书的当事人以及取得该当事人资格的合法继承人。发包人应准确地填写在协议书条款指定的位置内，不得简称。

（2）承包人

通用条款规定，承包人指与发包人签订合同协议书的当事人以及取得该当事人资格的合法继承人。承包人应准确地填写在协议书条款指定的位置内，不得简称。

从以上两个定义可以看出，施工合同签订后，当事人任何一方均不允许转让合同。因为承包人是发包人通过复杂的招标选中的实施者；发包人则是承包人在投标前出于对其信誉和支付能力的信任才参与竞争取得合同。因此，按照诚实信用原则，订立合同后，任何一方都不能将合同转让给第三者。所谓合法继承人，是指因资产重组后，合并或分立后的法人或组织可以作为合同的当事人。

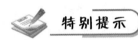 **特别提示**

发包人应在专用合同条款中明确其派驻施工现场的发包人代表的姓名、职务、联系方式及授权范围等事项。发包人代表在发包人的授权范围内，负责处理合同履行过程中与发包人有关的具体事宜。发包人代表在授权范围内的行为由发包人承担法律责任。发包人更换发包人代表的，应提前7天书面通知承包人。发包人代表不能按照合同约定履行其职责及义务，并导致合同无法继续正常履行的，承包人可以要求发包人撤换发包人代表。

7.1.3.2　其他相关方

施工合同中其他相关各方主要包括监理人、设计人、分包人等单位，以及发包人代表、项目经理、总监理工程师等人员。

（1）监理人

监理人是指在专用合同条款中指明的，受发包人委托按照法律规定进行工程监督管理的法人或其他组织。需要注意的是，应区分必须监理的项目和不必监理的项目，不必监理的项目，可以由发包人委托的项目管理人担负合同中监理人的职责。

（2）设计人

设计人是指在专用合同条款中指明的，受发包人委托负责工程设计并具备相应工程设计资质的法人或其他组织。设计人是工程建设中不可缺少的参与主体，设计人的名称、资质类别、等级以及通信方式等内容由合同当事人在专用合同条款中予以明确。

（3）分包人

知识链接——
违法发包、
转包与分包

分包人是指按照法律规定和合同约定，分包部分工程或工作，并与承包人签订分包合同的具有相应资质的法人。分包人包括专业分包人和劳务分包人。工程分包应符合法律的规定，分包人具有相应资质。除专业分包人可以将其分包工程中的劳务工作再行分包外，其他分包人不得再行分包。

一、案例概况

2008 年 8 月 10 日,某钢厂与某市政工程公司签订该厂地下排水工程总承包合同。该厂地下排水工程总长 5000 m,市政工程公司将任务下达给该公司第四施工队。事后,第四施工队又与成立仅半年、尚未取得从业资质等级认证的某乡建筑工程队签订了建筑分包合同,由乡建筑工程队分包其中 3000 m 排水工程施工任务,合同价为 45 万元,于 9 月 10 日正式施工。2008 年 9 月 20 日,市建委主管部门在检查该项工程施工时,发现乡建筑工程队承包工程手续不符合有关规定,责令其停工。某乡建筑工程队不予理睬。10 月 3 日,市政工程公司下达了停工文件,乡建筑工程队不服,以合同经双方自愿签订并有营业执照为由,于 10 月 10 日诉至人民法院,要求第四工程队继续履行合同,否则应承担违约责任并赔偿其经济损失。

二、问题

(1)请依法确认总包及分包合同的法律效力。

(2)该合同的法律效力应由哪个机构确认?

(3)某市建委主管部门是否有权责令停工?

(4)合同纠纷的法律责任应如何裁决?

三、案例评析

(1)总包合同有效,分包合同无效,原因如下:

①该分包合同在内容上违反《建筑法》规定的"主体结构必须由总承包单位自行完成",该案例中的分包方承包了排水主体工程的 3/5,显然违反了国家的法律规定。

②该乡建筑工程队尚未取得国家相应的资质等级证书,不具备承揽该项工程的从业资格条件,违反《建筑法》及《合同法》关于民事法律行为的行为人应具有相应的民事行为能力的规定。因此,该分包合同应属于无效合同,即使当事人不做出合同无效的主张,国家行政部门也会依法给予干预。

(2)该合同应由人民法院或仲裁机构确认无效。

(3)市建委主管部门有权责令停工。

(4)双方均有过错,应分别承担相应责任;依法宣布分包合同无效,终止合同。对乡建筑工程队已完成的工程量,如验收合格由市政工程公司按规定支付实际费用(不包含利润),但不承担违约责任。

7.1.4　施工合同文件

7.1.4.1　合同文件的组成

"合同"是指构成对发包人和承包人履行约定义务过程中,有约束力的全部文件体系的总称。《示范文本》通用条款中规定,本协议书与下列文件一起构成合同文件:

①中标通知书(如果有)

中标通知书是指构成合同的由发包人通知承包人中标的书面文件。

②投标函及其附录(如果有)

投标函是指构成合同的由承包人填写并签署的用于投标的文件。

投标函附录是指构成合同的附在投标函后的文件。

③专用合同条款及其附件。

④通用合同条款。

⑤技术标准和要求

技术标准和要求是指构成合同的,施工应当遵守的,或指导施工的国家、行业或地方的技术标准和要求,以及合同约定的技术标准和要求。

⑥图纸

图纸是指构成合同的图纸,包括由发包人按照合同约定提供或经发包人批准的设计文件、施工图、鸟瞰图及模型等,以及在合同履行过程中形成的图纸文件。图纸应当按照法律规定审查合格。

⑦已标价工程量清单或预算书

已标价工程量清单是指构成合同的由承包人按照规定的格式和要求填写并标明价格的工程量清单,包括说明和表格。预算书是指构成合同的由承包人按照发包人规定的格式和要求编制的工程预算文件。

⑧其他合同文件

其他合同文件是指经合同当事人约定的与工程施工有关的具有合同约束力的文件或书面协议。合同当事人可以在专用合同条款中进行约定。

在合同订立及履行过程中形成的与合同有关的文件均构成合同文件组成部分。

7.1.4.2　对合同文件中矛盾或歧义的解释

各项合同文件包括合同当事人就该项合同文件所做出的补充和修改,属于同一类内容的文件,应以最新签署的为准。专用合同条款及其附件须经合同当事人签字或盖章。

(1)合同文件的优先解释次序

通用条款规定,上述合同文件原则上应能够互相解释、互相说明。但当合同文件中出现含糊不清或不一致时,上面各文件的序号就是合同的优先解释顺序。在合同订立及履行过程中形成的与合同有关的文件均构成合同文件组成部分,并根据其性质确定优先解释顺序。如果双方不同意这种次序安排,可以在专用条款内约定本合同的文件组成和解释次序。

(2)合同文件出现矛盾或歧义的处理程序

按照通用条款的规定,当合同文件内容含糊不清或不一致时,在不影响工程正常进行的情况下,由发包人和承包人协商解决。双方也可以提请负责监理的工程师做出解释。双方协商不成或不同意负责监理的工程师的解释时,按合同约定的解决争议的方式处理。《示范文本》合同条款中未明确由谁来解释文件之间的歧义,但可以结合监理工程师职责中的规定,总监理工程师应与发包人和承包人进行协商,尽量达成一致。不能达成一致时,总监理工程师应认真研究后审慎确定。

7.2　建设工程施工合同的订立

7.2.1　工期和期限

7.2.1.1　工期

工期是指在合同协议书中约定的承包人完成工程所需的期限,包括按照合同约定所做的期限变更。在合同协议书内应明确注明计划开工日期、计划竣工日期和计划工期总日历天数。工期总日历天数与根据前述计划开、竣工日期计算的工期天数不一致的,以工期总日历天数为准。如果是招标选择的承包人,工期总日历天数应为投标书内承包人承诺的天数,而不是招标文件要求的天数。因为招标文件通常规定本招标工程最长允许的完工时间,而承包人为了竞争,申报的投标工期往往短于招标文件限定的最长工期,此项因素通常也是评标比较的一项内容。因此,在中标通知书中已注明发包人接受的投标工期。

7.2.1.2　期限

在合同履行过程中,合同中涉及的主要期限包括:

(1)缺陷责任期:是指承包人按照合同约定承担缺陷修复义务,且发包人预留质量保证金(已缴纳履约保证金的除外)的期限,自工程实际竣工日期起计算。

(2)保修期:是指承包人按照合同约定对工程承担保修责任的期限,从工程竣工验收合格之日起计算。

(3)基准日期:招标发包的工程以投标截止日前 28 d 的日期为基准日期,直接发包的工程以合同签订日前 28 d 的日期为基准日期。基准日期是判定某种风险是否属于承包人的分界日期。

7.2.2　合同价款

7.2.2.1　签约合同价

签约合同价是指发包人和承包人在合同协议书中确定的总金额,包括安全文明施工费、暂估价及暂列金额等。明确签约合同价有助于合同当事人理解签约合同价与合同价格的区别,以便于合同的履行,如编制支付分解表、计算违约金等。

招标发包的工程,投标价、中标价及签约合同价原则上应一致,除非经过法定程序,才能对文字错误或计算错误予以澄清;不实行招标的工程合同价款,在发、承包双方认可的工程价款基础上,由发承包双方在合同中约定。

7.2.2.2　合同价格

合同价格是指发包人用于支付承包人按照合同约定完成承包范围内全部工作的金额,包括合同履行过程中按合同约定发生的价格变化。合同价格在合同履行过程中是动态变化的。在竣工结算中确认的合同价格为全部合同权利义务清算价格,不仅包括构成工程实体的造价,还包括合同当事人支付的违约金、赔偿金等。

7.2.2.3　费用

费用是指为履行合同所发生的或将要发生的所有必需的开支,包括管理费和应分摊的其他费用,但不包括利润。费用包括签约合同价中包含的费用,也包括签约合同价之外、合同履行过程中额外增加的费用。费用不同于成本和利润,其中按照《13 计价规范》规定,工程成本是承包人为实施合同工程并达到质量标准,必须消耗或使用的人工、材料、工程设备、施工机械台班及其管理等方面发生的费用和按规定缴纳的规费和税金。

7.2.2.4　合同的价格方式

发包人和承包人应在合同协议书中约定下列一种合同价格形式,并应在专用合同条款中约定相应单价合同或总价合同的风险范围。

(1)单价合同

单价合同是指合同当事人约定以工程量清单及其综合单价进行合同价格计算、调整和确认的建设工程施工合同,在约定的范围内合同单价不做调整。合同当事人应在专用条款中约定综合单价包含的风险范围和风险费用的计算方法,并约定风险范围以外的合同价格的调整方法,其中因市场价格波动引起的调整按合同约定相关条款执行。

单价合同的含义是单价相对固定,仅在约定的范围内合同单价不做调整。根据工程量清单计价风险合理分担的原则,实行工程量清单计价的工程应采用单价合同。

(2)总价合同

总价合同是指合同当事人约定以施工图、已标价工程量清单或预算书及有关条件进行合同价格计算、调整和确认的建设工程施工合同,在约定的范围内合同总价不做调整。合同当事人应在专用合同条款中约定总价包含的风险范围和风险费用的计算方法,并约定风险范围以外的合同价格的调整方法,其中因市场价格波动、法律变化引起的调整按本书 7.2.3 节执行。

总价合同适用于技术简单、规模偏小、工期较短,且施工图设计已审查批准的项目。

(3)合同当事人可在专用条款中约定其他合同价格形式,如成本加酬金与定额计价以及其他合同类型。成本加酬金合同适用于紧急抢险、救灾以及施工技术特别复杂的工程。

特别提示

《建设工程施工合同(示范文本)》(GF—1999—0201)基于当时的实际情况,规定了固定价格合同、可调价格合同和成本加酬金合同 3 种合同计价形式。考虑到实践中对于固定价格合同存在一定的误解,为避免将固定价格合同理解为不可调价合同,《建设工程施工合同(示范文本)》(GF—2013—0201)按照价格形式将合同分为总价合同、单价合同及其他方式合同,其中由于成本加酬金合同形式的实践不具有模型性,故而在《建设工程施工合同(示范文本)》(GF—2013—0201)中予以省略,归入其他方式合同。其他方式合同中还包含了采用定额计价的合同,还原了上述计价方式的真实含义,并与国际惯例保持一致,以满足建设工程发展的需要,便于合同双方的实践操作。《示范文本》合同价格形式沿用《建设工程施工合同(示范文本)》(GF—2013—0201)的规定。

成本加酬金合同形式是将工程项目的实际投资划分成为直接成本费和承包商完成工作后应得酬金两部分。工程实施过程中发生的直接成本费由发包人实报实销,再按照合同约定的方式另外支付给承包商相应的报酬。这种计价方式主要适用于工程内容及技术经济指标尚未全面确定,投标报价依据尚不充分的情况下,发包人因工期要求紧迫,必须发包的工程,或者发包方与承包方之间有高度信任,承包方在某些方面具有独特的技术、特长或经验。按照酬金的计算方式不同,这种合同形式又可以分为成本加固定百分比酬金、成本加固定酬金、成本加奖惩和最高限额成本加固定最大酬金四类。紧急抢险、救灾及施工技术特别复杂的建筑工程,发承包双方可以采用成本加酬金方式确定合同价款。

7.2.3　价格调整

7.2.3.1　市场价格波动引起的调整

除专用合同条款另有约定外,市场价格波动超过约定范围时,合同价格应当调整。具体调整方式,合同当事人可以在专用合同条款中约定,也可以选择以下方式进行调整:

(1)采用价格指数进行价格调整

①价格调整公式

因人工、材料和设备等价格波动影响合同价格时,根据专用合同条款中约定的数据,按合同协议中约定的调值公式计算差额并调整合同价格。

②暂时确定调整差额

在计算调整差额时无现行价格指数的,合同当事人同意暂用前次价格指数计算。实际价格指数有调整的,合同当事人进行相应调整。

③权重的调整

因变更导致合同约定的权重不合理时,双方应按照合同中"商定或确定"的条款执行。

④因承包人原因工期延误后的价格调整

因承包人原因未按期竣工的,对合同约定的竣工日期后继续施工的工程,在使用价格调整公式时,应采用计划竣工日期与实际竣工日期的两个价格指数中较低的一个作为现行价格指数。

(2)采用造价信息进行价格调整

合同履行期间,因人工、材料、工程设备和机械台班价格波动影响合同价格时,人工、机械使用费按照国家或省、自治区、直辖市建设行政管理部门、行业建设管理部门或其授权的工程造价管理机构发布的人工、机械使用费系数进行调整;需要进行价格调整的材料,其单价和采购数量应由发包人审批;发包人确认需调整的材料单价及数量后,即将其作为调整合同价格的依据。

①人工单价发生变化且符合省级或行业建设主管部门发布的人工费调整规定的,合同当事应按省级或行业建设主管部门或其授权的工程造价管理机构发布的人工费等文件调整合同价格,但承包人对人工费或人工单价的报价高于发布价格的除外。

②材料、工程设备价格变化的价款调整按照发包人提供的基准价格,按以下风险范围规定执行:

a.承包人在已标价工程量清单或预算书中载明材料单价低于基准价格的:除专用合同条款另有约定外,合同履行期间材料单价涨幅以基准价格为基础超过 5% 时,或材料单价跌幅以在已标价工程量清单或预算书中载明材料单价为基础超过 5% 时,其超过部分据实调整。

b.承包人在已标价工程量清单或预算书中载明材料单价高于基准价格的:除专用合同条款另有约定外,合同履行期间材料单价跌幅以基准价格为基础超过 5% 时,或材料单价涨幅以在已标价工程量清单或预算书中载明材料单价为基础超过 5% 时,其超过部分据实调整。

c.承包人在已标价工程量清单或预算书中载明材料单价等于基准价格的:除专用合同条款另有约定外,合同履行期间材料单价涨跌幅以基准价格为基础超过 ±5% 时,其超过部分据实调整。

d. 承包人应在采购材料前将采购数量和新的材料单价报发包人核对,发包人确认用于工程时,发包人应确认采购材料的数量和单价。发包人在收到承包人报送的确认资料后 5 d 内不予答复的视为认可,作为调整合同价格的依据。未经发包人事先核对,承包人自行采购材料的,发包人有权不予调整合同价格。发包人同意的,可以调整合同价格。

前述基准价格是指由发包人在招标文件或专用合同条款中给定的材料、工程设备的价格,该价格原则上应当按照省级或行业建设主管部门或其授权的工程造价管理机构发布的信息价编制。

③施工机械台班单价或施工机械使用费发生变化超过省级或行业建设主管部门或其授权的工程造价管理机构规定的范围时,按规定调整合同价格。

7.2.3.2 法律变化引起的调整

基准日期后,因法律变化导致承包人在合同履行过程中所需要的费用发生除合同约定以外的增加时,由发包人承担;减少时,应予扣减。基准日期后,因法律变化造成工期延误时,工期应予以顺延。

因法律变化引起的合同价格和工期调整,合同当事人无法达成一致的,由总监理工程师按合同相关约定处理。

因承包人原因导致工期延误,在延误期间出现法律变化的,由此增加的费用和(或)延误的工期由承包人承担。

7.2.4 施工合同双方的义务

7.2.4.1 发包人的义务

通用条款规定以下工作属于发包人应完成的工作:

(1)发包人应按合同约定向承包人及时支付合同价款。

(2)提供施工现场、施工条件和基础资料:

①提供施工现场。除专用条款另有约定外,发包人应最迟于开工日期 7 d 前向承包人移交施工现场。如果专用条款未确定提供现场的时间,则发包人应在合同进度与工期中约定的进度计划进行施工所需要的合理时间内,将现场提供给承包人,使承包人获得占用现场的权利。

②提供施工条件。除专用条款另有约定外,发包人应负责提供施工所需要的条件。

③提供基础资料。发包人应当在移交施工现场前向承包人提供施工现场及工程施工所必需的毗邻区域内供水、排水、供电、供气、供热、通信、广播电视等地下管线资料,气象和水文观测资料,地质勘察资料,相邻建筑物、构筑物和地下工程等有关基础资料,并对所提供资料的真实性、准确性和完整性负责。

按照法律规定确需在开工后方提供的基础资料,发包人应尽其努力及时在相应工程施工前的合理期限内提供,合理期限应以不影响承包人的正常施工为限。因发包人原因未能按合同约定及时向承包人提供施工现场、施工条件、基础资料的,由发包人承担由此增加的费用和(或)延误的工期。

(3)发包人应遵守法律,并办理法律规定由其办理的许可、批准或备案,发包人应协助承包人办理法律规定的有关施工证件和批件。

这些许可批准或备案包括但不限于建设用地规划许可证、建设工程规划许可证、建设工程施工许可证,以及施工所需临时用水、临时用电、中断道路交通、临时占用土地等许可和批准。发包人应协助承包人办理法律规定的有关施工证件和批件。因发包人原因未能及时办理完毕前述许可、批准或备案,由发包人承担由此增加的费用和(或)延误的工期,并支付承包人合理的利润。

(4)除专用条款另有约定外,发包人应在最迟不得晚于"开工通知"载明的开工日期前7 d通过监理人向承包人提供测量基准点、基准线和水准点及其书面资料,发包人应对其真实性、准确性和完整性负责。

(5)发包人应按合同约定向承包人提供施工图纸和发布指示,并组织承包人和设计单位进行图纸会审和设计交底,专用条款内需要约定具体时间。

(6)发包人应按合同约定及时组织工程竣工验收。

(7)除专用条款另有约定外,发包人应在收到承包人要求提供资金来源证明的书面通知后28 d内,向承包人提供能够按照合同约定支付合同价款的相应资金来源证明。

对于财政预算投资的工程,项目立项批复文件应当对此载明,故项目立项批复文件即为资金来源证明;对于自筹资金投资,银行贷款投资,利用外资、证券市场筹措资金等工程,发包人应当取得资金来源方的投资文件或资金提供文件等。

除专用条款另有约定外,发包人要求承包人提供履约担保的,发包人应当向承包人提供支付担保。支付担保可以采用银行保函或担保公司担保等形式,具体由合同当事人在专用条款中约定。

(8)支付担保是指担保人为发包人提供的,保证发包人按照合同约定支付工程款的担保。

(9)发包人应与承包人、由发包人直接发包的专业工程的承包人签订施工现场统一管理协议,明确各方的权利义务。施工现场统一管理协议作为专用合同条款的附件。

(10)发包人应做的其他工作,双方应在专用条款中约定。

虽然通用条款内规定上述工作内容属于发包人的义务,但发包人可以将上述部分工作委托给承包方办理,具体内容可以在专用条款内约定,其费用由发包人承担。属于合同约定的发包人义务,如果出现不按合同约定完成,导致工期延误或给承包人造成损失时,发包人应赔偿承包人的有关损失,延误的工期相应顺延。

7.2.4.2　承包人的义务

通用条款规定,承包人在履行合同过程中应遵守法律和工程建设标准规范,并履行以下义务:

(1)办理法律规定应由承包人办理的许可和批准,并将办理结果书面报送发包人留存。

(2)按法律规定和合同约定完成工程,并在保修期内承担保修义务。

(3)按法律规定和合同约定采取施工安全和环境保护措施,办理工伤保险,确保工程及人员、材料、设备和设施的安全。

(4)按合同约定的工作内容和施工进度要求,编制施工组织设计和施工措施计划,并对所有施工作业和施工方法的完备性和安全可靠性负责。

(5)在进行合同约定的各项工作时,不得侵害发包人与他人使用公用道路、水源、市政管网等公共设施的权利,避免对邻近的公共设施产生干扰;承包人占用或使用他人的施工场地,影响他人作业或生活的,应承担相应责任。

(6)负责施工场地及其周边环境与生态的保护工作。

（7）采取施工安全措施，确保工程及其人员、材料、设备和设施的安全，防止因工程施工造成的人身伤害和财产损失。

（8）将发包人按合同约定支付的各项价款专用于合同工程，且应及时支付其雇用人员工资，并及时向分包人支付合同价款。

（9）按照法律规定和合同约定编制竣工资料，完成竣工资料立卷及归档，并按专用合同条款约定的竣工资料的套数、内容、时间等要求移交发包人。

（10）《示范文本》通用条款中没有穷尽承包人的义务，合同协议书、合同条款、技术标准和要求、图纸、已标价工程量清单等合同文件对承包人的义务另有约定的，承包人应履行。

承包人不履行上述各项义务，造成发包人损失的，应对发包人的损失给予赔偿。

7.2.5　保险

7.2.5.1　保险的种类

（1）工程保险

除专用条款另有约定外，发包人应投保建筑工程一切险或安装工程一切险；发包人委托承包人投保的，因投保产生的保险费和其他相关费用由发包人承担。

（2）工伤保险

①发包人应依照法律规定参加工伤保险，并为在施工现场的全部员工办理工伤保险，缴纳工伤保险费，并要求监理人及由发包人为履行合同聘请的第三方依法参加工伤保险。

②承包人应依照法律规定参加工伤保险，并为其履行合同的全部员工办理工伤保险，缴纳工伤保险费，并要求分包人及由承包人为履行合同聘请的第三方依法参加工伤保险。

（3）其他保险

发包人和承包人可以为其施工现场的全部人员办理意外伤害保险并支付保险费，包括其员工及为履行合同聘请的第三方的人员，具体事项由合同当事人在专用合同条款中约定。

除专用条款另有约定外，承包人应为其施工设备等办理财产保险。

7.2.5.2　持续保险与保险凭证

（1）持续保险

合同当事人应与保险人保持联系，使保险人能够随时了解工程实施中的变动，并确保按保险合同条款要求持续保险。

（2）保险凭证

合同当事人应及时向另一方当事人提交其已投保的各项保险的凭证和保险单复印件。

7.2.5.3　未按约定投保的补救

（1）发包人未按合同约定办理保险，或未能使保险持续有效的，则承包人可代为办理，所需费用由发包人承担。发包人未按合同约定办理保险，导致未能得到足额赔偿的，由发包人负责补足。

（2）承包人未按合同约定办理保险，或未能使保险持续有效的，则发包人可代为办理，所需费用由承包人承担。承包人未按合同约定办理保险，导致未能得到足额赔偿的，由承包人负责补足。

7.2.5.4　担保

承发包双方为了全面履行合同，应互相提供以下担保。

①发包人向承包人提供工程支付担保,按合同约定支付工程价款及履行合同约定的其他义务。

②承包人向发包人提供履约担保,按合同约定履行自己的各项义务。

除专用合同条款另有约定外,发包人要求承包人提供履约担保的,发包人应当向承包人提供支付担保。支付担保可以采用银行保函或担保公司担保等形式,具体由合同当事人在专用合同条款中约定。

特别提示

担保是指促使债务人履行其债务,保障债权人的债权得以实现的民事行为。依据担保方式的不同,担保可以分为:人保,即在债务人不履行债务时,保证人承担连带保证责任或一般保证责任的担保方式;物保,即在债务人不履行债务时,债权人可以将特定财产变价,从所得价款中优先获得清偿的担保方式;钱保,即在债务人不履行债务时,债务人可能会丧失一笔特定金钱的担保方式。

知识链接——
履约担保书

建设工程项目具有一次性、投资巨大、不确定因素多等特点,因此,会在施工合同中设定担保条款。双方如果采用由第三方提供担保物或者保证的担保方式,则发包人必须与提供担保的第三人签订作为本合同的从合同的担保合同。

7.2.5.5　通知义务

除专用条款另有约定外,发包人变更除工伤保险之外的保险合同时,应事先征得承包人同意,并通知监理人;承包人变更除工伤保险之外的保险合同时,应事先征得发包人同意,并通知监理人。

保险事故发生时,投保人应按照保险合同规定的条件和期限及时向保险人报告。发包人和承包人应当在知道保险事故发生后及时通知对方。

7.2.6　争议解决

7.2.6.1　和解和调解

(1)和解

合同当事人可以就争议自行和解,自行和解达成协议的,经双方签字并盖章后作为合同补充文件,双方均应遵照执行。

(2)调解

合同当事人可以就争议请求建设行政主管部门、行业协会或其他第三方进行调解,调解达成协议的,经双方签字并盖章后作为合同补充文件,双方均应遵照执行。

7.2.6.2　争议评审

合同当事人在专用合同条款中约定采取争议评审方式解决争议以及评审规则,并按下列约定执行:

(1)争议评审小组的确定

合同当事人可以共同选择一名或三名争议评审员,组成争议评审小组。除专用合同条款另有约定外,合同当事人应当自合同签订后 28 d 内,或者争议发生后 14 d 内,选定争议评审员。

选择一名争议评审员的,由合同当事人共同确定;选择三名争议评审员的,各自选定一名,第三名成员为首席争议评审员,由合同当事人共同确定或由合同当事人委托已选定的争议评审员共同确定,或由专用条款约定的评审机构指定。

除专用条款另有约定外,评审员报酬由发包人和承包人各承担一半。

(2)争议评审小组的决定

合同当事人可在任何时间将与合同有关的任何争议共同提请争议评审小组进行评审。争议评审小组应秉持客观、公正的原则,充分听取合同当事人的意见,依据相关法律、规范、标准、案例经验及商业惯例等,自收到争议评审申请报告后 14 d 内做出书面决定,并说明理由。合同当事人可以在专用条款中对本项事项另行约定。

(3)争议评审小组决定的效力

争议评审小组做出的书面决定经合同当事人签字确认后,对双方具有约束力,双方应遵照执行。任何一方当事人不接受争议评审小组决定或不履行争议评审小组决定的,双方可选择采用其他争议解决方式。

7.2.6.3　仲裁或诉讼

因合同及合同有关事项产生的争议,合同当事人可以在专用条款中约定以下其中一种方式解决争议:

(1)向约定的仲裁委员会申请仲裁

当事双方可以在专用条款中选定仲裁委员会,并约定请求仲裁的事项,仲裁程序按该仲裁委员会的仲裁规则进行,仲裁是"一裁终局"的。

(2)向有管辖权的人民法院起诉

合同当事人可以约定具体的管辖法院,但应符合《民事诉讼法》的规定,即只能约定原告住所地、被告住所地、合同履行地、合同签订地、标的物所在地的人民法院管辖,同时不得违反级别管辖的规定。

7.2.6.4　争议解决条款效力

合同有关争议解决的条款独立存在,合同的变更、解除、终止、无效或者被撤销均不影响其效力。

 应用案例

一、案例概况

某厂房建设场地原为农田,按设计要求在厂房建造时,厂房地坪范围内的耕植土应清除,基础必须埋在老土层下 2.00 m 处。为此,业主在"三通一平"阶段就委托土方施工公司清除了耕植土层,用好土回填压实至一定设计标高,故在施工招标文件中指出,施工单位无须再考虑清除耕植土问题。然而,开工后,施工单位在开挖基坑(槽)时发现,相当一部分基础开挖深度虽已达到设计标高,但未见老土,且在基础和场地范围内仍有一部分深层的耕植土和池塘淤泥等必须清除。

二、问题

(1)在工程中遇到地基条件与原设计所依据的地质资料不符时,承包人应该怎么办?

(2)根据修改的设计图纸,基础开挖要加深加大,为此,承包人提出了变更工程价格和延长工期的要求。请问承包人的要求是否合理。为什么?

(3)工程施工中出现变更工程价款和工期的事件时,发、承包双方需要注意哪些时效性问题?

(4)对合同中未规定的承包商义务,合同实施过程又必须进行的工作,你认为应如何处理?

三、案例评析

(1)发生案例所述情况时,承包人可采取下列办法:

第一步,根据《建设工程施工合同(示范文本)》的规定,在工程中遇到地基条件与原设计所依据的土质资料不符时,承包人应及时通知甲方,要求对原设计进行变更。

第二步,在《建设工程施工合同(示范文本)》规定的时限内,向发包人提出设计变更价款和工期顺延的要求。发包人如确认则调整合同;如不同意,则应由发包人在合同规定的时限内,通知承包人就变更价格协商,协商一致后,修改合同。若协商不一致,则按工程承包合同纠纷处理方式解决。

(2)承包人的要求合理。因为工程地质条件的变化,不是一个有经验的承包人能够合理预见的,属于业主风险。基础开挖加深加大必然增加费用和延长工期。

(3)在出现变更工程价款和工期事件之后,主要应注意以下问题:

①承包人提出变更工程价款和工期的时间。

②发包人确认的时间。

③双方对变更工程价款和工期不能达成一致意见时的解决办法和时间。

(4)一般情况下,可按工程变更处理,其处理程序参见问题(1)答案的第二步,也可以另行委托其他施工单位施工。

7.3　建设工程施工准备阶段的合同管理

7.3.1　图纸和承包人文件

7.3.1.1　图纸的提供和交底

发包人应按照专用条款约定的期限、数量和内容向承包人免费提供图纸,并组织承包人、监理人和设计人进行图纸会审和设计交底。发包人最迟不得晚于开工日期前 14 d 向承包人提供图纸。

因发包人未按合同约定提供图纸导致承包人费用增加和(或)工期延误的,按照"因发包人原因导致工期延误"约定办理。

7.3.1.2　图纸的错误

承包人在收到发包人提供的图纸后,发现图纸存在差错、遗漏或缺陷的,应及时通知监理人。监理人接到该通知后,应附具相关意见并立即报送发包人,发包人应在收到监理人报送的通知后的合理时间内做出决定。合理时间是指发包人在收到监理人的报送通知后,尽其努力且不懈怠地完成图纸修改补充所需的时间。

7.3.1.3 图纸的修改和补充

图纸需要修改和补充的,应经图纸原设计人及审批部门同意,并由监理人在工程或工程相应部位施工前将修改后的图纸或补充图纸提交给承包人,承包人应按修改或补充后的图纸施工。

7.3.1.4 承包人文件

承包人应按照专用条款的约定提供应当由其编制的与工程施工有关的文件,并按照专用条款约定的期限、数量和形式提交监理人,并由监理人报送发包人。

除专用条款另有约定外,监理人应在收到承包人文件后 7 d 内审查完毕,监理人对承包人文件有异议的,承包人应予以修改,并重新报送监理人。监理人的审查并不减轻或免除承包人根据合同约定应当承担的责任。

7.3.1.5 图纸和承包人文件的保管

除专用条款另有约定外,承包人应在施工现场另外保存一套完整的图纸和承包人文件,供发包人、监理人及有关人员进行工程检查时使用。

7.3.2 施工组织设计

7.3.2.1 施工组织设计的编制

招标阶段承包人在投标书内提交的施工方案或施工组织设计的深度相对较浅。签订合同后通过对现场的进一步考察和工程交底,对工程的施工有了更深入的了解。承包人应在开工前编制详细的施工组织设计,施工组织设计未经监理人批准的,不得施工。

7.3.2.2 施工组织设计的提交和修改

除专用条款另有约定外,承包人应在合同签订后 14 d 内,但最迟不得晚于开工日期前 7 d,向监理人提交详细的施工组织设计,并由监理人报送发包人。除专用条款另有约定外,发包人和监理人应在监理人收到施工组织设计后 7 d 内确认或提出修改意见。对发包人和监理人提出的合理意见和要求,承包人应自费修改完善。根据工程实际情况需要修改施工组织设计的,承包人应向发包人和监理人提交修改后的施工组织设计。

7.3.3 施工准备

开工前,合同双方还应当做好以下各项准备工作:

7.3.3.1 人员准备

承包人应向监理人提交承包人在施工场地的人员安排的报告。这些人员应当与承包人在投标或合同订立过程中承诺的人员一致。

7.3.3.2 施工设备准备

承包人应根据施工组织设计的要求,及时在施工场地配备数量、规格满足施工需要的施工设备。对于进入施工场地的各项施工设备,承包人应指定具有专业资格的人员负责操作、维护,对于出现故障或安全隐患的施工设备,应及时修理、替换,保持各项施工设备始终处于安全、可靠和可正常使用的状态。

7.3.3.3　材料、工程设备和施工技术准备

对于应由发包人提供的材料和工程设备,发包人应当按照合同约定,及时向承包人提供,并保证其数量、质量和规格符合要求。承包人应当按照约定,及时查验、接收和保管发包人提供的上述材料和工程设备。

对于应由承包人提供的材料和工程设备,承包人应当依照施工组织设计、施工图设计文件的要求,及时落实货源,订立和履行有关货物采购供应合同,并保证货物进入施工场地的数量、质量、规格和时间满足工程施工要求。

对于施工中需采用的由他人提供支持的技术,承包人应当及时订立和履行技术服务合同,以适时获得有效的技术支持,保证技术的应用。

7.3.3.4　测量放线

(1)承包人发现发包人提供的测量基准点、基准线和水准点及其书面资料存在错误或疏漏的,应及时通知监理人。监理人应及时报告发包人,并会同发包人和承包人予以核实。发包人应就如何处理和是否继续施工做出决定,并通知监理人和承包人。

(2)承包人负责施工过程中的全部施工测量放线工作,并配备具有相应资质的人员及合格的仪器、设备和其他物品。承包人应矫正工程的位置、标高、尺寸或准线中出现的任何差错,并对工程各部分的定位负责。施工过程中对施工现场内水准点等测量标志物的保护工作由承包人负责。

7.3.4　开工准备与开工通知

7.3.4.1　开工准备

除专用条款另有约定外,承包人应按照"施工组织设计"约定的期限,向监理人提交工程开工报审表,经监理人报发包人批准后执行。开工报审表应详细说明按施工进度计划正常施工所需的施工道路、临时设施、材料、工程设备、施工设备、施工人员等落实情况以及工程的进度安排。

除专用条款另有约定外,合同当事人应按约定完成开工准备工作。

7.3.4.2　开工通知

发包人应按照法律规定获得工程施工所需的许可。经发包人同意后,监理人发出的开工通知应符合法律规定。监理人应在计划开工日期 7 d 前向承包人发出开工通知,工期自开工通知中载明的开工日期起算。

除专用条款另有约定外,因发包人原因造成监理人未能在计划开工日期之日起 90 d 内发出开工通知的,承包人有权提出价格调整要求,或者解除合同。发包人应当承担由此增加的费用和(或)延误的工期,并向承包人支付合理利润。

7.3.5　工程分包

7.3.5.1　分包的一般约定

承包人不得将其承包的全部工程转包给第三人,或将其承包的全部工程肢解后以分包的名义转包给第三人。承包人不得将工程主体结构、关键性工作及专用合同条款中禁止分包的专业工程分包给第三人,主体结构、关键性工作的范围由合同当事人按照法律规定在专用合同条款中予以明确。

承包人不得以劳务分包的名义转包或违法分包工程。

7.3.5.2 分包的确定

承包人应按专用合同条款的约定进行分包,确定分包人。已标价工程量清单或预算书中给定暂估价的专业工程,按照"暂估价"确定分包人。按照合同约定进行分包的,承包人应确保分包人具有相应的资质和能力。工程分包不减轻或免除承包人的责任和义务,承包人和分包人就分包工程向发包人承担连带责任。除合同另有约定外,承包人应在分包合同签订后7天内向发包人和监理人提交分包合同副本。

7.3.5.3 分包管理

承包人应向监理人提交分包人的主要施工管理人员表,并对分包人的施工人员进行实名制管理,包括但不限于进出场管理、登记造册及各种证照的办理。

7.3.5.4 分包合同价款

①除约定的情况或专用合同条款另有约定外,分包合同价款由承包人与分包人结算,未经承包人同意,发包人不得向分包人支付分包工程价款。

②生效法律文书要求发包人向分包人支付分包合同价款的,发包人有权从应付承包人工程款中扣除该部分款项。

7.3.5.5 分包合同权益的转让

分包人在分包合同项下的义务持续到缺陷责任期届满以后的,发包人有权在缺陷责任期届满前,要求承包人将其在分包合同项下的权益转让给发包人,承包人应当转让。除转让合同另有约定外,转让合同生效后,由分包人向发包人履行义务。

7.3.6 工程预付款的支付与担保

7.3.6.1 预付款的支付

预付款的支付按照专用合同条款约定执行,预付款应当用于材料、工程设备、施工设备的采购及修建临时工程、组织施工队伍进场等。除专用合同条款另有约定外,预付款在进度付款中同比例扣回。在颁发工程接收证书前,提前解除合同的,尚未扣完的预付款应与合同价款一并结算。

预付款最迟应在开工通知载明的开工日期7 d前支付,发包人逾期支付预付款超过7 d的,承包人有权向发包人发出要求预付的催告通知,发包人收到通知后7 d内仍未支付的,承包人有权暂停施工,并按发包人违约执行。

7.3.6.2 预付款担保

发包人要求承包人提供预付款担保的,承包人应在发包人支付预付款7 d前提供预付款担保,专用条款另有约定的除外。预付款担保可采用银行保函、担保公司担保等形式,具体由合同当事人在专用合同条款中约定。在预付款完全扣回之前,承包人应保证预付款担保持续有效。

发包人在工程款中逐期扣回预付款后,预付款担保额度应相应减少,但剩余的预付款担保金额不得低于未被扣回的预付款金额。

7.4　建设工程施工过程的合同管理

7.4.1　工程质量管理

7.4.1.1　质量要求

(1)工程质量标准必须符合现行国家有关工程施工质量验收规范和标准的要求。有关工程质量的特殊标准或要求,由合同当事人在专用条款中约定。

(2)因发包人原因造成工程质量未达到合同约定标准的,由发包人承担由此增加的费用和(或)延误的工期,并支付承包人合理的利润。

(3)因承包人原因造成工程质量未达到合同约定标准的,发包人有权要求承包人返工直至工程质量达到合同约定的标准为止,并由承包人承担由此增加的费用和(或)延误的工期。

7.4.1.2　质量保证措施

(1)发包人的质量管理

发包人应按照法律规定及合同约定完成与工程质量有关的各项工作。

(2)承包人的质量管理

承包人按照《示范文本》第7.1款(施工组织设计)约定向发包人和监理人提交工程质量保证体系及措施文件,建立完善的质量检查制度,并提交相应的工程质量文件。对于发包人和监理人违反法律规定和合同约定的错误指示,承包人有权拒绝实施。

承包人应对施工人员进行质量教育和技术培训,定期考核施工人员的劳动技能,严格执行施工规范和操作规程。

承包人应按照法律规定和发包人的要求,对材料、工程设备以及工程的所有部位及其施工工艺进行全过程的质量检查和检验,并做详细记录,编制工程质量报表,报送监理人审查。此外,承包人还应按照法律规定和发包人的要求,进行施工现场取样试验、工程复核测量和设备性能检测,提供试验样品、提交试验报告和测量成果以及其他工作。

(3)监理人的质量检查和检验

监理人按照法律规定和发包人授权对工程的所有部位及其施工工艺、材料和工程设备进行检查和检验。承包人应为监理人的检查和检验提供方便,包括监理人到施工现场,或制造、加工地点,或合同约定的其他地方进行察看和查阅施工原始记录。监理人为此进行的检查和检验,不免除或减轻承包人按照合同约定应当承担的责任。

监理人的检查和检验不应影响施工正常进行。监理人的检查和检验影响施工正常进行的,且经检查检验不合格的,影响正常施工的费用由承包人承担,工期不予顺延;经检查检验合格的,由此增加的费用和(或)延误的工期由发包人承担。

7.4.1.3　隐蔽工程检查

(1)承包人应当对工程隐蔽部位进行自检,并经自检确认是否具备覆盖条件。

(2)检查程序

①除专用条款另有约定外,工程隐蔽部位经承包人自检确认具备覆盖条件的,承包人应在共同检查前48 h书面通知监理人检查,通知中应载明隐蔽检查的内容、时间和地点,并应附有自检记录和必要的检查资料。

②监理人应按时到场并对隐蔽工程及其施工工艺、材料和工程设备进行检查。经监理人检查确认质量符合隐蔽要求，并在验收记录上签字后，承包人才能进行覆盖。经监理人检查质量不合格的，承包人应在监理人指定的时间内完成修复，并由监理人重新检查，由此增加的费用和（或）延误的工期由承包人承担。

③除专用条款另有约定外，监理人不能按时进行检查的，应在检查前 24 h 向承包人提交书面延期要求，但延期不能超过 48 h，由此导致工期延误的，工期应予以顺延。监理人未按时进行检查，也未提出延期要求的，视为隐蔽工程检查合格，承包人可自行完成覆盖工作，并做相应记录报送监理人，监理人应签字确认。监理人事后对检查记录有疑问的，可按合同约定重新检查。

（3）重新检查

承包人覆盖工程隐蔽部位后，发包人或监理人对质量有疑问的，可要求承包人对已覆盖的部位进行钻孔探测或揭开重新检查，承包人应遵照执行，并在检查后重新覆盖恢复原状。经检查证明工程质量符合合同要求的，由发包人承担由此增加的费用和（或）延误的工期，并支付承包人合理的利润；经检查证明工程质量不符合合同要求的，由此增加的费用和（或）延误的工期由承包人承担。

（4）承包人私自覆盖

承包人未通知监理人到场检查，私自将工程隐蔽部位覆盖的，监理人有权指示承包人钻孔探测或揭开检查，无论工程隐蔽部位质量是否合格，由此增加的费用和（或）延误的工期均由承包人承担。

 应用案例

隐蔽工程的验收

一、案例概况

某发包方与某承包方签订了一份工程建设合同。合同规定：由承包方承建该发包方的供水管线工程。合同对工期、质量、验收、拨款、结算等都作了详细规定。供水管线工程进行隐蔽之前，承包方通知该发包方派人来进行检查。然而，发包方由于各种原因迟迟未派人到施工现场进行检查。因此承包方只得暂时停工，并顺延工程日期 13 天，该承包方为此蒙受了近 6 万元的损失。工程逾期完工后，发包方拒绝承担承包方因停工所受的损失，反而以承包方逾期完工应承担责任为由，上诉至法院。

二、问题

发包方上诉承包人逾期完工是否合理？为什么？

三、案例分析

（1）相关知识。隐蔽工程是指被建筑物遮掩的工程，包括地基工程、钢筋工程、承重结构工程、防水工程、装修与设备工程等。隐蔽工程在整体工程竣工后不便于验收，而隐蔽工程的质

量又至关重要,因此《民法典》专门规定了隐蔽工程的检查和验收。

(2)相关法律依据。《民法典》第七百九十八条规定:"隐蔽工程在隐蔽以前,承包人应当通知发包人检查。发包人没有及时检查的,承包人可以顺延工程日期,并有权要求赔偿停工、窝工等损失。"根据该条的规定,隐蔽工程在隐蔽以前,承包人应当通知发包人检查。通知发包人检查一般是在承包人自检合格以后 48 小时内。发包人接到承包人的通知以后,应当在合同约定的时间或合理时间内,开始对隐蔽工程进行检查,检查合格后双方共同签署"隐蔽工程验收签证"及相应记录。发包人没有按期对隐蔽工程进行检查的,承包人应当催告发包人在合理期限内进行检查,并可以顺延工程日期,同时要求发包人赔偿因此造成的停工、窝工、材料和构件积压的损失。如果是承包人未通知发包人检查而自行封闭隐蔽工程的,发包人事后有权要求对已隐蔽的工程进行检查,承包人应当按照要求破坏已覆盖的工程并于检查后修复,检查的费用由承包人承担。如果承包人已经通知发包人检查而发包人未及时检查,事后发包人又要求检查的,检查费用的承担需分两种情况:一是对隐蔽工程检查后发现该项工程符合质量标准的,检查费用由发包人承担;二是对隐蔽工程检查后发现该工程不符合质量要求的,检查费用应当由承包人承担。

(3)结论。本案例承包人是在供水管线工程隐蔽之前通知发包人前来检查的,而发包人却迟迟不去检查,致使承包人被迫停工,造成经济损失。可见发包人没有及时检查与工程逾期完工有直接关系。因此,根据《民法典》第七百九十八条的规定,承包人有权要求工期顺延并要求发包人承担其所受经济损失。事后发包人又要求检查的,检查费用的承担需分两种情况:一是对隐蔽工程检查后发现该项工程符合质量标准的,检查费用由发包人承担;二是对隐蔽工程检查后发现该工程不符合质量要求的,检查费用应当由承包人承担。

7.4.1.4　不合格工程的处理

(1)因承包人原因造成工程不合格的,发包人有权随时要求承包人采取补救措施,直至达到合同要求的质量标准,由此增加的费用和(或)延误的工期由承包人承担。无法补救的,按照"拒绝接收全部或部分工程"合同约定执行。

(2)因发包人原因造成工程不合格的,由此增加的费用和(或)延误的工期由发包人承担,并支付承包人合理的利润。

7.4.2　进度与工期管理

7.4.2.1　施工进度计划

(1)施工进度计划的编制

承包人应按照合同约定提交详细的施工进度计划,施工进度计划的编制应当符合国家法律规定和一般工程实践惯例,施工进度计划经发包人批准后实施。施工进度计划是控制工程进度的依据,发包人和监理人有权按照施工进度计划检查工程进度情况。

(2)施工进度计划的修订

施工进度计划不符合合同要求或与实际进度不一致的,承包人应向监理人提交修订的施工进度计划,并附具有关措施和相关资料,由监理人报送发包人。除专用条款另有约定外,发包人和监理人应在收到修订的施工进度计划后 7 d 内完成审核和批准或提出修改意见。发包人和监理人对承包人提交的施工进度计划的确认,不能减轻或免除承包人根据法律规定和合同约定应承担的任何责任或义务。

7.4.2.2 工期延误

(1)因发包人原因导致工期延误

在合同履行过程中,因下列情况导致工期延误和(或)费用增加的,由发包人承担由此延误的工期和(或)增加的费用,且发包人应支付承包人合理的利润:

①发包人未能按合同约定提供图纸或所提供图纸不符合合同约定的;

②发包人未能按合同约定提供施工现场、施工条件、基础资料、许可、批准等开工条件的;

③发包人提供的测量基准点、基准线和水准点及其书面资料存在错误或疏漏的;

④发包人未能在计划开工日期之日起 7 d 内同意下达开工通知的;

⑤发包人未能按合同约定日期支付工程预付款、进度款或竣工结算款的;

⑥监理人未按合同约定发出指示、批准等文件的;

⑦专用合同条款中约定的其他情形。

因发包人原因未按计划开工日期开工的,发包人应按实际开工日期顺延竣工日期,确保实际工期不低于合同约定的工期总日历天数。因发包人原因导致工期延误需要修订施工进度计划的,按照"施工进度计划的修订"合同约定条款执行。

(2)因承包人原因导致工期延误

因承包人原因造成工期延误的,可以在专用合同条款中约定逾期竣工违约金的计算方法和逾期竣工违约金的上限。承包人支付逾期竣工违约金后,不免除承包人继续完成工程及修补缺陷的义务。

7.4.2.3 不利物质条件

不利物质条件是指有经验的承包人在施工现场遇到的不可预见的自然物质条件、非自然的物质障碍和污染物,包括地表以下物质条件和水文条件以及专用合同条款约定的其他情形,但不包括气候条件。

承包人遇到不利物质条件时,应采取克服不利物质条件的合理措施继续施工,并及时通知发包人和监理人。通知应载明不利物质条件的内容以及承包人认为不可预见的理由。监理人经发包人同意后应当及时发出指示,指示构成变更的,按"变更"约定执行。承包人因采取合理措施而增加的费用和(或)延误的工期由发包人承担。

7.4.2.4 异常恶劣的气候条件

异常恶劣的气候条件是指在施工过程中遇到的,有经验的承包人在签订合同时不可预见的,对合同履行造成实质性影响的,但尚未构成不可抗力事件的恶劣气候条件。合同当事人可以在专用合同条款中约定异常恶劣的气候条件的具体情形。

承包人应采取克服异常恶劣的气候条件的合理措施继续施工,并及时通知发包人和监理人。监理人经发包人同意后应当及时发出指示,指示构成变更的,按"变更"约定办理。承包人因采取合理措施而增加的费用和(或)延误的工期由发包人承担。

7.4.2.5 暂停施工

(1)发包人原因引起的暂停施工

因发包人原因引起暂停施工的,监理人经发包人同意后,应及时下达暂停施工指示。情况紧急且监理人未及时下达暂停施工指示的,按照"紧急情况下的暂停施工"执行。因发包人原因引起的暂停施工,发包人应承担由此增加的费用和(或)延误的工期,并支付承包人合理的利润。

（2）承包人原因引起的暂停施工

因承包人原因引起的暂停施工,承包人应承担由此增加的费用和(或)延误的工期,且承包人在收到监理人复工指示后 84 d 内仍未复工的,视为"承包人违约的情形"中的承包人无法继续履行合同的情形。

（3）指示暂停施工

监理人认为有必要时,并经发包人批准后,可向承包人做出暂停施工的指示,承包人应按监理人指示暂停施工。

（4）紧急情况下的暂停施工

因紧急情况需暂停施工,且监理人未及时下达暂停施工指示的,承包人可先暂停施工,并及时通知监理人。监理人应在接到通知后 24 h 内发出指示,逾期未发出指示,视为同意承包人暂停施工。监理人不同意承包人暂停施工的,应说明理由。承包人对监理人的答复有异议,按照"争议解决"约定处理。

（5）暂停施工后的复工

暂停施工后,发包人和承包人应采取有效措施积极消除暂停施工的影响。在工程复工前,监理人会同发包人和承包人确定因暂停施工造成的损失,并确定工程复工条件。当工程具备复工条件时,监理人应经发包人批准后向承包人发出复工通知,承包人应按照复工通知要求复工。承包人无故拖延和拒绝复工的,承包人承担由此增加的费用和(或)延误的工期;因发包人原因无法按时复工的,按照"因发包人原因导致工期延误"约定办理。

（6）暂停施工持续 56 d 以上

监理人发出暂停施工指示后 56 d 内未向承包人发出复工通知,除该项停工属于"承包人原因引起的暂停施工"及"不可抗力"的情形外,承包人可向发包人提交书面通知,要求发包人在收到书面通知后 28 d 内准许已暂停施工的部分或全部工程继续施工。发包人逾期不予批准的,则承包人可以通知发包人,将工程受影响的部分视为"变更的范围"中的可取消工作。

暂停施工持续 84 d 以上不复工的,且不属于"承包人原因引起的暂停施工"及"不可抗力"的情形,并影响到整个工程以及合同目的实现的,承包人有权提出价格调整要求,或者解除合同。解除合同的,按照"因发包人违约解除合同"执行。

（7）暂停施工期间的工程照管

暂停施工期间,承包人应负责妥善照管工程并提供安全保障,由此增加的费用由责任方承担。

（8）暂停施工的措施

暂停施工期间,发包人和承包人均应采取必要的措施确保工程质量及安全,防止因暂停施工扩大损失。

7.4.3　材料与工程设备管理

7.4.3.1　材料与工程设备的供应方式

材料与工程设备供应方式有两种,即发包人供应或承包人自行采购,采购的材料与工程设备对工程带来影响时,其责任按照"谁采购、谁负责"的原则划分。

（1）发包人供应

发包人自行供应材料、工程设备的,应在签订合同时在专用条款的附件"发包人供应材料设备一览表"中明确材料、工程设备的品种、规格、型号、数量、单价、结算方式、质量等级和送达地点。

承包人应提前 30 d 通过监理人以书面形式通知发包人供应材料与工程设备进场,以保证发包人有合理时间准备。承包人修订施工进度计划时,需同时提交经修订后的发包人供应材料与工程设备的进场计划,以便于发包人就供货计划作出调整。

(2)承包人采购

承包人负责采购材料、工程设备的,应按照设计和有关标准要求采购,并提供产品合格证明及出厂证明,对材料、工程设备质量负责。合同约定由承包人采购的,发包人不得指定生产厂家或供应商,发包人违反约定指定生产厂家或供应商的,承包人有权拒绝,并由发包人承担相应责任。

7.4.3.2 材料与工程设备的接收与拒收

(1)发包人应按"发包人供应材料设备一览表"提供材料和工程设备,并提供产品合格证明及出厂证明,对其质量负责。发包人应提前 24 h 以书面形式通知承包人、监理人到货时间,承包人负责清点、检验和接收。

发包人提供的材料和工程设备的规格、数量或质量不符合合同约定的,或因发包人原因导致交货日期延误或交货地点变更等情况的,按照发包人违约办理。

(2)承包人采购的材料和工程设备,应保证产品质量合格,并在到货前 24 h 通知监理人检验。承包人进行永久设备、材料的制造和生产的,应符合相关质量标准,并向监理人提交材料的样本以及有关资料,并应在使用之前获得监理人同意。

承包人采购的材料和工程设备不符合设计或有关标准要求时,承包人应在监理人要求的合理期限内将不符合设计或有关标准要求的材料、工程设备运出施工现场,并重新采购符合要求的材料、工程设备,由此增加的费用和(或)延误的工期,由承包人承担。

7.4.3.3 材料与工程设备的保管与使用

(1)发包人供应材料与工程设备的保管与使用

发包人供应的材料和工程设备,承包人清点后由承包人妥善保管,保管费用由发包人承担,但已标价工程量清单或预算书已经列支或专用条款另有约定的除外。因承包人原因发生丢失毁损的,由承包人负责赔偿;监理人未通知承包人清点的,承包人不负责保管,由此导致丢失毁损的由发包人负责。

发包人供应的材料和工程设备使用前,由承包人负责检验,检验费用由发包人承担,不合格的不得使用。

(2)承包人采购材料与工程设备的保管与使用

承包人采购的材料和工程设备由承包人妥善保管,保管费用由承包人承担。法律规定材料和工程设备使用前必须进行检验或试验的,承包人应按监理人的要求进行检验或试验,检验或试验费用由承包人承担,不合格的不得使用。

发包人或监理人发现承包人使用不符合设计或有关标准要求的材料和工程设备时,有权要求承包人进行修复、拆除或重新采购,由此增加的费用和(或)延误的工期,由承包人承担。

7.4.3.4 禁止使用不合格的材料和工程设备

(1)监理人有权拒绝承包人提供的不合格材料或工程设备,并要求承包人立即进行更换。监理人应在更换后再次进行检查和检验,由此增加的费用和(或)延误的工期由承包人承担。

（2）监理人发现承包人使用了不合格的材料和工程设备，承包人应按照监理人的指示立即改正，并禁止在工程中继续使用。

（3）发包人提供的材料或工程设备不符合合同要求的，承包人有权拒绝，并可要求发包人更换，由此增加的费用和（或）延误的工期由发包人承担，并支付承包人合理的利润。

7.4.3.5　样品

（1）样品的报送与封存

需要承包人报送样品的材料或工程设备，样品的种类、名称、规格、数量等要求均应在专用条款中约定。样品的报送程序如下：

①承包人应在计划采购前 28 d 向监理人报送样品。承包人报送的样品均应来自供应材料的实际生产地，且提供的样品的规格、数量足以表明材料或工程设备的质量、型号、颜色、表面处理、质地、误差和其他要求的特征。

②承包人每次报送样品时应随附申报单，申报单应载明报送样品的相关数据和资料，并标明每件样品对应的图纸号，预留监理人批复意见栏。监理人应在收到报送的样品后 7 d 内回复经发包人签认的样品审批意见。

③经发包人和监理人审批确认的样品应按约定的方法封样，封存的样品作为检验工程相关部分的标准之一。承包人在施工过程中不得使用与样品不符的材料或工程设备。

④发包人和监理人对样品的审批确认仅为确认相关材料或工程设备的特征或用途，不得被理解为对合同的修改或改变，也并不减轻或免除承包人任何的责任和义务。如果封存的样品修改或改变了合同约定，合同当事人应当以书面协议予以确认。

（2）样品的保管

经批准的样品应由监理人负责封存于现场，承包人应在现场为保存样品提供适当和固定的场所并保持适当和良好的存储环境条件。

7.4.3.6　材料与工程设备的替代

（1）替代的情形

采用替代品的实质为变更法定或合同约定情形，承包人擅自使用替代品属违约行为。《示范文本》中的替代情形如下：

①基准日期后生效的法律规定禁止使用的；

②发包人要求使用替代品的；

③因其他原因必须使用替代品的。

（2）替代的要求

承包人需要使用替代品时，应按合同约定的程序执行，并在使用替代材料和工程设备 28 d 前书面通知监理人，并附下列文件：

①被替代的材料和工程设备的名称、数量、规格、型号、品牌、性能、价格及其他相关资料；

②替代品的名称、数量、规格、型号、品牌、性能、价格及其他相关资料；

③替代品与被替代产品之间的差异以及使用替代品可能对工程产生的影响；

④替代品与被替代产品的价格差异；

⑤使用替代品的理由和原因说明；

⑥监理人要求的其他文件。

监理人应在收到通知后 14 d 内向承包人发出经发包人签认的书面指示；监理人逾期未发

出书面指示的,视为发包人和监理人同意使用替代品。

7.4.3.7 施工设备和临时设施

(1)承包人提供施工设备和临时设施

承包人应按合同进度计划的要求,及时配置施工设备和修建临时设施。进入施工场地的承包人设备需经监理人核查后才能投入使用。承包人更换合同约定的承包人设备的,应报监理人批准。

除专用条款另有约定外,承包人应自行承担修建临时设施的费用,需要临时占地的,应由发包人办理申请手续并承担相应费用。

(2)发包人提供施工设备和临时设施

发包人提供的施工设备或临时设施应在专用合同条款中约定。

(3)增加或更换施工设备和临时设施

承包人使用的施工设备不能满足合同进度计划和(或)质量要求时,监理人有权要求承包人增加或更换施工设备,承包人应及时增加或更换,由此增加的费用和(或)延误的工期由承包人承担。

7.4.3.8 材料与设备专用要求

承包人运入施工现场的材料、工程设备、施工设备以及在施工场地建设的临时设施,包括备品备件、安装工具与资料,必须专用于工程。未经发包人批准,承包人不得运出施工现场或挪作他用;经发包人批准,承包人可以根据施工进度计划撤走闲置的施工设备和其他物品。

7.4.4 试验与检验管理

7.4.4.1 试验设备与试验人员

(1)承包人根据合同约定或监理人指示进行的现场材料试验,应由承包人提供试验场所、试验人员、试验设备以及其他必要的试验条件。监理人在必要时可以使用承包人提供的试验场所、试验设备以及其他试验条件,进行以工程质量检查为目的的材料复核试验,承包人应予以协助。

(2)承包人应按专用合同条款的约定提供试验设备、取样装置、试验场所和试验条件,并向监理人提交相应进场计划表。

承包人配置的试验设备要符合相应试验规程的要求并经过具有资质的检测单位检测,且在正式使用该试验设备前,需要经过监理人与承包人共同校定。

(3)承包人应向监理人提交试验人员的名单及其岗位、资格等证明资料,试验人员必须能够熟练进行相应的检测试验,承包人对试验人员的试验程序和试验结果的正确性负责。

7.4.4.2 取样

试验属于自检性质的,承包人可以单独取样;试验属于监理人抽检性质的,可由监理人取样,也可由承包人的试验人员在监理人的监督下取样。

7.4.4.3 材料、工程设备和工程的试验和检验

(1)承包人应按合同约定进行试验和检验,并为监理人对上述材料、工程设备和工程的质量检查提供必要的试验资料和原始记录。按合同约定应由监理人与承包人共同进行试验和检验的,由承包人负责提供必要的试验资料和原始记录。

(2)试验属于自检性质的,承包人可以单独进行试验。试验属于监理人抽检性质的,监理

人可以单独进行试验,也可由承包人与监理人共同进行。承包人对由监理人单独进行的试验结果有异议的,可以申请重新共同试验。约定共同试验的,若监理人未按照约定参加,承包人可自行试验,并将试验结果报送监理人,监理人应承认该试验结果。

(3)监理人对承包人的试验和检验结果有异议的,或为查清承包人试验和检验成果的可靠性要求承包人重新试验和检验的,可由监理人与承包人共同进行。重新试验和检验的结果证明该项材料、工程设备或工程的质量不符合合同要求的,由此增加的费用和(或)延误的工期由承包人承担;重新试验和检验结果证明该项材料、工程设备和工程的质量符合合同要求的,由此增加的费用和(或)延误的工期由发包人承担。

应用案例

一、案例概况

某工程项目业主与施工单位已签订施工合同。监理单位在执行合同中陆续遇到一些问题需要进行处理,如果你是此项目的监理工程师,对遇到的下列问题,应提出怎样的处理意见?

(1)在施工招标文件中,按工期定额计算,工期为550天。但在施工合同中,开工日期为2015年12月15日,竣工日期为2017年7月20日,日历天数为581天,监理的工期目标应为多少天?为什么?

(2)施工合同规定,业主给施工单位供应图纸7套,施工单位在施工中要求业主再提供3套图纸,增加的施工图纸的费用应由谁来支付?

(3)在基槽开挖土方完成后,施工单位未对基槽四周进行围栏防护,业主代表进入施工现场不慎掉入基坑摔伤,由此发生的医疗费用应由谁来支付?为什么?

(4)在结构施工中,施工单位需要在夜间浇筑混凝土,经业主同意并办理了有关手续。按地方政府有关规定,在晚上11点以后一般不得施工,若有特殊情况,需要给附近居民补贴,此项费用由谁来承担?

(5)在结构施工中,由于业主供电线路事故原因,造成施工现场连续停电3天,停电后施工单位为了减少损失,经过调剂,工人尽量安排其他生产工作。但现场一台塔式起重机、两台混凝土搅拌机停止工作,施工单位按规定时间就停工情况和经济损失提出索赔报告,要求索赔工期和费用,监理工程师应如何批复?

二、案例评析

(1)按照合同文件的解释顺序,协议条款与招标文件在内容上有矛盾时,应以协议条款为准。故监理的工期目标应为581天。

(2)合同规定业主供应图纸7套,施工单位再要3套图纸,超出合同规定,故增加的图纸费用由施工单位支付。

(3)在基槽开挖土方后,在四周设置围栏,按合同文件规定是施工单位的责任。未设围栏而发生人员摔伤事故,所发生的医疗费用应由施工单位支付。

(4)夜间施工虽经业主同意,并办理了有关手续,但应由业主承担有关费用。

(5)由于施工单位以外的原因造成的停电,在一周内超过8小时,施工单位可以按规定提出索赔,监理工程师应批复工期顺延。由于工人已被安排进行其他生产工作的,监理工程师应批复因改换工作引起的生产效率降低的费用。造成施工机械停止工作的,监理工程师视情况可批复机械设备租赁费或折旧费的补偿。

7.4.5　变更管理

7.4.5.1　变更的范围

《示范文本》中的通用条款规定,除专用条款另有约定外,合同履行过程中发生以下情形的,应按照约定进行变更:

(1)增加或减少合同中任何工作,或追加额外的工作;

(2)取消合同中任何工作,但转由他人实施的工作除外;

(3)改变合同中任何工作的质量标准或其他特性;

(4)改变工程的基线、标高、位置和尺寸;

(5)改变工程的时间安排或实施顺序。

7.4.5.2　变更权

发包人和监理人均可以提出变更。变更指示均通过监理人发出,监理人发出变更指示前应征得发包人同意。承包人收到经发包人签认的变更指示后,方可实施变更。未经许可,承包人不得擅自对工程的任何部分进行变更。

涉及设计变更的,应由设计人提供变更后的图纸和说明。如变更超过原设计标准或批准的建设规模时,发包人应及时办理规划、设计变更等审批手续。

7.4.5.3　变更程序

(1)发包人提出变更

发包人提出变更的,应通过监理人向承包人发出变更指示,变更指示应说明计划变更的工程范围和变更的内容。

(2)监理人提出变更建议

监理人提出变更建议的,需要向发包人以书面形式提出变更计划,说明计划变更工程范围和变更的内容、理由,以及实施该变更对合同价格和工期的影响。发包人同意变更的,由监理人向承包人发出变更指示;发包人不同意变更的,监理人无权擅自发出变更指示。

(3)变更执行

承包人收到监理人下达的变更指示后,认为不能执行的,应立即提出不能执行该变更指示的理由。承包人认为可以执行变更的,应当书面说明实施该变更指示对合同价格和工期的影响,且合同当事人应当按照"变更估价"的约定确定变更估价。

7.4.5.4　变更估价

(1)变更估价原则

《示范文本》中的通用条款规定,除专用条款另有约定外,变更估价按以下原则处理:

①已标价工程量清单或预算书中有相同项目的,按照相同项目单价认定;

②已标价工程量清单或预算书中无相同项目,但有类似项目的,参照类似项目的单价认定;

③变更导致实际完成的变更工程量与已标价工程量清单或预算书中列明的该项目工程量的变化幅度超过15%的,或已标价工程量清单或预算书中无相同项目及类似项目单价的,按照合理的成本与利润构成的原则,由合同当事人"商定或确定"变更工作的单价。

（2）变更估价程序

承包人应在收到变更指示后 14 d 内,向监理人提交变更估价申请。监理人应在收到后 7 d 内审查完毕并报送发包人。监理人对变更估价申请有异议的,通知承包人修改后重新提交。发包人应在承包人提交变更估价申请后 14 d 内审批完毕。发包人逾期未完成审批或未提出异议的,视为认可。

因变更引起的价格调整应计入最近一期的进度款中支付。

一、案例概况

甲公司是具备二级市政工程施工资质的建筑业企业,而乙公司是具备一级市政工程施工资质的建筑业企业。因很多地方市政工程招标时都规定必须具备一级施工资质才能参加投标,故甲公司为了增强自己的市场竞争力,与乙公司签署合作协议。协议约定:甲公司可以以乙公司名义承接工程,乙公司应给予相关配合。若甲公司中标且主要由甲公司施工的,则甲公司按照合同标的额的 3%～5% 上交乙公司作为管理费。

协议签署后,双方进行了多年合作。2013 年,甲公司以乙公司名义参加某道路及污水工程招标并中标。2013 年 7 月,甲公司以乙公司名义与业主签订了工程施工合同。其后,甲公司将该工程转包给丙方承包施工。但由于丙方不具备施工管理经验,工程开工不到三个月便因工程进度严重延误、工地现场管理混乱、提供不了履约保函而被监理和业主责令停工。乙公司为挽回企业声誉,决定接手工程继续施工。

2013 年 10 月底,双方签订"工程交接协议书",约定已完工程量按双方现场核量为准,单价按甲公司投标单价进行结算。

协议签订后,由于双方在现场核实工程量时发生争议,双方未能确认已完工程量。在此情况下,甲公司竟草率出场,由乙公司继续施工。后甲公司向乙公司提交已完工程结算单,乙公司以工程量不实为由拒绝认可,甲公司无奈,只得向法院起诉要求乙公司结付已完工程价款。原告甲公司要求按照工序质量报验单所附的工程量截面图计算已完工程量,理由是该工序报验单有监理签字,可以作为计算工程量的依据。而被告乙公司则要求按工序报验单确认的已完工序节点对照设计图纸计算已完工程量。

二、问题

该工程工程量应如何确定?

三、案例评析

（1）根据最高院《关于民事诉讼证据的若干规定》,当事人对自己提出的诉讼请求所依据的事实或者反驳对方诉讼请求所依据的事实有责任提供证据加以证明。

甲公司要求乙公司支付已完工程价款,应提供经被告乙公司确认的已完工程造价结算报告,但甲公司只能提供自己单方编制的结算书,而其中的工程量既未经被告确认,亦无监理、业主认可,因而该结算报告不能成为法庭裁判的依据。

（2）原告甲公司要求按照工序质量报验单所附的工程量截面图计算工程量没有法律依据。工序质量报验单顾名思义，是对工序质量进行检验的记录，而不是对工程量进行计量的记录，监理在工序报验单上的签字仅表明对工序质量的认可，而不能推论为对工程量也已认可。

（3）原告声称工程量截面图是作为工序报验单的附件一并送交监理的，但却提供不了作为附件的证明；工程量截面图是电脑打印，没有任何人签字盖章，不能作为证据使用。

（4）本工程是包量、包价的固定总价合同，合同范围内的工程量是不调整的，除非有设计变更和合同外增加工程量（而这需要有监理或业主签证），否则监理和业主是不进行工程量计量的，也就是说，如果原告实施的工程确实比设计图纸增加了工作量，则应当有业主、监理的工程量签证，没有签证，只能按设计图纸计算工程量。

既然原告不能提供有效的实际完成工程量证据，且现场也已无法测量，那就只能根据原告完成的工序节点对照设计图纸进行理论工程量的计算。

被告代理人的意见得到了鉴定单位和法院的认可，原告因为没有有效证据，最终导致所主张的 150 多万元的工程价款无法得到支持。

因此，工程移交已完工程量一定要确认或固定。

移交工程时，移交的一方一定要注意保护自己的合法权益，将已完工程量确定下来，如果不能与接受的一方达成一致意见，则应当通过监理确认、公证机关公证、拍照、录像等办法或途径将已完工程形象进度固定下来，在此之前，千万不能让接受工程的一方进场施工，以免造成今后无法区分工程量的不利后果。

只要已完工程形象进度的证据得到固定，移交工程的一方今后可以通过造价鉴定的办法确认已完工程量，主张工程价款也就有了依据。

本案甲公司由于忽略了证据的重要性以及"谁主张谁举证"的诉讼规则，导致自己因证据不足而处于不利的诉讼地位，经济损失高达 100 多万元，此中教训令人深思。

7.4.5.5　承包人的合理化建议

承包人提出合理化建议的，应向监理人提交合理化建议说明，说明建议的内容和理由，以及实施该建议对合同价格和工期的影响。

除专用条款另有约定外，监理人应在收到承包人提交的合理化建议后 7 d 内审查完毕并报送发包人，若发现其中存在技术上的缺陷，应通知承包人修改。发包人应在收到监理人报送的合理化建议后 7 d 内审批完毕。合理化建议经发包人批准的，监理人应及时发出变更指示，由此引起的合同价格调整按照"变更估价"约定执行。发包人不同意变更的，监理人应书面通知承包人。

合理化建议降低了合同价格或者提高了工程经济效益的，发包人可对承包人给予奖励，奖励的方法和金额在专用合同条款中约定。

7.4.5.6　变更引起的工期调整

因变更引起工期变化的，合同当事人均可要求调整合同工期，由合同当事人参考工程所在地的工期定额标准"商定或确定"增减工期天数。

7.4.5.7　暂估价

暂估价专业分包工程、服务、材料和工程设备的明细由合同当事人在专用条款中约定。

（1）依法必须招标的暂估价项目

对于依法必须招标的暂估价项目，采取以下第一种方式确定。合同当事人也可以在专用合同条款中选择其他招标方式。

第一种方式:对于依法必须招标的暂估价项目,由承包人招标,对该暂估价项目的确认和批准按照以下约定执行:

①承包人应当根据施工进度计划,在招标工作启动前 14 d 将招标方案通过监理人报送发包人审查,发包人应当在收到承包人报送的招标方案后 7 d 内批准或提出修改意见。承包人应当按照经过发包人批准的招标方案开展招标工作。

②承包人应当根据施工进度计划,提前 14 d 将招标文件通过监理人报送发包人审批,发包人应当在收到承包人报送的相关文件后 7 d 内完成审批或提出修改意见;发包人有权确定招标控制价并按照法律规定参加评标。

③承包人与供应商、分包人在签订暂估价合同前,应当提前 7 d 将确定的中标候选供应商或中标候选分包人的资料报送发包人,发包人应在收到资料后 3 d 内与承包人共同确定中标人;承包人应当在签订合同后 7 d 内,将暂估价合同副本报送发包人留存。

第二种方式:对于依法必须招标的暂估价项目,由发包人和承包人共同招标确定暂估价供应商或分包人的,承包人应按照施工进度计划,在招标工作启动前 14 d 通知发包人,并提交暂估价招标方案和工作分工。发包人应在收到后 7 d 内确认。确定中标人后,由发包人、承包人与中标人共同签订暂估价合同。

(2)不属于依法必须招标的暂估价项目

除专用条款另有约定外,对于不属于依法必须招标的暂估价项目,采取以下第一种方式确定。

第一种方式:对于不属于依法必须招标的暂估价项目,按本项约定确认和批准:

①承包人应根据施工进度计划,在签订暂估价项目的采购合同、分包合同前 28 d 向监理人提出书面申请。监理人应当在收到申请后 3 d 内报送发包人,发包人应当在收到申请后 14 d 内给予批准或提出修改意见,发包人逾期未予批准或提出修改意见的,视为该书面申请已获得同意。

②发包人认为承包人确定的供应商、分包人无法满足工程质量或合同要求的,发包人可以要求承包人重新确定暂估价项目的供应商、分包人。

③承包人应当在签订暂估价合同后 7 d 内,将暂估价合同副本报送发包人留存。

第二种方式:承包人按照"依法必须招标的暂估价项目"中的第一种方式确定暂估价项目。

第三种方式:承包人直接实施的暂估价项目:

承包人具备实施暂估价项目的资格和条件的,经发包人和承包人协商一致后,可由承包人自行实施暂估价项目,合同当事人可以在专用条款中约定具体事项。

(3)暂估价项目的责任划分

因发包人原因导致暂估价合同订立和履行延迟的,由此增加的费用和(或)延误的工期由发包人承担,并支付承包人合理的利润。因承包人原因导致暂估价合同订立和履行延迟的,由此增加的费用和(或)延误的工期由承包人承担。

7.4.5.8　暂列金额

暂列金额应按照发包人的要求使用,发包人的要求应通过监理人发出。合同当事人可以在专用合同条款中协商确定有关事项。

7.4.6 计量管理

7.4.6.1 计量原则

工程量计量按照合同约定的工程量计算规则、图纸及变更指示等进行计量。工程量计算规则应以相关的国家标准、行业标准等为依据,由合同当事人在专用合同条款中约定。

7.4.6.2 计量周期

除专用条款另有约定外,工程量的计量按月进行。

7.4.6.3 单价合同的计量

《示范文本》中的通用条款规定,除专用条款另有约定外,单价合同的计量程序如下:

①承包人应于每月 25 日向监理人报送上月 20 日至当月 19 日已完成的工程量报告,并附具进度付款申请单、已完成工程量报表和有关资料。

②监理人应在收到承包人提交的工程量报告后 7 d 内完成对承包人提交的工程量报表的审核并报送发包人,以确定当月实际完成的工程量。监理人对工程量有异议的,有权要求承包人进行共同复核或抽样复测。承包人应协助监理人进行复核或抽样复测,并按监理人要求提供补充计量资料。承包人未按监理人要求参加复核或抽样复测的,监理人复核或修正的工程量视为承包人实际完成的工程量。

③监理人未在收到承包人提交的工程量报表后的 7 d 内完成审核的,承包人报送的工程量报告中的工程量视为承包人实际完成的工程量,据此计算工程价款。

7.4.6.4 总价合同的计量

《示范文本》中的通用条款规定,除专用条款另有约定外,按月计量支付的总价合同计量程序如下:

①承包人应于每月 25 日向监理人报送上月 20 日至当月 19 日已完成的工程量报告,并附具进度付款申请单、已完成工程量报表和有关资料。

②监理人应在收到承包人提交的工程量报告后 7 d 内完成对承包人提交的工程量报表的审核并报送发包人,以确定当月实际完成的工程量。监理人对工程量有异议的,有权要求承包人进行共同复核或抽样复测。承包人应协助监理人进行复核或抽样复测并按监理人要求提供补充计量资料。承包人未按监理人要求参加复核或抽样复测的,监理人审核或修正的工程量视为承包人实际完成的工程量。

③监理人未在收到承包人提交的工程量报表后的 7 d 内完成复核的,承包人提交的工程量报告中的工程量视为承包人实际完成的工程量。

④总价合同采用支付分解表计量支付的,可以按照"总价合同的计量"约定进行计量,但合同价款按照支付分解表进行支付。

7.4.6.5 其他价格形式合同的计量

合同当事人可在专用条款中约定其他价格形式合同的计量方式和程序。

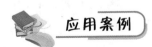

一、案例概况

某施工单位通过对某工程的投标获得了该工程的承包权,并与建设单位签订了施工总价合同,在施工过程中发生了如下事件。

事件 1:基础施工时,建设单位负责供应的混凝土预制桩供应不及时,使该工作延误 4 d。

事件 2:建设单位因资金困难,在应支付工程月进度款的时间内未支付,承包方停工 10 d。

事件 3:在主体施工期间,施工单位与某材料供应商签订了室内隔墙板供销合同,在合同内约定,如供方不能按照约定的时间供货,每天赔偿订购方合同价 0.05% 的违约金。供货方因原材料问题未能按时供货,拖延 8 d。

事件 4:施工单位根据合同工期要求,冬季继续施工,在施工过程中,施工单位为保证施工质量采取了多项技术措施,由此造成额外的费用开支共计 20 万元。

事件 5:施工单位进行设备安装时,因业主选定的设备供应商接线错误导致设备损坏,使施工单位安装调试工作延误 5 d,损失 12 万元。

二、问题

以上各个事件中,施工延误的工期和增加的费用应由谁来承担? 说明理由。

三、案例评析

事件 1:建设单位应给予施工单位补偿工期 4 d 和相应的费用。因为混凝土预制桩供应不及时,使该工作延误,是属于建设单位的责任。

事件 2:建设单位应给予施工单位补偿工期 10 d 和增加相应的费用。这是建设单位的原因造成的施工临时中断,从而导致承包商工期的延误和费用的增加,因而应由建设单位承担。

事件 3:应由材料供应商支付违约金,施工单位自己承担工期延误和费用增加的责任,对于延误的工期来说,材料供应商不可能承担此责任,反映到建设单位与施工单位的合同中,属于施工单位应承担的责任。

事件 4:属于施工单位应承担的责任。在签订合同时,保证施工质量的措施费已包括在合同价款内。

事件 5:应由建设单位承担由此造成工期的延误和费用的增加。建设单位分别与施工单位和设备供应商签订了合同,而施工单位与设备供应商之间不存在合同关系,无权向设备供应商提出索赔,对施工单位而言,应视为建设单位的责任。

应用案例

一、案例概况

某厂与某建筑公司订立了某项工程项目施工合同,双方合同约定:采用单价合同,每一分项工程的实际工程量增加(或减少)超过招标文件中工程量的 10% 以上时调整单价。在施工过程中,因设计变更,工作 E 由招标文件中的 300 m³ 增至 350 m³,超过 10%,合同中该工作的综合单价为 55 元/m³,经协商调整后综合单价为 50 元/m³。

二、问题

(1)工作 E 的合同价是多少?

(2)工作 E 的结算价应为多少?

三、案例评析

(1)工作 E 的合同价计算如下:

$300 \times 55 = 16500$ 元

(2)工作 E 的结算价计算如下:

按原单价结算工程量:$300 \times (1+10\%) = 330 \text{m}^3$

按新单价结算工程量:$350 - 330 = 20 \text{m}^3$

总结算价 $= 55 \times 330 + 50 \times 20 = 19150$ 元

7.4.7　工程进度款支付管理

7.4.7.1　付款周期

除专用合同条款另有约定外,付款周期应按照"计量周期"的约定与计量周期保持一致。

7.4.7.2　进度付款申请单的编制

除专用条款另有约定外,进度付款申请单应包括下列内容:

(1)截至本次付款周期已完成工作对应的金额;

(2)根据"变更"约定应增加和扣减的变更金额;

(3)根据"预付款"约定应支付的预付款和扣减的返还预付款;

(4)根据"质量保证金"约定应扣减的质量保证金;

(5)根据"索赔"应增加和扣减的索赔金额;

(6)对已签发的进度款支付证书中出现错误的修正,应在本次进度付款中支付或扣除的金额;

(7)根据合同约定应增加和扣减的其他金额。

7.4.7.3　进度付款申请单的提交

(1)单价合同进度付款申请单的提交

单价合同的进度付款申请单,按照"单价合同的计量"约定的时间按月向监理人提交,并附上已完成工程量报表和有关资料。单价合同中的总价项目按月进行支付分解,并汇总列入当期进度付款申请单。

(2)总价合同进度付款申请单的提交

总价合同按月计量支付的,承包人按照"总价合同的计量"约定的时间按月向监理人提交进度付款申请单,并附上已完成工程量报表和有关资料。

总价合同按支付分解表支付的,承包人应按照"支付分解表"及"进度付款申请单的编制"的约定向监理人提交进度付款申请单。

(3)其他价格形式合同的进度付款申请单的提交

合同当事人可在专用合同条款中约定其他价格形式合同的进度付款申请单的编制和提交程序。

7.4.7.4　进度款审核和支付

(1)除专用条款另有约定外,监理人应在收到承包人进度付款申请单以及相关资料后 7 d内完成审查并报送发包人,发包人应在收到后 7 d 内完成审批并签发进度款支付证书。发包人逾期未完成审批且未提出异议的,视为已签发进度款支付证书。

发包人和监理人对承包人的进度付款申请单有异议的,有权要求承包人修正和提供补充资料,承包人应提交修正后的进度付款申请单。监理人应在收到承包人修正后的进度付款申请单及相关资料后 7 d 内完成审查并报送发包人,发包人应在收到监理人报送的进度付款申请单及相关资料后 7 d 内,向承包人签发无异议部分的临时进度款支付证书。存在争议的部分,按照"争议解决"的约定处理。

(2)除专用条款另有约定外,发包人应在进度款支付证书或临时进度款支付证书签发后 14 d 内完成支付,发包人逾期未支付进度款的,应按照中国人民银行发布的同期同类贷款基准利率支付违约金。

(3)发包人签发进度款支付证书或临时进度款支付证书,不表明发包人已同意、批准或接受了承包人完成的相应部分的工作。

7.4.7.5　进度付款的修正

在对已签发的进度款支付证书进行阶段汇总和复核中发现错误、遗漏或重复的,发包人和承包人均有权提出修正申请。经发包人和承包人同意的修正,应在下期进度付款中支付或扣除。

7.4.7.6　支付分解表

(1)支付分解表的编制要求

①支付分解表中所列的每期付款金额,应为"进度付款申请单的编制"中的估算金额;

②实际进度与施工进度计划不一致的,当事人可按照"商定或确定"的约定修改支付分解表;

③不采用支付分解表的,承包人应向发包人和监理人提交按季度编制的支付估算分解表,用于支付参考。

(2)总价合同支付分解表的编制与审批

①除专用条款另有约定外,承包人应根据约定的施工进度计划、签约合同价和工程量等因素对总价合同按月进行分解,编制支付分解表。承包人应当在收到监理人和发包人批准的施工进度计划后 7 d 内,将支付分解表及编制支付分解表的支持性资料报送监理人。

②监理人应在收到支付分解表后 7 d 内完成审核并报送发包人。发包人应在收到经监理人审核的支付分解表后 7 d 内完成审批,经发包人批准的支付分解表为有约束力的支付分解表。

③发包人逾期未完成支付分解表审批,也未及时要求承包人进行修正和提供补充资料的,则承包人提交的支付分解表视为已经获得发包人批准。

(3)单价合同的总价项目支付分解表的编制与审批

除专用条款另有约定外,单价合同的总价项目,由承包人根据施工进度计划和总价项目的总价构成、费用性质、计划发生时间和相应工程量等因素按月进行分解,形成支付分解表,其编制与审批参照总价合同支付分解表的编制与审批执行。

7.4.8　安全文明施工管理

7.4.8.1　安全生产要求

合同履行期间,合同当事人均应当遵守国家和工程所在地有关安全生产的要求,合同当事人有更严格的要求的,应在专用条款中明确施工项目安全生产标准化达标目标及相应事项。承包人有权拒绝发包人及监理人强令承包人违章作业、冒险施工的任何指示。

在施工过程中,如遇到突发的地质变动、事先未知的地下施工障碍等影响施工安全的紧急情况,承包人应及时报告监理人和发包人,发包人应当及时下令停工并报政府有关行政管理部门采取应急措施。

因安全生产需要暂停施工的,按照"暂停施工"的约定执行。

7.4.8.2　安全生产保证措施

承包人应当按照有关规定编制安全技术措施或者专项施工方案,建立安全生产责任制度、治安保卫制度及安全生产教育培训制度,并按安全生产法律规定及合同约定履行安全职责,如实编制工程安全生产的有关记录,接受发包人、监理人及政府安全监督部门的检查与监督。

7.4.8.3　治安保卫

除专用条款另有约定外,发包人应与当地公安部门协商,在现场建立治安管理机构或联防组织,统一管理施工场地的治安保卫事项,履行合同工程的治安保卫职责。

发包人和承包人除应协助现场治安管理机构或联防组织维护施工场地的社会治安外,还应做好包括生活区在内的各自管辖区的治安保卫工作。

除专用条款另有约定外,发包人和承包人应在工程开工后7 d内共同编制施工场地治安管理计划,并制定应对突发治安事件的紧急预案。在工程施工过程中,发生暴乱、爆炸等恐怖事件,以及群殴、械斗等群体性突发治安事件的,发包人和承包人应立即向当地政府报告。发包人和承包人应积极协助当地有关部门采取措施平息事态,防止事态扩大,尽量避免人员伤亡和财产损失。

7.4.8.4　文明施工

承包人在工程施工期间,应当采取措施保持施工现场平整,物料堆放整齐。工程所在地有关政府行政管理部门有特殊要求的,按照其要求执行。合同当事人对文明施工有其他要求的,可以在专用合同条款中明确。

在工程移交之前,承包人应当从施工现场清除承包人的全部工程设备、多余材料、垃圾和各种临时工程,并保持施工现场清洁整齐。经发包人书面同意,承包人可在发包人指定的地点保留承包人履行保修期内的各项义务所需要的材料、施工设备和临时工程。

7.4.8.5　安全文明施工费

安全文明施工费由发包人承担,并不得以任何形式扣减该部分费用。因基准日期后合同所适用的法律或政府有关规定发生变化,增加的安全文明施工费由发包人承担。

承包人经发包人同意采取合同约定以外的安全措施所产生的费用,由发包人承担。未经发包人同意的,如果该措施避免了发包人的损失,则发包人在避免损失的额度内承担该措施费。如果该措施避免了承包人的损失,由承包人承担该措施费。

除专用条款另有约定外,发包人应在开工后28 d内预付安全文明施工费总额的50%,其余部分与进度款同期支付。发包人逾期支付安全文明施工费超过7 d的,承包人有权向发包人发出要求预付的催告通知,发包人收到通知后7 d内仍未支付的,承包人有权暂停施工,并按"发包人违约的情形"执行。

承包人对安全文明施工费应专款专用,承包人应在财务账目中单独列项备查,不得挪作他用,否则发包人有权责令其限期改正。逾期未改正的,可以责令其暂停施工,由此增加的费用和(或)延误的工期由承包人承担。

7.4.8.6　紧急情况与事故处理

(1)紧急情况处理

在工程实施期间或缺陷责任期内发生危及工程安全的事件,监理人通知承包人进行抢救,承包人声明无能力或不愿立即执行的,发包人有权雇佣其他人员进行抢救。此类抢救按合同约定属于承包人义务的,由此增加的费用和(或)延误的工期由承包人承担。

(2)事故处理

施工过程中发生事故的,承包人应立即通知监理人,监理人应立即通知发包人。发包人和承包人应立即组织人员和设备进行紧急抢救和抢修,减少人员伤亡和财产损失,防止事故扩大,并保护事故现场。需要移动现场物品时,应做出标记和书面记录,妥善保管有关证据。发包人和承包人应按国家有关规定,及时如实地向有关部门报告事故发生的情况,以及正在采取的紧急措施等。

7.4.8.7　安全生产责任

(1)发包人的安全责任

发包人应负责赔偿以下各种情况造成的损失:

①工程或工程的任何部分对土地的占用所造成的第三者财产损失;

②由于发包人原因在施工场地及其毗邻地带造成的第三者人身伤亡和财产损失;

③由于发包人原因对承包人、监理人造成的人员人身伤亡和财产损失;

④由于发包人原因造成的发包人自身人员的人身伤害以及财产损失。

(2)承包人的安全责任

由于承包人原因在施工场地内及其毗邻地带造成的发包人、监理人以及第三者人员伤亡和财产损失,由承包人负责赔偿。

7.4.9　职业健康和环境保护管理

7.4.9.1　职业健康

(1)劳动保护

承包人应按照法律规定安排现场施工人员的劳动和休息时间,保障劳动者的休息时间,并支付合理的报酬和费用。承包人应依法为其履行合同所雇用的人员办理必要的证件、许可、保险和注册等,承包人应督促其分包人为分包人所雇用的人员办理必要的证件、许可、保险和注册等。

承包人应按照法律规定保障现场施工人员的劳动安全,并提供劳动保护,并应按国家有关劳动保护的规定,采取有效的防止粉尘、降低噪声、控制有害气体和保障高温、高寒、高空作业安全等劳动保护措施。承包人雇佣人员在施工中受到伤害的,承包人应立即采取有效措施进行抢救和治疗。

承包人应按法律规定安排工作时间,保证其雇佣人员享有休息和休假的权利。因工程施工的特殊需要占用休假日或延长工作时间的,应不超过法律规定的限度,并按法律规定给予补休或付酬。

(2)生活条件

承包人应为其履行合同所雇用的人员提供必要的膳宿条件和生活环境;承包人应采取有

效措施预防传染病,保证施工人员的健康,并定期对施工现场、施工人员生活基地和工程进行防疫和卫生的专业检查和处理,在远离城镇的施工场地,还应配备必要的伤病防治和急救的医务人员与医疗设施。

7.4.9.2　环境保护

承包人应在施工组织设计中列明环境保护的具体措施。在合同履行期间,承包人应采取合理措施保护施工现场环境。对施工作业过程中可能引起的大气、水、噪声以及固体废物污染采取具体可行的防范措施。

承包人应当承担因其原因引起的环境污染侵权损害赔偿责任,因上述环境污染引起纠纷而导致暂停施工的,由此增加的费用和(或)延误的工期由承包人承担。

7.4.10　不可抗力

7.4.10.1　不可抗力的确认

不可抗力是指合同当事人在签订合同时不可预见,在合同履行过程中不可避免且不能克服的自然灾害和社会性突发事件,如地震、海啸、瘟疫、骚乱、戒严、暴动、战争和专用条款中约定的其他情形。

不可抗力发生后,发包人和承包人应收集证明不可抗力发生及造成损失的证据,并及时认真统计所造成的损失。合同当事人对是否属于不可抗力或其损失的意见不一致的,由监理人按"商定或确定"的约定处理。发生争议时,按"争议解决"的约定处理。

7.4.10.2　不可抗力的通知

合同一方当事人遇到不可抗力事件,使其履行合同义务受到阻碍时,应立即通知合同另一方当事人和监理人,书面说明不可抗力和受阻碍的详细情况,并提供必要的证明。

不可抗力持续发生的,合同一方当事人应及时向合同另一方当事人和监理人提交中间报告,说明不可抗力和履行合同受阻的情况,并于不可抗力事件结束后 28 d 内提交最终报告及有关资料。

7.4.10.3　不可抗力后果的承担

(1)不可抗力引起的后果及造成的损失由合同当事人按照法律规定及合同约定各自承担。不可抗力发生前已完成的工程应当按照合同约定进行计量支付。

(2)不可抗力导致的人员伤亡、财产损失、费用增加和(或)工期延误等后果,由合同当事人按以下原则承担:

①永久工程、已运至施工现场的材料和工程设备的损坏,以及因工程损坏造成的第三者人员伤亡和财产损失由发包人承担;

②承包人施工设备的损坏由承包人承担;

③发包人和承包人承担各自人员伤亡和财产的损失;

④因不可抗力影响承包人履行合同约定的义务,已经引起或将引起工期延误的,应当顺延工期,由此导致承包人停工的费用损失由发包人和承包人合理分担,停工期间必须支付的工人工资由发包人承担;

⑤因不可抗力引起或将引起工期延误,发包人要求赶工的,由此增加的赶工费用由发包人承担;

⑥承包人在停工期间按照发包人要求照管、清理和修复工程的费用由发包人承担。

不可抗力发生后,合同当事人均应采取措施尽量避免和减少损失的扩大,任何一方当事人没有采取有效措施导致损失扩大的,应对扩大的损失承担责任。

因合同一方延迟履行合同义务,在延迟履行期间遭遇不可抗力的,不免除其违约责任。

7.4.10.4　因不可抗力解除合同

因不可抗力导致合同无法履行连续超过 84 d 或累计超过 140 d 的,发包人和承包人均有权解除合同。合同解除后,由双方当事人商定或确定发包人应支付的款项,该款项包括:

(1)合同解除前承包人已完成工作的价款;

(2)承包人为工程订购的并已交付给承包人,或承包人有责任接受交付的材料、工程设备和其他物品的价款;

(3)发包人要求承包人退货或解除订货合同而产生的费用,或因不能退货或解除合同而产生的损失;

(4)承包人撤离施工现场以及遣散承包人人员的费用;

(5)按照合同约定在合同解除前应支付给承包人的其他款项;

(6)扣减承包人按照合同约定应向发包人支付的款项;

(7)双方商定或确定的其他款项。

除专用条款另有约定外,合同解除后,发包人应在商定或确定上述款项后 28 d 内完成上述款项的支付。

7.5　建设工程竣工阶段的合同管理

7.5.1　验收管理

7.5.1.1　分部分项工程验收

(1)分部分项工程质量应符合国家有关工程施工验收规范、标准及合同约定,承包人应按照施工组织设计的要求完成分部分项工程施工。

(2)除专用合同条款另有约定外,分部分项工程经承包人自检合格并具备验收条件的,承包人应提前 48 h 通知监理人进行验收。监理人不能按时进行验收的,应在验收前 24 h 向承包人提交书面延期要求,但延期不能超过 48 h。监理人未按时进行验收,也未提出延期要求的,承包人有权自行验收,监理人应认可验收结果。分部分项工程未经验收的,不得进入下一道工序施工。

(3)分部分项工程的验收资料应当作为竣工资料的组成部分。

7.5.1.2　竣工验收

(1)竣工验收条件

工程具备以下条件的,承包人可以申请竣工验收:

①除发包人同意的甩项工作和缺陷修补工作外,合同范围内的全部工程以及有关工作,包括合同要求的试验、试运行以及检验均已完成,并符合合同要求;

②已按合同约定编制了甩项工作和缺陷修补工作清单以及相应的施工计划;

③已按合同约定的内容和份数备齐竣工资料。

（2）竣工验收程序

除专用合同条款另有约定外，承包人申请竣工验收的，应当按照以下程序进行：

①承包人向监理人报送竣工验收申请报告，监理人应在收到竣工验收申请报告后 14 d 内完成审查并报送发包人。监理人审查后认为尚不具备验收条件的，应通知承包人在竣工验收前还需完成的工作内容，承包人应在完成监理人通知的全部工作内容后，再次提交竣工验收申请报告。

②监理人审查后认为已具备竣工验收条件的，应将竣工验收申请报告提交发包人，发包人应在收到经监理人审核的竣工验收申请报告后 28 d 内审批完毕并组织监理人、承包人、设计人等相关单位完成竣工验收。

③竣工验收合格的，发包人应在验收合格后 14 d 内向承包人签发工程接收证书。发包人无正当理由逾期不颁发工程接收证书的，自验收合格后第 15 d 起视为已颁发工程接收证书。

④竣工验收不合格的，监理人应按照验收意见发出指示，要求承包人对不合格工程进行返工、修复或采取其他补救措施，由此增加的费用和（或）延误的工期由承包人承担。承包人在完成不合格工程的返工、修复或采取其他补救措施后，应重新提交竣工验收申请报告，并按本项约定的程序重新进行验收。

⑤工程未经验收或验收不合格，发包人擅自使用的，应在转移占有工程后 7 d 内向承包人颁发工程接收证书；发包人无正当理由逾期不颁发工程接收证书的，自转移占有后第 15 d 起视为已颁发工程接收证书。

除专用合同条款另有约定外，发包人不按照本项约定组织竣工验收、颁发工程接收证书的，每逾期 1 d，应以签约合同价为基数，按照中国人民银行发布的同期同类贷款基准利率支付违约金。

7.5.1.3　提前交付单位工程的验收

（1）发包人需要在工程竣工前使用单位工程的，或承包人提出提前交付已经竣工的单位工程且经发包人同意的，可进行单位工程验收，验收的程序按照"竣工验收"的约定进行。

验收合格后，由监理人向承包人出具经发包人签认的单位工程接收证书。已签发单位工程接收证书的单位工程由发包人负责照管。单位工程的验收成果和结论作为整体工程竣工验收申请报告的附件。

（2）发包人要求在工程竣工前交付单位工程，由此导致承包人费用增加和（或）工期延误的，由发包人承担由此增加的费用和（或）延误的工期，并支付承包人合理的利润。

7.5.2　工程试车管理

7.5.2.1　试车程序

工程需要试车的，除专用条款另有约定外，试车内容应与承包人承包范围相一致，试车费用由承包人承担。工程试车应按如下程序进行：

（1）具备单机无负荷试车条件，承包人组织试车，并在试车前 48 h 书面通知监理人，通知中应载明试车内容、时间、地点。承包人准备试车记录，发包人根据承包人要求为试车提供必要条件。试车合格的，监理人在试车记录上签字。监理人在试车合格后不在试车记录上签字的，自试车结束满 24 h 后视为监理人已经认可试车记录，承包人可继续施工或办理竣工验收手续。

监理人不能按时参加试车的，应在试车前 24 h 以书面形式向承包人提出延期要求，但延期不能超过 48 h,由此导致工期延误的,工期应予以顺延。监理人未能在前述期限内提出延期要求,又不参加试车的,视为认可试车记录。

(2)具备无负荷联动试车条件,发包人组织试车,并在试车前 48 h 以书面形式通知承包人。通知中应载明试车内容、时间、地点和对承包人的要求,承包人按要求做好准备工作。试车合格的,合同当事人在试车记录上签字。承包人无正当理由不参加试车的,视为认可试车记录。

7.5.2.2　试车中的责任

因设计原因导致试车达不到验收要求的,发包人应要求设计人修改设计,承包人按修改后的设计重新安装。发包人承担修改设计、拆除及重新安装的全部费用,工期相应顺延。因承包人原因导致试车达不到验收要求的,承包人按监理人要求重新安装和试车,并承担重新安装和试车的费用,工期不予顺延。

因工程设备制造原因导致试车达不到验收要求的,由采购该工程设备的合同当事人负责重新购置或修理,承包人负责拆除和重新安装,由此增加的修理、重新购置、拆除及重新安装的费用及延误的工期由采购该工程设备的合同当事人承担。

7.5.2.3　投料试车

如需进行投料试车的,发包人应在工程竣工验收后组织投料试车。发包人要求在工程竣工验收前进行或需要承包人配合时,应征得承包人同意,并在专用合同条款中约定有关事项。

投料试车合格的,费用由发包人承担;因承包人原因造成投料试车不合格的,承包人应按照发包人的要求进行整改,由此产生的整改费用由承包人承担;非因承包人原因导致投料试车不合格的,如发包人要求承包人进行整改的,由此产生的费用由发包人承担。

7.5.3　施工期运行和竣工退场管理

7.5.3.1　施工期运行

(1)施工期运行是指合同工程尚未全部竣工,其中某项或某几项单位工程或工程设备安装已竣工,根据专用合同条款约定,需要投入施工期运行的,经发包人按"提前交付单位工程的验收"的约定验收合格,证明能确保安全后,才能在施工期投入运行。

(2)在施工期运行中发现工程或工程设备损坏或存在缺陷的,由承包人按"缺陷责任期"的约定进行修复。

7.5.3.2　竣工退场

颁发工程接收证书后,承包人应按以下要求对施工现场进行清理:

(1)施工现场内残留的垃圾已全部清除出场;

(2)临时工程已拆除,场地已进行清理、平整或复原;

(3)按合同约定应撤离的人员、承包人施工设备和剩余的材料,包括废弃的施工设备和材料,已按计划撤离施工现场;

(4)施工现场周边及其附近道路、河道的施工堆积物已全部清理;

(5)施工现场其他场地清理工作已全部完成。

施工现场的竣工退场费用由承包人承担。承包人应在专用合同条款约定的期限内完成竣工退场,逾期未完成的,发包人有权出售或另行处理承包人遗留的物品,由此支出的费用由承包人承担,发包人出售承包人遗留物品所得款项在扣除必要费用后应返还承包人。

7.5.3.3　地表还原

承包人应按发包人要求恢复临时占地及清理场地,承包人未按发包人的要求恢复临时占地,或者场地清理未达到合同约定要求的,发包人有权委托其他人恢复或清理,所生的费用由承包人承担。

7.5.4　竣工结算管理

7.5.4.1　竣工结算申请

除专用合同条款另有约定外,承包人应在工程竣工验收合格后 28 d 内向发包人和监理人提交竣工结算申请单,并提交完整的结算资料,有关竣工结算申请单的资料清单和份数等要求由合同当事人在专用合同条款中约定。

除专用合同条款另有约定外,竣工结算申请单应包括以下内容:

(1)竣工结算合同价格;

(2)发包人已支付承包人的款项;

(3)应扣留的质量保证金,已缴纳履约保证金的或提供其他工程质量担保方式的除外;

(4)发包人应支付承包人的合同价款。

7.5.4.2　竣工结算审核

(1)除专用合同条款另有约定外,监理人应在收到竣工结算申请单后 14 d 内完成核查并报送发包人。发包人应在收到监理人提交的经审核的竣工结算申请单后 14 d 内完成审批,并由监理人向承包人签发经发包人签认的竣工付款证书。监理人或发包人对竣工结算申请单有异议的,有权要求承包人进行修正和提供补充资料,承包人应提交修正后的竣工结算申请单。

发包人在收到承包人提交竣工结算申请书后 28 d 内未完成审批且未提出异议的,视为发包人认可承包人提交的竣工结算申请单,并自发包人收到承包人提交的竣工结算申请单后第 29 d 起视为已签发竣工付款证书。

(2)除专用合同条款另有约定外,发包人应在签发竣工付款证书后的 14 d 内,完成对承包人的竣工付款。发包人逾期支付的,按照中国人民银行发布的同期同类贷款基准利率支付违约金;逾期支付超过 56 d 的,按照中国人民银行发布的同期同类贷款基准利率的两倍支付违约金。

(3)承包人对发包人签认的竣工付款证书有异议的,对于有异议部分应在收到发包人签认的竣工付款证书后 7 d 内提出异议,并由合同当事人按照专用合同条款约定的方式和程序进行复核,或按照"争议解决"的约定处理。对于无异议部分,发包人应签发临时竣工付款证书,并按上述第(2)项完成付款。承包人逾期未提出异议的,视为认可发包人的审批结果。

7.5.4.3　甩项竣工协议

发包人要求甩项竣工的,合同当事人应签订甩项竣工协议。在甩项竣工协议中应明确,合同当事人按照"竣工结算申请"及"竣工结算审核"的约定,对已完合格工程进行结算,并支付相应合同价款。

7.5.4.4　最终结清

(1)最终结清申请单

①除专用合同条款另有约定外,承包人应在缺陷责任期终止证书颁发后 7 d 内,按专用合同条款约定的份数向发包人提交最终结清申请单,并提供相关证明材料。

除专用合同条款另有约定外,最终结清申请单应列明质量保证金、应扣除的质量保证金、缺陷责任期内发生的增减费用。

②发包人对最终结清申请单内容有异议的,有权要求承包人进行修正和提供补充资料,承包人应向发包人提交修正后的最终结清申请单。

(2)最终结清证书和支付

①除专用合同条款另有约定外,发包人应在收到承包人提交的最终结清申请单后 14 d 内完成审批并向承包人颁发最终结清证书。发包人逾期未完成审批,又未提出修改意见的,视为发包人同意承包人提交的最终结清申请单,且自发包人收到承包人提交的最终结清申请单后 15 d 起视为已颁发最终结清证书。

②除专用合同条款另有约定外,发包人应在颁发最终结清证书后 7 d 内完成支付。发包人逾期支付的,按照中国人民银行发布的同期同类贷款基准利率支付违约金;逾期支付超过 56 d 的,按照中国人民银行发布的同期同类贷款基准利率的两倍支付违约金。

③承包人对发包人颁发的最终结清证书有异议的,按"争议解决"的约定处理。

7.5.5　缺陷责任与保修管理

7.5.5.1　工程保修的原则

在工程移交发包人后,因承包人原因产生的质量缺陷,承包人应承担质量缺陷责任和保修义务。缺陷责任期届满,承包人仍应按合同约定的工程各部位保修年限承担保修义务。

7.5.5.2　缺陷责任期

(1)缺陷责任期从工程通过竣工验收之日起计算,合同当事人应在专用合同条款约定缺陷责任期的具体期限,但该期限最长不超过 24 个月。

单位工程先于全部工程进行验收,经验收合格并交付使用的,该单位工程缺陷责任期自单位工程验收合格之日起算。因承包人原因导致工程无法按合同约定期限进行竣工验收的,缺陷责任期从实际通过竣工验收之日起计算。因发包人原因导致工程无法按合同约定期限进行竣工验收的,在承包人提交竣工验收报告 90 d 后,工程自动进入缺陷责任期;发包人未经竣工验收擅自使用工程的,缺陷责任期自工程转移占有之日起开始计算。

(2)缺陷责任期内,由承包人原因造成的缺陷,承包人应负责维修,并承担鉴定及维修费用。如承包人不维修也不承担费用,发包人可按合同约定从保证金或银行保函中扣除,费用超出保证金额的,发包人可按合同约定向承包人进行索赔。承包人维修并承担相应费用后,不免除对工程的损失赔偿责任。发包人有权要求承包人延长缺陷责任期,并应在原缺陷责任期届满前发出延长通知。但缺陷责任期(含延长部分)最长不能超过 24 个月。由他人原因造成的缺陷,发包人负责组织维修,承包人不承担费用,且发包人不得从保证金中扣除费用。

(3)任何一项缺陷或损坏修复后,经检查证明其影响了工程或工程设备的使用性能的,承包人应重新进行合同约定的试验和试运行,试验和试运行的全部费用应由责任方承担。

(4)除专用合同条款另有约定外,承包人应于缺陷责任期届满后 7 d 内向发包人发出缺陷责任期届满通知,发包人应在收到缺陷责任期届满通知后 14 d 内核实承包人是否履行了缺陷修复义务。承包人未能履行缺陷修复义务的,发包人有权扣除相应金额的维修费用。发包人应在收到缺陷责任期届满通知后 14 d 内,向承包人颁发缺陷责任期终止证书。

7.5.5.3 质量保证金

经合同当事人协商一致扣留质量保证金的,应在专用合同条款中予以明确。在工程项目竣工前,承包人已经提供履约担保的,发包人不得同时预留工程质量保证金。

(1)承包人提供质量保证金有以下三种方式:

①质量保证金保函;

②相应比例的工程款;

③双方约定的其他方式。

除专用合同条款另有约定外,质量保证金原则上采用上述第①种方式。

(2)质量保证金的扣留有以下三种方式:

①在支付工程进度款时逐次扣留,在此情形下,质量保证金的计算基数不包括预付款的支付、扣回以及价格调整的金额;

②工程竣工结算时一次性扣留质量保证金;

③双方约定的其他扣留方式。

除专用合同条款另有约定外,质量保证金的扣留原则上采用上述第①种方式。发包人累计扣留的质量保证金不得超过工程价款结算总额的 3%。如承包人在发包人签发竣工付款证书后 28 d 内提交质量保证金保函,发包人应同时退还扣留的作为质量保证金的工程价款;保函金额不得超过工程价款结算总额的 3%。

(3)质量保证金的退还

①缺陷责任期内,承包人认真履行合同约定的责任,到期后,承包人可向发包人申请返还保证金。发包人在退还质量保证金的同时按照中国人民银行发布的同期同类贷款基准利率支付利息。

②发包人在接到承包人返还保证金申请后,应于 14 d 内会同承包人按照合同约定的内容进行核实。如无异议,发包人应当按照约定将保证金返还给承包人。对返还期限没有约定或者约定不明确的,发包人应当在核实后 14 d 内将保证金返还承包人,逾期未返还的,依法承担违约责任。发包人在接到承包人返还保证金申请后 14 d 内不予答复,经催告后 14 d 内仍不予答复,视同认可承包人的返还保证金申请。

③发包人和承包人对保证金预留、返还以及工程维修质量、费用有争议的,按合同约定的争议和纠纷解决程序处理。

7.5.5.4 保修

(1)保修责任

工程保修期从工程竣工验收合格之日起算,具体分部分项工程的保修期由合同当事人在专用合同条款中约定,但不得低于法定最低保修年限。在工程保修期内,承包人应当根据有关法律规定以及合同约定承担保修责任。

发包人未经竣工验收擅自使用工程的,保修期自转移占有之日起算。

(2)修复费用

保修期内,修复的费用按照以下约定处理:

①保修期内,因承包人原因造成工程的缺陷、损坏,承包人应负责修复,并承担修复的费用以及因工程的缺陷、损坏造成的人身伤害和财产损失;

②保修期内,因发包人使用不当造成工程的缺陷、损坏,可以委托承包人修复,但发包人应

承担修复的费用,并支付承包人合理利润;

③因其他原因造成工程的缺陷、损坏,可以委托承包人修复,发包人应承担修复的费用,并支付承包人合理的利润,因工程的缺陷、损坏造成的人身伤害和财产损失由责任方承担。

(3)修复通知

在保修期内,发包人在使用过程中,发现已接收的工程存在缺陷或损坏的,应书面通知承包人予以修复,但情况紧急必须立即修复缺陷或损坏的,发包人可以口头通知承包人并在口头通知后 48 h 内书面确认,承包人应在专用合同条款约定的合理期限内到达工程现场并修复缺陷或损坏。

(4)未能修复

因承包人原因造成工程的缺陷或损坏,承包人拒绝维修或未能在合理期限内修复缺陷或损坏,且经发包人书面催告后仍未修复的,发包人有权自行修复或委托第三方修复,所需费用由承包人承担。但修复范围超出缺陷或损坏范围的,超出范围部分的修复费用由发包人承担。

(5)承包人出入权

在保修期内,为了修复缺陷或损坏,承包人有权出入工程现场,除情况紧急必须立即修复缺陷或损坏外,承包人应提前 24 h 通知发包人进场修复的时间。承包人进入工程现场前应获得发包人同意,且不应影响发包人正常的生产经营,并应遵守发包人有关保安和保密等规定。

 **应用案例**

一、案例概况

某建筑公司与某医院签订一建设工程施工合同,明确承包人(建筑公司)保质、保量、保工期完成发包人(医院)的门诊楼施工任务。工程竣工后,承包人向发包人提交了竣工报告,发包人认为工程质量好,双方合作愉快,为不影响病人就医,没有组织验收便直接投入使用。在使用中发现门诊楼存在质量问题,遂要求承包人修理。承包人则认为工程未经验收便提前使用,出现质量问题,承包商不再承担责任。

二、问题

(1)依据有关法律、法规,该质量问题的责任由谁来承担?

(2)工程未经验收,发包人提前使用,可否视为工程已交付,承包人不再承担责任?

(3)如果工程现场有发包人聘任的监理工程师,出现上述问题应如何处理?监理工程师是否承担一定责任?

(4)发生上述问题,承包人的保修责任应如何履行?

(5)上述纠纷,发包人和承包人可以通过何种方式解决?

三、案例评析

(1)该质量问题的责任由发包人承担。

(2)工程未经验收,发包人提前使用可视为发包人已接收该项工程,但不能免除承包人负责保修的责任。

（3）监理工程师应及时为发包人和承包人协商解决纠纷，出现质量问题属于监理工程师履行职责失职，应依据监理合同承担责任。

（4）承包人的保修责任，应依据建设工程保修规定履行。

（5）发包人和承包人可协商、调解及按合同条款规定去仲裁或诉讼。

7.5.6　违约管理

7.5.6.1　发包人违约

（1）发包人违约的情形

在合同履行过程中发生的下列情形，属于发包人违约：

①因发包人原因未能在计划开工日期前 7 d 内下达开工通知的；

②因发包人原因未能按合同约定支付合同价款的；

③发包人违反"变更的范围"的约定，自行实施被取消的工作或转由他人实施的；

④发包人提供的材料、工程设备的规格、数量或质量不符合合同约定，或因发包人原因导致交货日期延误或交货地点变更等情况的；

⑤因发包人违反合同约定造成暂停施工的；

⑥发包人无正当理由没有在约定期限内发出复工指示，导致承包人无法复工的；

⑦发包人明确表示或者以其行为表明不履行合同主要义务的；

⑧发包人未能按照合同约定履行其他义务的。

发包人发生除上述第⑦条以外的违约情况时，承包人可向发包人发出通知，要求发包人采取有效措施纠正违约行为。发包人收到承包人通知后 28 d 内仍不纠正违约行为的，承包人有权暂停相应部位工程施工，并通知监理人。

（2）发包人违约的责任

发包人应承担因其违约给承包人增加的费用和（或）延误的工期，并支付承包人合理的利润。此外，合同当事人可在专用合同条款中另行约定发包人违约责任的承担方式和计算方法。

（3）因发包人违约解除合同

除专用合同条款另有约定外，承包人按"发包人违约的情形"的约定暂停施工满 28 d 后，发包人仍不纠正其违约行为并致使合同目的不能实现的，或出现"发包人违约的情形"第⑦条约定的违约情况的，承包人有权解除合同，发包人应承担由此增加的费用，并支付承包人合理的利润。

（4）因发包人违约解除合同后的付款

承包人按照本款约定解除合同的，发包人应在解除合同后 28 d 内支付下列款项，并解除履约担保：

①合同解除前所完成工作的价款；

②承包人为工程施工订购并已付款的材料、工程设备和其他物品的价款；

③承包人撤离施工现场以及遣散承包人人员的款项；

④按照合同约定在合同解除前应支付的违约金；

⑤按照合同约定应当支付给承包人的其他款项；

⑥按照合同约定应退还的质量保证金；

⑦因解除合同给承包人造成的损失。

合同当事人未能就解除合同后的结清款项达成一致的,按照"争议解决"的约定处理。

承包人应妥善做好已完工程和与工程有关的已购材料、工程设备的保护和移交工作,并将施工设备和人员撤出施工现场,发包人应为承包人撤出提供必要条件。

7.5.6.2　承包人违约

(1)承包人违约的情形

在合同履行过程中发生的下列情形,属于承包人违约:

①承包人违反合同约定进行转包或违法分包的;

②承包人违反合同约定采购和使用不合格的材料和工程设备的;

③因承包人原因导致工程质量不符合合同要求的;

④承包人违反"材料与设备专用要求"的约定,未经批准,私自将已按照合同约定进入施工现场的材料或设备撤离施工现场的;

⑤承包人未能按施工进度计划及时完成合同约定的工作,造成工期延误的;

⑥承包人在缺陷责任期及保修期内,未能在合理期限对工程缺陷进行修复,或拒绝按发包人要求进行修复的;

⑦承包人明确表示或者以其行为表明不履行合同主要义务的;

⑧承包人未能按照合同约定履行其他义务的。

承包人发生除上述第⑦条约定以外的其他违约情况时,监理人可向承包人发出整改通知,要求其在指定的期限内改正。

(2)承包人违约的责任

承包人应承担因其违约行为而增加的费用和(或)延误的工期。此外,合同当事人可在专用合同条款中另行约定承包人违约责任的承担方式和计算方法。

(3)因承包人违约解除合同

除专用条款另有约定外,出现"承包人违约的情形"第⑦条约定的违约情况时,或监理人发出整改通知后,承包人在指定的合理期限内仍不纠正违约行为并致使合同目的不能实现的,发包人有权解除合同。合同解除后,因继续完成工程的需要,发包人有权使用承包人在施工现场的材料、设备、临时工程、承包人文件和由承包人或以其名义编制的其他文件,合同当事人应在专用合同条款约定相应费用的承担方式。发包人继续使用的行为不免除或减轻承包人应承担的违约责任。

(4)因承包人违约解除合同后的处理

因承包人原因导致合同解除的,则合同当事人应在合同解除后 28 d 内完成估价、付款和清算,并按以下约定执行:

①合同解除后,商定或确定承包人实际完成工作对应的合同价款,以及承包人已提供的材料、工程设备、施工设备和临时工程等的价值;

②合同解除后,承包人应支付的违约金;

③合同解除后,因解除合同给发包人造成的损失;

④合同解除后,承包人应按照发包人要求和监理人的指示完成现场的清理和撤离;

⑤发包人和承包人应在合同解除后进行清算,出具最终结清付款证书,结清全部款项。

因承包人违约解除合同的,发包人有权暂停对承包人的付款,查清各项付款和已扣款项。发包人和承包人未能就合同解除后的清算和款项支付达成一致的,按照"争议解决"的约定处理。

(5)采购合同权益转让

因承包人违约解除合同的,发包人有权要求承包人将其为实施合同而签订的材料和设备的采购合同的权益转让给发包人,承包人应在收到解除合同通知后14 d内,协助发包人与采购合同的供应商达成相关的转让协议。

(6)第三人造成的违约

在履行合同过程中,一方当事人因第三人的原因造成违约的,应当向对方当事人承担违约责任。一方当事人和第三人之间的纠纷,依照法律规定或者按照约定解决。

 综合案例

建筑工程施工"黑白合同"能否撤销

一、案例概况

2018年,上海A公司租赁南京B公司的房屋,需对该房屋进行改扩建,于是A公司就该改扩建工程与当地的一家C施工单位签订施工合同,合同价款为1528万元。施工过程中,A公司根据该施工合同约定支付了相应的进度款和结算款,然而,在A公司支付完工程结算款的1年以后,C施工单位向当地法院起诉,要求A公司支付拖欠工程款及利息近200万元,其中,有100万元工程款系C施工单位持有的施工合同价款1628万元与前述施工合同价款1528万元之差额。

C施工单位在递交诉状的同时,向法院提交了载有1628万元工程造价的中标通知书,一份有双方签字盖章、工商局鉴证章的合同价款为1628万元的合同,一份当地建管处网站上显示的合同价款为1628万元的施工合同已备案的材料。之后C施工单位又通过法院调查令调取了一份当地建管处备案的合同价款为1628万元的施工合同、一份当地建设工程交易中心备案的招标投标文件以及合同价款为1628万元的施工合同。

二、案例评析

本案是一个典型的建筑工程"黑白合同"案例。《司法解释》第二十一条规定:"当事人就同一建设工程另行订立的建设工程施工合同与经过备案的中标合同实质性内容不一致的,应当以备案的中标合同作为结算工程价款的根据。"

所谓"白合同",应当是双方经过招投标方式进行承发包,根据中标结果签订的并且到相关部门进行了备案的施工合同,即"白合同"必须具备两个条件:

第一,必须是经过招标投标并根据招标投标文件中标结果签订的合同。如果没有经过招标投标而是通过协商方式签订的合同,就谈不上"白合同"。

第二,白合同必须是经过相关部门备案的合同,而该相关部门并非是工商行政管理部门,根据《招标投标法》及相关建设部门行政规章的规定,应该为建设行政主管部门。

就本案而言,原告C施工单位提供的合同即为"白合同",虽然A公司与C单位同时签订的合同价款为1528万元,且均为双方的真实意思表示,但备案的合同却写明为1628万元。根据法律的规定,应当履行的是经备案的白合同。

【学 生 笔 记】

1.简述施工合同的概念与施工合同管理的概念。

2.简述施工合同管理的特点和目标。

3.《示范文本》通用条款中规定,合同协议书与哪些文件一起构成合同文件?

4.简述合同文件出现矛盾或歧义的处理程序。

5.依据《示范文本》,订立合同时应注意通用条款及专用条款需明确说明的内容有哪些?

6.合同价格应当调整,具体调整方式除合同当事人可以在专用合同条款中约定,还可以如何进行调整?

7.简述发包人和承包人的工作义务。

8.建设工程施工保险的种类有哪些? 如果未按约定投保应如何补救?

9.施工合同在出现争议时,有哪些解决手段?

10.简述施工准备阶段的合同管理有哪些内容。

11.简述施工过程的合同管理有哪些内容。

12.简述竣工阶段的合同管理有哪些内容。

【案 例 题】

1.某监理单位承担了某工程施工阶段的监理任务,该工程由甲施工单位总承包。甲施工单位选择了经建设单位同意并经监理单位进行资质审查合格的乙施工单位作为分包。施工过程中发生了以下事件。

事件 1:专业监理工程师在熟悉图纸时发现,基础工程部分设计内容不符合国家有关工程质量标准和规范。总监理工程师随即致函设计单位要求改正并提出更改建议方案。设计单位研究后,口头同意了总监理工程师的更改方案,总监理工程师随即将更改的内容写成监理指令通知甲施工单位执行。

事件 2:施工过程中,专业监理工程师发现乙施工单位施工的分包工程部分存在质量隐患,为此,总监理工程师同时向甲、乙两施工单位发出了整改通知。甲施工单位回函称:乙施工单位施工的工程是经建设单位同意进行分包的,所以本单位不承担该部分工程的质量责任。

事件 3:总监理工程师在巡视时发现,甲施工单位在施工中使用了未经报验的建筑材料,若继续施工,该部位将被隐蔽。因此,立即向甲施工单位下达了暂停施工的指令(因甲施工单位的工作对乙施工单位有影响,乙施工单位也被迫停工)。同时,指示甲施工单位将该材料进行检验,检验报告出来后,证实材料合格,可以使用,总监理工程师随即指令施工单位恢复了正常施工。

乙施工单位就上述停工导致自身遭受的损失向甲施工单位提出补偿要求,而甲施工单位称:此次停工系执行监理工程师的指令,乙施工单位应向建设单位提出索赔。

事件 4:对上述施工单位的索赔建设单位称,本次停工系监理工程师失职造成,且事先未征得建设单位同意。因此,建设单位不承担任何责任,由于停工造成施工单位的损失应由监理单位承担。

问题:

(1)请指出事件 1 中总监理工程师行为的不妥之处并说明理由。总监理工程师应如何正确处理？

(2)事件 2 中甲施工单位的答复是否妥当？为什么？总监理工程师签发的整改通知是否妥当？为什么？

(3)事件 3 中甲施工单位的说法是否正确？为什么？乙施工单位的损失应由谁承担？

(4)事件 4 中建设单位的说法是否正确？为什么？

2.某工程在实施过程中发生如下事件。

事件 1：在未向项目监理机构报告的情况下，施工单位按照投标书中打桩工程及防水工程的分包计划，安排了打桩工程施工分包单位进场施工，项目监理机构对此做了相应处理后书面报告了建设单位。建设单位以打桩施工分包单位资质未经其认可就进场施工为由，不再允许施工单位将防水工程分包。

事件 2：桩基工程施工中，在抽检材料试验未完成的情况下，施工单位已将该批材料用于工程，专业监理工程师发现后予以制止。其后完成的材料试验结果表明，该批材料不合格，经检验，使用该批材料的相应工程部位存在质量问题，需进行返修。

事件 3：施工中，由建设单位负责采购的设备在没有通知施工单位共同清点的情况下就存放在施工现场。施工单位安装时发现该设备的部分部件损坏，对此，建设单位要求施工单位承担损坏赔偿责任。

事件 4：上述设备安装完毕后进行的单机无负荷试车未通过验收，经检验认定是设备本身的质量问题造成的。

问题：

(1)指出事件 1 中建设单位做法的不妥之处，并说明理由。

(2)针对事件 1，项目监理机构应如何处理打桩工程施工分包单位进场存在的问题？

(3)对事件 2 中的质量问题，返修的费用和延误的工期由谁来承担？

(4)指出事件 3 中建设单位做法的不妥之处，并说明理由

(5)事件 4 中，单机无负荷试车由谁组织？其费用是否包含在合同价中？因试车验收未通过所增加的各项费用由谁承担？

3.某实施监理的工程，招标文件中工程量清单标明的混凝土工程量为 2400 m³，投标文件综合单价分析表显示：人工单价 10 元/工日，人工消耗量 0.40 工日/m³，材料物单价 975 元/m³，机械台班单价 1200 元/台班，机械台班消耗量 0.025 台班/m³。采用以直接费为计算基础的综合单价法进行定价，其中，措施费为直接工程费的 5%，间接费费率为 10%，利润率为8%，综合计税系数为 3.41%。施工合同约定，实际工程量超过清单工程量的 15%时，混凝土全费用综合单价调整为 420 元/m³。施工过程中发生以下事件。

事件 1：基础混凝土浇筑时局部漏振，造成混凝土质量缺陷，专业监理工程师发现后要求施工单位返工。施工单位拆除存在质量缺陷的混凝土 60 m³，发生拆除费用 3 万元，并重新进行了浇筑。

事件 2：主体结构施工时，建设单位提出改变使用功能，使该工程混凝土量增加到 2600 m³。施工单位收到变更后的设计图样时，变更部位已按原设计浇筑完成的 150 m³ 混凝土需要拆除，发生拆除费用 5.3 万元。

问题：

(1)事件 1 中，因拆除混凝土发生的费用是否应计入工程价款？请说明理由。

（2）事件 2 中，该工程混凝土工程量增加到 2600 m³，对应的工程结算价款是多少万元？

（3）事件 2 中，因拆除混凝土发生的费用是否应计入工程价款？请说明理由。

（4）计入结算的混凝土工程量是多少？混凝土工程的实际结算价款是多少万元？（计算结果保留小数点后两位。）

【实　训　题】

实训目标：通过编制施工合同，加深对《建设工程施工合同（示范文本）》内容的理解和掌握。

实训要求：某教学楼工程，位于某大学城内，框架结构，总建筑面积 13000 m²。工程招标时实行清单报价，即总价固定方式。某建筑工程公司以 1980 万元中标。承包范围包括教学楼设计图纸全部内容，包工包料。合同工期为 2016 年 4 月 15 日至 2016 年 11 月 15 日，交付优良工程。合同约定工程款按月进度完成工程量的 70% 每月拨付，竣工验收结束一周内支付剩余的 25%，其余 5% 留作质保金保修期满后退回。特别约定，在工程量变更超出总量的 3% 以上时，施工单位有权对其单价进行重新核定。

依据以上内容，结合《建设工程施工合同（示范文本）》的主要条款，起草一份施工合同。

合同主要条款如下：

1. 工程概况；

2. 承包范围；

3. 合同工期；

4. 质量标准；

5. 合同价款；

6. 资金拨付方式；

7. 变更；

8. 风险与责任；

9. 索赔与争议的处理方式；

10. 违约责任；

11. 工程保修等。

【课 后 题 库】

模块 7
课后题库练
习题及答案

模块 8 建设工程其他合同管理

【思维导图】

【模块导读】

本模块主要针对建设工程监理合同、建设工程勘察设计合同、建设工程分包合同和 FIDIC 合同的管理特点及模式、合同的示范文本、合同的管理制度的设立和管理内容等进行讲解。

【案例引入】

国外某油码头工程招投标的问题

一、案例概况

国外某油码头工程,采用 FIDIC 合同条件。招标文件的工程量表中规定钢筋由业主提供,投标日期为 2000 年 6 月 3 日。但在收到标书后,业主发现他的钢筋已用于其他工程,他已无法再提供钢筋。于是在 2000 年 6 月 11 日由工程师致信承包商,要求承包商另报出提供工程量表中所需钢材的价格。自然承包商将这封信作为一个询价文件。2000 年 6 月 19 日,承包商给出了答复,提出了各类钢材的单价及总价格。接信后业主于 2000 年 6 月 30 日复信表示接受承包商的报价,并要求承包商准备签署一份由业主提供的正式协议。但此后业主未提供书面协议,双方未做任何新的商谈,也未签订正式协议。而业主认为承包商已经接受了提供钢材的要求,而承包商却认为业主放弃了由承包商提供钢材的要求。待开工约 3 个月后,2000 年 10 月 20 日,工程需要钢材,承包商向业主提出业主的钢材应该进场,这时才发现双方都没有准备工程所需要的钢材。由于要重新采购钢材,不仅钢材价格上升、运费增加,而且工期拖延,进一步造成施工现场费用的损失约 60000 元。承包商向业主提出了索赔要求。但由于在本工程中双方缺少沟通,都有责任,故最终解决结果为合同双方各承担一半损失。

二、案例评析

解析本工程有如下几个问题应注意:

（1）双方就钢材的供应做了许多商讨，但都是表面性的，是询价和报价。由于最终没有确认文件，如签订书面协议，或修改合同协议书，所以没有约束力。

（2）如果在 2000 年 6 月 30 日的复信中业主接受了承包商于 6 月 19 日的报价，并指令由承包商按规定提供钢材，而不提出签署一份书面协议的问题，就可以构成对承包商的一个变更指令。如果承包商不提反驳意见（一般在一个星期内），则这个合同文件就形成了，承包商必须承担责任。

（3）在合同签订和执行过程中，沟通是十分重要的。及早沟通，钢筋问题就可以及早落实，就可以避免损失。本工程合同签订并执行几个月后，双方就如此重大问题不再提及，令人费解。

（4）在合同的签订和执行中既要讲究诚实信用，又要在合作中有所戒备，防止被欺诈。

在工程中，许多欺诈行为属于对手钻空子、设圈套，而自己疏忽大意，盲目相信对方或对方提供的信息（口头的、小道的或作为"参考"的消息）造成的。

8.1　建设工程监理合同管理

8.1.1　建设工程监理合同示范文本概况

为规范建设工程监理活动，维护建设工程监理合同当事人的合法权益，住房和城乡建设部、国家工商行政管理总局制定了《建设工程监理合同（示范文本）》（GF—2012—0202），该示范文本由协议书、通用条件、专用条件、附录 A 和附录 B 组成。

（1）协议书

协议书是纲领性的法律文件，不仅明确了委托人和监理人，而且明确了双方约定的委托工程监理与相关服务的工程概况（工程名称、工程地点、工程规模、投资金额或建筑安装工程费）；总监理工程师（姓名、身份证号、注册号）；签约酬金（监理酬金、相关服务酬金）；服务期限（监理期限、相关服务期限）；双方对履行合同的承诺及合同订立的时间、地点、份数等。

协议书还明确了建设工程监理合同的组成文件：

①协议书；

②中标通知书（适用于招标工程）或委托书（适用于非招标工程）；

③投标文件（适用于招标工程）或监理与相关服务建议书（适用于非招标工程）；

④专用条件；

⑤通用条件；

⑥附录，即：附录 A"相关服务的范围和内容"和附录 B"委托人派遣的人员和提供的房屋、资料、设备"。

合同签订后，双方依法签订的补充协议也是合同文件的组成部分。双方签订的补充协议与其他文件发生矛盾或歧义时，属于同一类内容的文件，应以最新签署的为准。上述合同文件的解释顺序为：①→②→③及⑥→④→⑤。

（2）通用条件

通用条件的内容涵盖了合同中所用词语定义与解释，监理人的义务，委托人的义务，签约双方的违约责任，酬金支付，合同的生效、变更、暂停、解除与终止，争议解决，以及其他诸如外出考察费用、检测费用、咨询费用及奖励、守法诚信、保密、通知、著作权等方面的约定。通用条件适用于各类建设监理工程,各委托人、监理人都应遵守。

(3)专用条件

专用条件是对通用条件原则性约定的细化、完善、补充、修改或另行约定的条件。签订具体工程监理合同时,结合地域特点、专业特点和委托监理的工程特点,对通用条件中的某些条款进行补充、修改。

所谓"补充"是指通用条件中的条款明确规定,在该条款确定的原则下,专用条件的条款中进一步明确具体内容,使两个条件中相同序号的条款共同组成一条内容完备的条款。

所谓"修改"是指通用条件中规定的程序方面的内容,如果双方认为不合适,可以协议修改。

(4)附录

附录包括两部分,即附录 A 和附录 B。

①附录 A。委托人应在附录 A 中明确约定服务范围及工作内容。委托人根据需要自主委托全部内容,也可以委托某个阶段的工作或部分服务内容。如果委托人仅委托工程监理,则不需要填写附录 A。

②附录 B。委托人为监理人开展正常工作派遣的人员和无偿提供的房屋、资料、设备,应在附录 B 中明确约定派遣或提供的对象、数量和时间。

8.1.2 建设工程监理合同的订立

8.1.2.1 有关定义

为了更好地确定合同中关键性的、特定的词语内涵,除根据上下文另有其意义外,组成合同的全部文件中的下列名词和用语应具有所赋予的含义:

(1)"工程"是指按照合同约定实施监理与相关服务的建设工程。

(2)"委托人"是指合同中委托监理与相关服务的一方,及其合法的继承人或受让人。

(3)"监理人"是指合同中提供监理与相关服务的一方,及其合法的继承人。

(4)"承包人"是指在工程范围内与委托人签订勘察、设计、施工等有关合同的当事人,及其合法的继承人。

(5)"监理"是指监理人受委托人的委托,依照法律法规、工程建设标准、勘察设计文件及合同,在施工阶段对建设工程质量、进度、造价进行控制,对合同、信息进行管理,对工程建设相关方的关系进行协调,并履行建设工程安全生产管理法定职责的服务活动。

(6)"相关服务"是指监理人受委托人的委托,按照合同约定,在勘察、设计、保修等阶段提供的服务活动。

(7)"正常工作"是指合同订立时通用条件和专用条件中约定的监理人的工作。

(8)"附加工作"是指合同约定的正常工作以外监理人的工作。

(9)"项目监理机构"是指监理人派驻工程负责履行合同的组织机构。

8.1.2.2 监理工作内容

监理工作内容应在专用条件中约定,通用条件规定的监理工作内容包括:

(1)收到工程设计文件后编制监理规划,并在第一次工地会议 7 d 前报委托人。根据有关规定和监理工作需要,编制监理实施细则。

(2)熟悉工程设计文件,并参加由委托人主持的图纸会审和设计交底会议。

(3)参加由委托人主持的第一次工地会议;主持监理例会并根据工程需要主持或参加专题

会议。

（4）审查施工承包人提交的施工组织设计，重点审查其中的质量安全技术措施、专项施工方案与工程建设强制性标准的符合性。

（5）检查施工承包人工程质量、安全生产管理制度及组织机构和人员资格。

（6）检查施工承包人专职安全生产管理人员的配备情况。

（7）审查施工承包人提交的施工进度计划，核查承包人对施工进度计划的调整。

（8）检查施工承包人的试验室。

（9）审核施工分包人资质条件。

（10）查验施工承包人的施工测量放线成果。

（11）审查工程开工条件，对条件具备的签发开工令。

（12）审查施工承包人报送的工程材料、构配件、设备质量证明文件的有效性和符合性，并按规定对用于工程的材料采取平行检验或见证取样方式进行抽检。

（13）审核施工承包人提交的工程款支付申请，签发或出具工程款支付证书，并报委托人审核、批准。

（14）在巡视、旁站和检验过程中，发现工程质量、施工安全存在事故隐患的，要求施工承包人整改并报委托人。

（15）经委托人同意，签发工程暂停令和复工令。

（16）审查施工承包人提交的采用新材料、新工艺、新技术、新设备的论证材料及相关验收标准。

（17）验收隐蔽工程、分部分项工程。

（18）审查施工承包人提交的工程变更申请，协调处理施工进度调整、费用索赔、合同争议等事项。

（19）审查施工承包人提交的竣工验收申请，编写工程质量评估报告。

（20）参加工程竣工验收，签署竣工验收意见。

（21）审查施工承包人提交的竣工结算申请并报委托人。

（22）编制、整理工程监理归档文件并报委托人。

8.1.2.3　监理与相关服务收费

建设工程监理与相关服务收费包括建设工程施工阶段的工程监理（以下简称"施工监理"）服务收费和勘察、设计、保修等阶段的相关服务（以下简称"其他阶段的相关服务"）收费。根据《建设工程监理与相关服务收费管理规定》（发改价格〔2007〕670 号）文件，其收费根据建设项目性质不同情况，分别实行政府指导价与市场调节价。依法必须实行监理的工程施工阶段的监理收费实行政府指导价；其他工程施工监理收费和其他阶段的监理与相关服务收费实行市场调节价。

实行政府指导价的施工监理收费，其基准价根据《建设工程监理与相关服务收费标准》计算，浮动幅度为上下 20％。发包人和监理人应当根据工程的实际情况在规定的浮动幅度内协商确定收费额。实行市场调节价的工程监理与相关服务收费，由发包人和监理人协商确定收费额。

知识链接——
施工监理服
务收费基价

8.1.3 建设工程监理合同的管理

8.1.3.1 委托人义务

(1)告知

委托人应在委托人与承包人签订的合同中明确监理人、总监理工程师和授予项目监理机构的权限。如有变更,应及时通知承包人。

(2)提供资料

委托人应按照约定,无偿向监理人提供工程有关的资料。在合同履行过程中,委托人应及时向监理人提供最新的与工程有关的资料。

(3)提供工作条件

委托人应为监理人完成监理与相关服务提供必要的条件。包括:委托人应按照附录B的约定,派遣相应的人员,提供房屋、设备,供监理人无偿使用;委托人应负责协调工程建设中所有外部关系,为监理人履行合同提供必要的外部条件。

(4)委托人代表

委托人应授权一名熟悉工程情况的代表,负责与监理人联系。委托人应在双方签订合同后7 d内,将委托人代表的姓名和职责书面告知监理人。当委托人更换委托人代表时,应提前7 d通知监理人。

(5)委托人意见或要求

在合同约定的监理与相关服务工作范围内,委托人对承包人的任何意见或要求应通知监理人,由监理人向承包人发出相应指令。

(6)答复

委托人应在专用条件约定的时间内,对监理人以书面形式提交并要求作出决定的事宜,给予书面答复。逾期未答复的,视为委托人认可。

(7)支付

委托人应按合同约定的额度、时间和方式,向监理人支付酬金。

8.1.3.2 监理人义务

(1)监理与相关服务依据

①监理依据包括:适用的法律、行政法规及部门规章;与工程有关的标准;工程设计及有关文件;合同及委托人与第三方签订的与实施工程有关的其他合同。双方根据工程的行业和地域特点,在专用条件中具体约定监理依据。

②相关服务依据在专用条件中约定。

(2)项目监理机构和人员

①监理人应组建满足工作需要的项目监理机构,配备必要的检测设备。项目监理机构的主要人员应具有相应的资格条件。

②合同履行过程中,总监理工程师及重要岗位监理人员应保持相对稳定,以保证监理工作正常进行。

③监理人可根据工程进展和工作需要调整项目监理机构人员。监理人更换总监理工程师时,应提前7 d向委托人书面报告,经委托人同意后方可更换;监理人更换项目监理机构其他监理人员,应以相当资格与能力的人员替换,并通知委托人。

④监理人应及时更换有下列情形之一的监理人员：

a. 有严重过失行为的；

b. 有违法行为不能履行职责的；

c. 涉嫌犯罪的；

d. 不能胜任岗位职责的；

e. 严重违反职业道德的；

f. 专用条件约定的其他情形。

⑤委托人可要求监理人更换不能胜任本职工作的项目监理机构人员。

（3）履行职责

监理人应遵循职业道德准则和行为规范，严格按照法律法规、工程建设有关标准及合同履行职责。

①在监理与相关服务范围内，委托人和承包人提出的意见和要求，监理人应及时提出处置意见。当委托人与承包人之间发生合同争议时，监理人应协助委托人、承包人协商解决。

②当委托人与承包人之间的合同争议提交仲裁机构仲裁或人民法院审理时，监理人应提供必要的证明资料。

③监理人应在专用条件约定的授权范围内，处理委托人与承包人所签订合同的变更事宜。如果变更超过授权范围，应以书面形式报委托人批准。在紧急情况下，为了保护财产和人身安全，监理人所发出的指令未能事先报委托人批准时，应在发出指令后的 24 h 内以书面形式报委托人。

④除专用条件另有约定外，监理人发现承包人的人员不能胜任本职工作的，有权要求承包人予以调换。

（4）提交报告

监理人应按专用条件约定的种类、时间和份数向委托人提交监理与相关服务的报告。

（5）文件资料

在合同履行期内，监理人应在现场保留工作所用的图纸、报告及记录监理工作的相关文件。工程竣工后，应当按照档案管理规定将监理有关文件归档。

（6）使用委托人的财产

监理人无偿使用由委托人派遣的人员和提供的房屋、资料、设备。除专用条件另有约定外，委托人提供的房屋、设备属于委托人的财产，监理人应妥善使用和保管，在合同终止时将这些房屋、设备的清单提交委托人，并按专用条件约定的时间和方式移交。

8.1.3.3　违约责任

（1）监理人的违约责任

监理人未履行合同义务的，应承担相应的责任。

①因监理人违反合同约定给委托人造成损失的，监理人应当赔偿委托人损失。赔偿金额的确定方法在专用条件中约定。监理人承担部分赔偿责任的，其承担赔偿金额由双方协商确定。

②监理人向委托人的索赔不成立时，监理人应赔偿委托人由此发生的费用。

（2）委托人的违约责任

委托人未履行合同义务的，应承担相应的责任。

①委托人违反合同约定造成监理人损失的，委托人应予以赔偿。

②委托人向监理人的索赔不成立时,应赔偿监理人由此引起的费用。

③委托人未能按期支付酬金超过 28 d,应按专用条件约定支付逾期付款利息。

（3）除外责任

因非监理人的原因,且监理人无过错,发生工程质量事故、安全事故、工期延误等造成的损失,监理人不承担赔偿责任。因不可抗力导致合同全部或部分不能履行时,双方各自承担其因此而造成的损失、损害。

8.1.3.4　合同生效、变更、暂停与解除、终止

（1）生效

除法律另有规定或者专用条件另有约定外,委托人和监理人的法定代表人或其授权代理人在协议书上签字并盖单位章后合同生效。

（2）变更

①任何一方提出变更请求时,双方经协商一致后可进行变更。

②除不可抗力外,因非监理人原因导致监理人履行合同期限延长、内容增加时,监理人应当将此情况与可能产生的影响及时通知委托人。增加的监理工作时间、工作内容应视为附加工作,附加工作酬金的确定方法在专用条件中约定。

③合同生效后,如果实际情况发生变化使得监理人不能完成全部或部分工作时,监理人应立即通知委托人。除不可抗力外,其善后工作以及恢复服务的准备工作应为附加工作,附加工作酬金的确定方法在专用条件中约定。监理人用于恢复服务的准备时间不应超过 28 d。

④合同签订后,遇有与工程相关的法律法规、标准颁布或修订的,双方应遵照执行。由此引起监理与相关服务的范围、时间、酬金变化的,双方应通过协商进行相应调整。

⑤因非监理人原因造成工程概算投资额或建筑安装工程费增加时,正常工作酬金应作相应调整。调整方法在专用条件中约定。

⑥因工程规模、监理范围的变化导致监理人的正常工作量减少时,正常工作酬金应作相应调整。调整方法在专用条件中约定。

（3）暂停与解除

除双方协商一致可以解除合同外,当一方无正当理由未履行合同约定的义务时,另一方可以根据合同约定暂停履行合同直至解除合同。

（4）终止

以下条件全部满足时,合同即告终止:

①监理人完成合同约定的全部工作;

②委托人与监理人结清并支付全部酬金。

8.2　建设工程勘察设计合同管理

为保证工程质量达到预期目的,实施过程必须遵循项目建设的内在规律,即坚持先勘察、后设计、再施工的程序。凡在我国境内的建设工程,对其进行勘察、设计的单位,应当按照《建设工程勘察设计合同管理办法》签订建设工程勘察合同、建设工程设计合同（以下简称勘察设计合同）,明确双方的技术经济责任,保护合同当事人的合法权益,接受建设行政主管部门和工商行政管理部门的管理与监督。

8.2.1　建设工程勘察设计合同的定义和特点

8.2.1.1　勘察设计合同的定义

按照《民法典》第七百八十八条的规定,建设工程勘察设计合同属于建设工程合同的范畴,分为建设工程勘察合同和建设工程设计合同两种。

建设工程勘察合同是指根据建设工程的要求,查明、分析、评价建设场地的地质地理环境特征和岩土工程条件,编制建设工程勘察文件的协议。

建设工程设计合同是指根据建设工程的要求,对建设工程所需的技术、经济、资源、环境等条件进行综合分析、论证,编制建设工程设计文件的协议。

8.2.1.2　勘察设计合同的特点

(1)需符合法定质量标准

勘察设计人应按国家技术规范、标准、规程和发包人的勘察设计任务书及其要求进行工程勘察与设计工作。发包人不得提出或指使勘察设计单位不按法律、法规、工程建设强制性标准和设计程序进行勘察设计。

此外,工程设计工作具有专属性,工程设计的修改工作必须由原设计单位负责完成,建设单位或施工单位不得擅自修改工程设计。

(2)交付成果多样化

与施工合同不同,勘察设计人需要通过自己的勘察设计行为提交多样化的交付成果,一般包括结构计算书、图纸、实物模型、概预算文件、计算机软件和专利技术等智力性成果。

(3)分阶段支付报酬

勘察设计费可以采用中标价加签证、预算包干或实际完成工作量等方式结算。在实际工作中,由于勘察设计工作往往分阶段进行,分阶段交付勘察设计成果,故勘察设计费也是按阶段支付。

(4)知识产权保护

在工程设计合同中,发包人按照合同支付设计人酬金,作为交换,设计人将设计成果交给发包人。因此,发包人一般拥有设计成果的财产权,除了明示条款有相反约定外,设计人一般拥有发包人项目设计成果的著作权,双方当事人可以在合同中约定设计成果的著作权的归属。

发包人对勘察设计人交付的勘察设计资料不得擅自修改、复制或向第三人转让或用于本项目之外。勘察设计人也应保护发包人提供的资料和文件,未经发包人同意,不得擅自修改、复制或向第三人披露。

(5)发包人需履行协助义务

勘察设计人完成相关工作时,往往需要发包人提供工作条件,包括相关资料、文件和必要的生产、生活及交通条件等,发包人需要对所提供资料或文件的正确性和完整性负责。若发包人未履行或不完全履行相关协助义务,造成设计返工、停工或者修改设计的,发包人应承担相应费用。

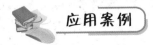

一、案例概况

甲公司与乙勘察设计单位签订了一份勘察设计合同,合同约定:乙单位为甲公司筹建中的商业大厦进行勘察、设计,按照国家颁布的收费标准支付勘察设计费;乙单位应按甲公司的设计标准、技术规范等提出勘察设计要求,进行测量和工程地质、水文地质等勘察设计工作,并在××××年5月1日前向甲公司提交勘察成果和设计文件。合同还约定了双方的违约责任、争议的解决方式。甲公司同时与丙建筑公司签订了建设工程承包合同,在合同中规定了开工日期。但是,不料后来乙单位迟迟不能提交勘察设计文件。丙建筑公司按建设工程承包合同的约定做好了开工准备,如期进驻施工场地。在甲公司的再三催促下,乙单位迟延36天提交勘察设计文件。此时,丙公司已窝工18天。在施工期间,丙公司又发现设计图纸中的多处错误,不得不停工等候甲公司请乙单位对设计图纸进行修改。丙公司由于窝工、停工要求甲公司赔偿损失,否则不再继续施工。甲公司将乙单位起诉到法院,要求乙单位赔偿损失。

二、问题

法院会如何处理案例中的纠纷?

8.2.2　建设工程勘察设计合同示范文本概况

8.2.2.1　勘察合同示范文本

(1)建设工程勘察合同简介

住房和城乡建设部、国家工商行政管理总局对《建设工程勘察合同(一)〔岩土工程勘察、水文地质勘察(含凿井)、工程测量、工程物探〕》(GF—2000—0203)及《建设工程勘察合同(二)〔岩土工程设计、治理、监测〕》(GF—2000—0204)进行修订,制定了《建设工程勘察合同(示范文本)》(GF—2016—0203)。

《建设工程勘察合同(示范文本)》(GF—2016—0203)适用于岩土工程勘察、岩土工程设计、岩土工程物探/测试/检测/监测、水文地质勘察及工程测量等工程勘察活动,岩土工程设计也可使用《建设工程设计合同示范文本(专业建设工程)》(GF—2015—0210)。

(2)建设工程勘察合同主要内容

《建设工程勘察合同(示范文本)》(GF—2016—0203)由合同协议书、通用合同条款和专用合同条款三部分组成。

①合同协议书。合同协议书共计12条,主要包括工程概况、勘察范围和阶段、技术要求及工作量、合同工期、质量标准、合同价款、合同文件构成、承诺、词语定义、签订时间、签订地点、合同生效和合同份数等内容,集中约定了合同当事人基本的合同权利义务。

②通用合同条款。通用合同条款具体包括一般约定、发包人、勘察人、工期、成果资料、后期服务、合同价款与支付、变更与调整、知识产权、不可抗力、合同生效与终止、合同解除、责任与保险、违约、索赔、争议解决及补充条款等共计17条。通用合同条款安排既考虑了现行法律法规对工程建设的有关要求,也考虑了工程勘察管理的特殊需要。

③专用合同条款。专用合同条款是对通用合同条款原则性约定的细化、完善、补充、修改或另行约定的条款。合同当事人可以根据不同建设工程的特点及具体情况,通过双方的谈判、协商对工程勘察的实施及相关事项的专用性约定,对通用条款进行修改补充。

8.2.2.2　设计合同示范文本

(1)《建设工程设计合同示范文本(房屋建筑工程)》(GF—2015—0209)

该合同范本适用于建设用地规划许可证范围内的建筑物构筑物设计、室外工程设计、民用建筑修建的地下工程设计及住宅小区、工厂厂前区、工厂生活区、小区规划设计及单体设计等,以及所包含的相关专业的设计内容(总平面布置、竖向设计、各类管网管线设计、景观设计、室内外环境设计及建筑装饰、道路、消防、智能、安保、通信、防雷、人防、供配电、照明、废水治理、空调设施、抗震加固等)等工程设计活动。

(2)《建设工程设计合同示范文本(专业建设工程)》(GF—2015—0210)

该合同范本适用于房屋建筑工程以外各行业建设工程项目的主体工程和配套工程(含厂/矿区内的自备电站、道路、专用铁路、通信、各种管网管线和配套的建筑物等全部配套工程),以及与主体工程、配套工程相关的工艺、土木、建筑、环境保护、水土保持、消防、安全、卫生、节能、防雷、抗震、照明工程等工程设计活动。

8.2.3　建筑工程勘察设计合同的订立

《建设工程勘察设计合同管理办法》第五条规定:"签订勘察设计合同,应当采用书面形式,参照文本的条款,明确约定双方的权利义务。对文本条款以外的其他事项,当事人认为需要约定的,也应采用书面形式。对可能发生的问题,要约定解决办法和处理原则。双方协商同意的合同修改文件、补充协议均为合同的组成部分。"

8.2.3.1　建设工程勘察合同的订立

依据示范文本订立建设工程勘察合同时,双方通过协商,应根据工程项目的特点,在相应条款内明确以下方面的具体内容:

(1)发包人应提供的勘察依据文件和资料

①提供本工程批准文件(复印件),以及用地(附红线范围)、施工、勘察许可等批件(复印件);

②提供工程勘察任务委托书、技术要求和工作范围的地形图、建筑总平面布置图;

③提供勘察工作范围已有的技术资料及工程所需的坐标与标高资料;

④提供勘察工作范围地下已有埋藏物的资料(如电力、电信电缆、各种管道、人防设施、洞室等)及具体位置分布图;

⑤其他必要的相关资料。

(2)委托任务的工作范围

①工程勘察任务(内容),可能包括:自然条件观测,地形图测绘,资源探测,岩土工程勘察,地震安全性评价,工程水文地质勘察,环境评价,模型试验等;

②技术要求;

③预计的勘察工作量;

④勘察成果资料提交的份数。

(3)合同工期、勘察费用

①合同约定的勘察工作的开始和终止时间;

②勘察费用的预算金额；

③勘察费用的支付程序和每次支付的百分比。

（4）发包人应为勘察人提供的现场工作条件

根据项目的具体情况，双方可以在合同内约定由发包人负责保证勘察工作顺利开展应提供的条件，可能包括：

①落实土地征用、青苗树木赔偿；

②拆除地上地下障碍物；

③处理施工扰民及影响施工正常进行的有关问题；

④平整施工现场；

⑤修好通行道路、接通电源水源、挖好排水沟渠以及备好水上作业用船等。

8.2.3.2　建设工程设计合同的订立

依据示范文本订立民用建筑设计合同时，双方通过协商，应根据工程项目的特点，在相应条款内明确以下方面的具体内容：

（1）发包人应提供的设计依据和要求

①设计依据

经批准的项目可行性研究报告或项目建议书；城市规划许可文件；工程勘察资料等。

发包人应向设计人提交的有关资料和文件在合同内需约定资料和文件的名称、份数、提交的时间和有关事宜。

②设计要求

工程设计的范围和规模；限额设计的要求；设计依据、标准；法律、法规规定应满足的其他条件。

（2）委托任务的工作范围

①设计范围。

②建筑物的设计合理使用年限要求。

③委托的设计阶段和内容。可能包括方案设计、初步设计和施工图设计的全过程，也可以是其中的某几个阶段。

④设计深度要求。设计标准可以高于国家规范的强制性规定，但发包人不得要求设计人违反国家有关标准进行设计。方案设计文件应当满足编制初步设计文件和控制概算的需要；初步设计文件应当满足编制施工招标文件、主要设备材料订货和编制施工图设计文件的需要；施工图设计文件应当满足设备材料采购、非标准设备制作和施工的需要，并注明建设工程合理使用年限。

⑤设计人配合施工工作的要求。包括向发包人和施工承包人进行设计交底；处理有关设计问题；参加重要隐蔽工程部位验收和竣工验收等事项。

 **应用案例**

一、案例概况

甲工厂与乙勘察设计单位签订一份"厂房建设设计合同"，甲委托乙完成厂房建设初步设计,约定设计期限为支付定金后 30 天,设计费按国家有关标准计算。另约定如甲要求乙增加工作内容,其费用增加 10%。合同中没有对基础资料的提供进行约定。开始履行合同后,乙向甲索要设计任务书以及选厂报告和燃料、水、电协议文件,甲答复除设计任务书之外,其余都没有。乙自行收集了相关资料,于第 37 天交付设计文件,乙认为收集基础资料增加了工作内容,要求甲按增加费用后的数额支付设计费。甲认为合同中没有约定自己提供资料,不同意乙的要求,并要求乙承担逾期交付设计书的违约责任,乙遂诉至法院。

二、案例评析

法院认为,合同中未对基础资料的提供和期限予以约定,乙逾期交付设计书属乙过错,构成违约;另按国家规定,勘察、设计单位不能任意提高勘察设计费,有关增加设计费的条款认定无效,判定甲按国家规定标准计算给付乙设计费;乙按合同约定向甲支付逾期违约金。

8.2.4　建设工程勘察设计合同的管理

8.2.4.1　勘察合同的管理

(1)在勘察现场范围内,不属于委托勘察任务而又没有资料、图纸的地区(段),发包人应负责查清地下埋藏物。

(2)若勘察现场需要看守,特别是在有毒、有害等危险现场作业时,发包人应派人负责安全保卫工作,按国家有关规定,对从事危险作业的现场人员进行保健防护,并承担相关费用。

(3)工程勘察前,属于发包人负责提供的材料,应根据勘察人提出的工程用料计划,按时提供各种材料及其产品合格证明,并承担费用和运到现场,派人与勘察一方的工作人员一起验收。

(4)勘察过程中的任何变更,经办理正式变更手续后,发包人应按实际发生的工作量支付勘察费。

(5)为勘察人提供必要的生产、生活条件,并承担费用;如不能提供时,应一次性付给勘察人临时设施费。

8.2.4.2　设计合同的管理

(1)发包人的责任

①提供设计依据资料。

②提供必要的现场开展工作条件。

③外部协调工作。

④其他相关工作。发包人委托设计配合引进项目的设计任务,从询价、对外谈判、国内外技术考察直至建成投产的各个阶段,应吸收承担有关设计任务的设计人参加。

发包人委托设计人承担合同约定委托范围之外的服务工作时,需另行支付费用。

⑤保护设计人的知识产权。

⑥遵循合理设计周期的规律。

如果发包人从施工进度的需要或其他方面的考虑,要求设计人比合同规定时间提前交付设计文件时,须征得设计人同意。

(2)设计人的责任

①保证设计质量。

若设计文件中采用的新技术、新材料可能影响工程的质量或安全,而又没有国家标准时,应当由国家认可的检测机构进行试验、论证,并经国务院有关部门或省、自治区、直辖市有关部门组织的建设工程技术专家委员会审定后方可使用。

负责设计的建(构)筑物需注明设计的合理使用年限。设计文件中选用的材料、构配件、设备等,应当注明规格、型号、性能等技术指标,其质量要求必须符合国家规定的标准。

各设计阶段设计文件审查委员会提出的修改意见,设计人应负责修正和完善。

设计人交付设计文件及资料后,需按规定参加有关的设计审查,并根据审查结论负责对不超出原定范围的内容做必要的调整补充。

②各设计阶段的工作任务。包括初步设计、技术设计、施工图设计。

③对外商的设计资料进行审查。

④配合施工的义务。

⑤保护发包人的知识产权。

(3)设计工作内容的变更

设计合同的变更,通常指设计人承接工作范围和内容的改变。按照发生原因的不同,一般可能涉及以下几个方面:

①委托任务范围内的设计变更

如果发包人根据工程的实际需要确需修改建设工程勘察、设计文件时,应当首先报经原审批机关批准,然后由原建设工程勘察、设计单位修改。经过修改的设计文件仍需按设计管理程序经有关部门审批后使用。

②委托其他设计单位完成的变更

在某些特殊情况下,发包人需要委托其他设计单位完成设计变更工作,发包人经原建设工程设计人书面同意后,也可以委托其他具有相应资质的建设工程勘察、设计单位修改。修改单位对修改的勘察、设计文件承担相应的责任,设计人不再对修改的部分负责。

③发包人原因的重大设计变更

发包人变更委托设计项目、规模、条件或因提交的资料错误,或所提交资料做较大修改,以致造成设计人设计需返工时,双方除需另行协商签订补充协议(或另订合同)、重新明确有关条款外,发包人应按设计人所耗工作量向设计人增付设计费。

(4)违约责任

①发包人的违约责任

a.发包人延误支付设计费。发包人应按合同规定的金额和时间向设计人支付设计费,每逾期支付 1 d,应承担支付金额 2‰的逾期违约金,且设计人提交设计文件的时间顺延。逾期超过 30 d 以上时,设计人有权暂停履行下阶段工作,并书面通知发包人。

b.审批工作的延误。发包人的上级或设计审批部门对设计文件不审批或合同项目停建、缓建,均视为发包人应承担的风险。设计人提交合同约定的设计文件和相关资料后,按照设计人已完成全部设计任务对待,发包人应按合同规定结清全部设计费。

c.发包人原因要求解除合同。在合同履行期间,发包人要求终止或解除合同,此时若设计人未开始设计工作的,不退还发包人已付的定金;若已开始设计工作的,发包人应根据设计人已进行的实际工作量,不足一半时,按该阶段设计费的一半支付,超过一半时,按该阶段设计费的全部支付。

②设计人的违约责任

a.设计错误。作为设计人的基本义务,应对设计资料及文件中出现的遗漏或错误负责修改或补充。由于设计人员错误造成工程质量事故损失,设计人除负责采取补救措施外,应免收直接受损失部分的设计费。损失严重的还应根据损失的程度和设计人责任大小向发包人支付赔偿金。

b.设计人延误完成设计任务。由于设计人自身原因,延误了合同规定交付的设计资料及设计文件时间的,每延误 1 d 应减收该项目应收设计费的 2‰。

c.设计人原因要求解除合同。合同生效后,设计人要求终止或解除合同,设计人应双倍返还定金。

③不可抗力事件的影响

由于不可抗力因素致使合同无法履行时,双方应及时协商解决。

 应用案例

某厂新建一车间,分别与市设计院和市建筑公司签订了设计合同和施工合同。工程竣工后厂房北侧墙壁发生较大裂缝,属工程质量问题。为此,某厂向法院起诉市建筑公司。经过工程质量鉴定单位勘查后,查明裂缝是由于地基不均匀沉降引起。进一步分析的结论是结构设计图纸所依据的地质资料不准,于是某厂又诉讼市设计院。市设计院答辩称,车间是根据某厂提供的地质资料设计的,不应承担事故责任。经法院查证:某厂提供的地质资料不是新建车间的地质资料,而是与该车间相邻的某厂的地质资料,事故前设计院也不知道该情况。经过法庭辩论查证,结论是该厂车间发生的工程质量问题由某厂自行确定解决办法,不在本案处理范围。某厂发生的诉讼费,主要应由某厂负担,市设计院也应承担一小部分。经双方同意,自行协商解决处理该工程的均匀沉降。

8.3　建设工程分包合同管理

8.3.1　建设工程分包合同概述

建设工程分包是相对总承包而言的。建设工程分包合同是工程分包活动的表现形式,是建筑施工中常见的合同形式。

工程分包是建筑业实现社会化大生产的客观要求。首先,分包制度以施工生产专业化为基础,总承包商按分部分项工程或专业化工程将部分工程分包出去,促进了施工生产的专业化分工。其次,总承包商以合同为法律依据,对各分包商实施管理、监督、运筹与协调,体现了协作的要求。因此,工程分包是提高建筑业劳动生产率及经济效益的有效途径,也是国内、国外工程普遍采用的形式。

8.3.1.1　施工的专业分包与劳务分包

(1)施工分包合同的组成

承包人与发包人订立承包合同后,基于某些专业性强的工程施工,自己的施工能力受到限制而进行施工专业分包,或考虑减少本项目投入的人力资源以节省施工成本而进行施工劳务分包。

施工专业分包合同由分包合同协议书、通用条款和专用条款三部分组成。施工劳务分包合同由合同协议书、通用条款和专用条款三部分和一个附件(机具、设备、材料供应计划)组成。

(2)施工专业分包与劳务分包的主要区别

专业分包由分包人独立承担分包工程的实施风险,用自己的技术、设备、人力资源完成承包的工作;劳务分包的分包人主要提供劳动力资源,使用常用(或简单)的自有施工机具完成承包人委托的简单施工任务。专业分包与劳务分包的主要差异表现为以下几个方面:

①分包人的收入

施工专业分包规定分包人的收入为分包合同价格,即分包人独立完成约定的施工任务后,有权获得的包括施工成本、管理成本、利润等全部收入;而施工劳务分包规定分包人的收入为劳务报酬,即配合承包人完成全部施工任务后应获得的劳务酬金。劳务报酬的约定可以采用以下三种方式之一:

a. 固定劳务报酬(含管理费);

b. 不同工种劳务的计时单价(含管理费),按确认的工时计算;

c. 约定不同工作成果的计件单价(含管理费),按确认的工程量计算。

通常情况下,不管约定为何种形式的劳务报酬,均为固定价格,施工过程中不再调整。

②保险责任

施工专业分包合同规定,分包人必须为从事危险作业的职工办理意外伤害保险,并为施工场地内自有人员生命财产和施工机械设备办理保险,支付保险费用;而施工劳务分包合同则规定,劳务分包人不需单独办理保险,其保险应获得的权益包括在发包人或承包人投保的工程险和第三者责任险中,分包人也不需支付保险费用。

③施工组织

施工专业分包合同规定,分包人应编制专业工程的施工组织设计和进度计划,报承包人批准后执行。承包人负责整个施工场地的管理工作,协调分包人与施工现场承包人的人员和其他分包人施工的交叉配合,确保分包人按照经批准的施工组织设计进行施工。

施工劳务分包合同规定,分包人不需编制单独的施工组织设计,而是根据承包人制订的施工组织设计和总进度计划的要求施工。劳务分包人在每月底提交下月施工计划和劳动力安排计划,经承包人批准后严格实施。

④分包人对施工质量承担责任的期限

施工专业分包工程通过竣工验收后,分包人对分包工程仍需承担质量缺陷的修复责任,缺陷责任期和保修期的期限按照施工总承包合同的约定执行。

劳务分包合同规定,全部工程竣工验收合格后,劳务分包人对其施工的工程质量不再承担责任,承包人承担缺陷责任期和保修期内修复缺陷的责任。

由于施工劳务分包的分包人不独立承担风险,其施工纳入承包人的组织管理之中,合同履行管理相对简单,因此以下仅针对施工专业分包加以讨论。

8.3.1.2 分包工程施工的管理职责

(1)发包人对施工专业分包的管理

发包人不是分包合同的当事人,对分包合同权利义务如何约定也不参与意见,与分包人没有任何合同关系。但作为工程项目的投资方和施工合同的当事人,发包人对分包合同的管理主要表现为对分包工程的批准,接受承包人投标书内说明的某部分工程准备分包,即同意此部分工程由分包人完成。如果承包人在施工过程中欲将某部分的施工任务分包,仍需经过发包人的同意。

(2)监理人对施工专业分包的管理

监理人接受发包人委托,仅对发包人与第三者订立合同的履行负责监督、协调和管理,因此,对分包人在现场的施工不承担协调管理义务。然而分包工程仍属于施工总承包合同的一部分,仍需履行监督义务,包括:对分包人的资质进行审查;对分包人使用的材料、施工工艺、工程质量进行监督;确认完成的工程量等。

(3)承包人对施工专业分包的管理

承包人作为两个合同的当事人,不仅对发包人承担整个工程按预期目标实现的义务,而且对分包工程的实施负有全面管理责任。承包人派驻施工现场的项目经理对分包人的施工进行监督、管理和协调,承担如同主合同履行过程中监理人的职责,包括审查分包工程进度计划、分包人的质量保证体系、对分包人的施工工艺和工程质量进行监督等。

8.3.2　建设工程施工专业分包合同的订立

按照《建设工程施工专业分包合同》专用条款的规定,订立分包合同时需要明确的内容主要包括:

8.3.2.1　分包工程的范围和时间要求

通过招标选择的分包人,工作内容、范围和工期要求已在招投标过程中确定;若是直接选择的分包人,以上内容则需明确写明。对于分包工程拖期违约应承担赔偿责任的,计算方式和最高限额也应在专用条款中约定。

8.3.2.2　分包工程施工应满足施工总承包合同的要求

为了能让分包人合理预见分包工程施工中应承担的风险,以及保证分包工程的施工能够满足总承包合同的要求,承包人应让分包人充分了解总承包合同中除了合同价格以外的各项规定,使分包人履行并承担与分包工程有关的承包人的所有义务与责任。当分包人提出要求时,承包人应向分包人提供一份总承包合同(有关承包工程的价格内容除外)的副本或复印件。

无论是承包人通过招标选择的分包人,还是直接选定分包人签订的合同均属于当事人之间的市场行为,施工专业分包合同中明确规定,分包合同价款与总承包合同相应部分价款无任何连带关系,因此,总承包合同中涉及分包工程的价款无须让分包人了解。

8.3.2.3　承包人为分包工程施工提供的协助条件

(1)提供施工图纸

分包工程的图纸来源于发包人委托的设计单位,可以一次性发放或分阶段发放,因此,承包人应依据主合同的约定,在分包合同专用条款内列明向分包人提供图纸的日期和套数,以及分包人参加发包人组织图纸会审的时间。

专业工程施工经常涉及使用新工艺、新设备、新材料、新技术,可能出现分包工程的图纸不能完全满足施工需要的情况。如果承包人按照总承包合同的要求,委托分包人在其设计资质等级和业务允许的范围内,在原工程图纸的基础上进行施工图深化设计时,设计的范围及发生的费用,应在专用条款中约定。

(2)施工现场的移交

在专用条款内约定,承包人向分包人提供施工场地应具备的条件、施工场地的范围和提供时间。

（3）提供分包人使用的临时设施和施工机械

为了节省施工总成本，允许分包人使用承包人为本工程实施而建立的临时设施和某些施工机械设备，如混凝土搅拌站、提升装置或重型机械等。分包人使用这些临时设施和工程机械，有些是免费使用，有些是需要付费使用，因此，在专用条款内需约定承包人为分包工程的实施提供的机械设备和设施，以及费用的承担。

8.3.3 建设工程施工专业分包合同的管理

8.3.3.1 承包人协调管理的指令

承包人负责整个施工场地的管理工作，协调分包人与同一施工场地的其他分包人及自己施工可能产生的交叉干扰，确保分包人按照批准的施工组织设计进行施工。

（1）承包人的指令

由于承包人与分包人同时在施工现场进行施工，因此，承包人的协调管理工作主要通过发布一系列指示来实现。承包人随时可以向分包人发出分包工程范围内的有关工作指令。

（2）发包人或监理人的指令

发包人或监理人就分包工程施工的有关指令和决定应发送给承包人，承包人接到监理人就分包工程发布的指示后，将其要求列入自己的管理工作范围，并及时以书面确认的形式转发给分包人令他遵照执行。

为了准确地区分合同责任，分包合同通用条款内明确规定，分包人应执行经承包人确认和转发的发包人和监理人就分包范围内有关工作的所有指令，但不得直接接受发包人和监理人的指令。当分包人接到监理人的指示后不能立即执行，需得到承包人同意才可实施。合同内作出此项规定的目的：一是分包工程现场施工的协调管理由承包人负责，如果同一时间分包人分别接到监理人和承包人发出的两个有冲突的施工指令，则会造成现场管理的混乱；二是监理人的指令可能需要承包人对总包工程的施工与分包工程的施工进行协调后才能有序进行；三是分包人只与承包人存在合同关系，执行未经承包人确认的指令而导致施工成本增加和工期延误时，无权向承包人提出补偿要求。

8.3.3.2 分包工程的计量与支付

（1）工程量计量

无论监理人是否参与分包工程的工程量计量，承包人均需在每一计量周期通知分包人共同对分包工程量进行计量。分包人收到通知后不参加计量，承包人的计量结果有效，作为分包工程价款支付的依据；承包人不按约定时间通知分包人，致使分包人未能参加计量，计量结果无效。分包人提交的工程量报告中开列的工程量，应作为分包人获得工程进度款的依据。

（2）分包合同工程进度款的支付

承包人依据计量确认的分包工程量，乘以总承包合同相应的单价计算的金额，纳入支付申请书内。承包人获得发包人支付的工程进度款后，再按分包合同约定单价计算的款额支付给分包人。

8.3.3.3 分包工程的变更管理

分包工程的变更可能来源于监理人通知并经承包人确认的指令，也可能是承包人根据施工现场实际情况自主发出的指令。变更的范围和确定变更价款的原则与总承包合同规定相同。

分包人应在工程变更确定后 11 d 内向承包人提出变更分包工程价款的报告，经承包人确认后调整合同价款；若分包人在双方确定变更后 11 d 内未向承包人提出变更分包工程价款的报告,则视为该项变更不涉及合同价款的调整。

8.3.3.4　分包工程的竣工

(1)竣工验收

①发包人组织验收

分包工程具备竣工验收条件后,分包人向承包人提供完整的竣工资料及竣工验收报告。双方约定由分包人提供竣工图的,应在专用条款内约定提交日期和份数。

承包人应在收到分包人提供的竣工验收报告之日起 3 d 内通知发包人进行验收,分包人应配合承包人进行验收。发包人未能按照总承包合同及时组织验收时,承包人应按照总承包合同规定的发包人验收的期限及程序自行组织验收,并视为分包工程竣工验收通过。

②承包人组织验收

根据总承包合同的约定,无须由发包人验收的部分,承包人应按照总承包合同约定的程序自行验收。

③分包工程竣工日期的确定

分包工程竣工日期为分包人提供竣工验收报告之日。需要修复的,为提供修复后竣工验收报告之日。

(2)分包工程的竣工结算与移交

①分包工程的竣工结算

分包工程竣工验收报告经承包人认可后 14 d 内,分包人向承包人递交分包工程竣工结算报告及完整的结算资料。承包人收到分包人递交的分包工程竣工结算报告及结算资料后 28 d 内进行核实,给予确认或者提出明确的修改意见。承包人确认竣工结算报告后 7 d 内向分包人支付分包工程竣工结算价款。

②分包工程的移交

分包人收到竣工结算价款之日起 7 d 内,将竣工工程交付承包人。总体工程竣工验收后,再由承包人移交给发包人。

8.3.3.5　分包工程的索赔

分包合同履行过程中,当分包人认为自己的合法权益受到损害,不论事件起因源于发包人或监理人的责任,还是承包人应承担的义务,分包人都只能向承包人提出索赔要求,并保持影响事件发生后的现场同期记录。

(1)应由发包人承担责任的索赔事件

分包人遇到不利外部条件等,根据总包合同可以索赔的情况,分包人可按照总包合同约定的索赔程序通过承包人提出索赔要求。承包人分析事件的起因和影响,并依据两个合同判明责任后,在收到分包人索赔报告后 21 d 内给予分包人明确的答复,或要求进一步补充索赔理由和证据。如果认为分包人的索赔要求合理,则应及时按照主合同规定的索赔程序,以承包人的名义就该事件向监理人递交索赔报告。

承包人依据总包合同向监理人递交任何索赔意向通知和索赔报告要求分包人协助时,分包人应提供书面形式的相应资料,以便承包人能遵守总承包合同有关索赔的约定。如果分包人未予积极配合,使得承包人涉及分包工程的索赔未获成功,则承包人可在应支付给分包人的工程款中扣除本应获得的索赔款项中适当比例的部分,即承包人受到的损失向分包人索赔。

（2）应由承包人承担责任的索赔事件

索赔原因往往是由于承包人的违约行为或分包人执行承包人指令导致。分包人按规定程序提出索赔后,承包人与分包人依据分包合同的约定通过协商解决。

8.4　FIDIC 合同条件概述

8.4.1　FIDIC 简介

FIDIC 是指国际咨询工程师联合会(法文"Federation Internationale Des Ingenieurs Conseils")。FIDIC 成立于 1913 年,它虽是一个非官方机构,却是一个具有国际性、权威性的咨询工程师组织。从成立至今,FIDIC 有了非常大的发展,其成员遍布于全球许多国家和地区,我国于 1996 年正式加入该组织。

8.4.1.1　FIDIC 的机构设置

FIDIC 下属的成员协会与专业委员会见表 8.1。

表 8.1　FIDIC 下属的成员协会与专业委员会一览表

编码		代号	名称
地区成员协会	1	ASPAC	FIDIC 亚洲及太平洋地区成员协会
	2	CAMA	FIDIC 非洲成员协会成员集团
专业委员会	1	CCRC	业主与咨询工程师关系委员会
	2	CC	合同委员会
	3	RMC	风险管理委员会
	4	QMC	质量管理委员会
	5	ENVC	环境管理委员会

8.4.1.2　规范性文件

为了使国际工程建设的实施管理科学化、制度化,FIDIC 作为国际性的建筑业协会的权威性组织,由其专业委员会编制了许多规范性文件。这些文件不但被 FIDIC 的成员国采用,而且也常常被世界银行、亚洲开发银行、非洲开发银行的招标样本采用。1999 年出版的 FIDIC 四本合同条件的特点见表 8.2。

表 8.2　1999 年版的 FIDIC 合同条件的特点

合同名称		适用范围	业主权限	承包商职责	支付方式	监理工程师工作	风险分担情况	通用条款数量
简称	统一称谓							
红皮书	施工合同条件	各类大型、复杂性的工程,主要工作为施工	业主负责大部分设计工作	工程的施工及合同中所界定的其他工作	按工程量表中的单价支付完成的工程量	监理工程的施工并签发支付证书	风险分担均衡	共20条163款
黄皮书	永久设备与设计-建造合同条件	机电设备项目、其他基础设施、其他类型的项目	业主只负责编制项目纲要(即业主的要求)和永久设备的性能要求	承包商负责大部分设计工作和全部的施工安装工作	在包干价格下实施里程碑支付方式(在个别情况下也可以采用单价支付方式)	监督设备制造、安装和施工,签发支付证书	风险分担基本均衡,但是从一定的角度来看,承包商承担的风险要偏大些	共20条167款

合同名称		适用范围	业主权限	承包商职责	支付方式	监理工程师工作	风险分担情况	通用条款数量
简称	统一称谓							
银皮书	EPC 交钥匙项目合同条件	私人投资的项目,如 BOT 项目(地下工程太多的项目除外)	业主代表直接管理项目的实施过程,采用较灵活的管理方式,但严格执行竣工检验和竣工后的验收	设计(含工程规划及整个设计过程中的管理工作)及工程材料、设备的采购、工程的施工	采用固定不变(总价)交钥匙合同方式,并按里程碑方式支付	由业主任命的代表负责合同的履行管理,他可行使除因承包商严重违约而决定终止合同以外规定的全部权利	项目风险大部分由承包商承担,但业主愿意为此多付出一定的费用	共 20 条 166 款
绿皮书	简明合同格式	施工合同金额较小(如低于 50 万美元)、施工期较短(如少于 6 个月)的土木工程	业主负责设计工作(也可以是承包商负责)	工程的施工,也可以负责工程的设计工作	可以采用单价(或总价)合同,但应在协议书中具体规定	监理工程师不一定参与工程的管理	无论对业主,还是承包商,风险均较小	共 15 条 52 款

　　FIDIC 所编制的示范文件,已得到美国总承包商协会(AGCA)、中美洲建筑工程师联合会(FIIC)以及亚洲及太平洋承包商协会(IFAWPCA)的批准,由上述机构推荐作为实行国际工程招标时的通用合同条款,并且得到了阿拉伯基金联合会和世界银行的认可。

　　FIDIC 的各类示范文本受到我国工程管理界的欢迎,为我国 FIDIC 合同条件与基本模式的建设管理体制(项目法人责任制、招标投标制、工程监理制、合同管理制)的实施起到了巨大的推动作用,同时也为我国对外工程承包管理水平的提高发挥了不可替代的积极作用。

8.4.1.3　FIDIC 合同条件的普遍意义

　　FIDIC 合同条件是世界各国土木工程建设、管理百余年经验的总结,科学地把建筑安装工程的技术、管理、经济、法律有机地结合起来,并以合同的形式加以固定,详细地规定了业主、工程师和承包商各自的责任、权利和义务。执行一项国际工程采用 FIDIC 合同条件,从狭义上可以解释为采用一套标准的合同条件,从广义上也可以理解为该工程的实施是按照一套标准的招标文件通过招标选择承包商,经过工程师的独立监理进行控制,按照业主与承包商签订的合同进行施工。

　　采用 FIDIC 合同条件作为国际工程实施的标准范本有许多优点:

　　(1)脉络清晰、逻辑性强,承包商、业主之间的风险分担公平合理。

　　(2)对业主、承包商的责任和监理工程师的权利做了明确的规定,避免合同执行过程中过多的纠纷和索赔事件的发生,起到相互制约的作用。

　　(3)被大多数国家采用,并为世界大多数承包商所熟悉,又受到世界银行及其国际金融机构推荐,有利于实行国际竞争性招标。

　　(4)通过承包商在工程造价、技术等方面的竞争,可以保证工程质量,有效地控制工程造价和工期,业主和承包商均可获得利益。

(5)从工程施工计划的规定,到项目建成并通过保修期的试运行,均有一整套合同要求,以方便施工计划的制订和管理。

总之,学习和掌握 FIDIC 的各类合同条件,能大大提高每一位工程项目管理者的管理水平,使其在工程项目管理的思想、理念、操作程序与方法上与国际接轨。

8.4.2 FIDIC《施工合同条件》简介

FIDIC 于 1987 年出版"红皮书"《土木工程施工合同条件》,后经 1988 年、1992 年和 1996年多次修订并出版增补版后,又于 1999 年在经过对全球近 40 个国家的有关政府机构、业主及承包商等单位(204 家)征求意见的基础上,出版了《施工合同条件》新范本。新范本在维持《土木工程施工合同条件》(1988 年第四版修订版)基本原则的基础上,结合调查的反馈意见,对合同结构和条款内容均进行了适当的修订。

8.4.2.1 FIDIC《施工合同条件》对投资的控制

FIDIC《施工合同条件》中涉及投资控制的条款范围很广,有的直接与投资控制有关,有的间接与投资控制有关。概括起来,大致包括有关工程计量的规定、与合同有关的期中结算与支付、竣工结算与支付、最终结算与支付、有关合同价格调整的规定等方面。

(1)工程计量

工程量清单或其他报表中列出的任何工程量仅为估算工程量,并不作为实际和正确的工程量。实际工程量需通过测量确定,并按照实际净值核实确定支付价款。

一般工程量计量过程如下:

①工程师在测量前通知承包商。

②承包商立即参加或派代表协助工程师测量,并提供工程师要求的详细资料。如果承包商未参加或委派代表,则以工程师的测量结果为准。

③对需用记录进行测量的永久工程,工程师应做好准备,并通知承包商参加记录审查。如果承包商同意审查结果就签字;如果不同意,须在审查通知发出 14 d 内向工程师提出异议,工程师确认或修改。如果承包商未在 14 d 内提出异议,则认为该记录是准确的并被接受;如果承包商未参加审查,则认为记录是准确的并被接受。

(2)期中结算与支付

期中付款如按月进行即月进度支付。对此,承包商应提交月报表,交由工程师审核后填写支付证书并报送发包人。

①承包商应在每个月月末按工程师指定的格式向其提交一式六份的报表,每份报表均由经工程师批准的承包商代表签字。

②工程师接到月结算报表后,在 28 d 内应向发包人报送他认为应该付给承包商的本月结算款额和可支付的项目。即在审核承包商报表中申报的款项内容的合理性和计算的准确性后,工程师应按合同规定扣除应扣款额,所得金额净值即为承包商本月应得款。应扣款额主要是以前支付的预付款额、按合同规定计算的保留金额以及承包商到期应付给发包人的其他金额。如果最后计算的金额净值少于投标书附件中规定的临时支付证书最少金额时,工程师可以不对这月结算做证明,留待下月一并付款。

工程师在签发每月支付证书时,有权对以前签发的证书进行修改;如果工程师对某项工作的执行情况不满意,也有权在证书中删去或减少该项工作的价值。

（3）竣工结算与支付

承包商在收到工程接收证书后 84 d 内,按"申请期中支付证书"程序向工程师提交工程竣工报表,内容包括:

①截至接收证书上注明的日期,按合同已完成工程的价值。

②承包商认为到期应支付的其他金额。

③承包商认为根据合同将到期支付给他所有款项的估算总额。

工程师应按签发期中支付证书的程序开具支付证明。

（4）最终结算与支付

在工程全部完成并且缺陷通知期结束后,合同双方需要根据工程款的最终结算确定合同的最终价款,并且将合同价格剩余的款额全部支付给承包商。

①承包商在收到履约证书后 56 d 内,应向工程师提交最终报表草案及其他证明资料。最终报表草案要详细列明承包商完成的全部工作的价值和承包商认为业主应支付给他的余额。草案经工程师审核并与承包商协商或补充、修改后,应形成最终报表。

②《施工合同条件》规定,承包商提交最终报表时,同时还应提交一份结算清单。结算清单上应确认最终报表中的总额即为业主应支付给承包商的全部和最终的合同结算款额,作为同意与业主终止合同关系的书面文件。

③工程师在接到最终报表和结算清单后 28 d 内签发最终支付证书,业主应在收到证书后 56 d 内支付。

（5）合同价格的调整

在工程承包合同的履行过程中,除正常的计价外,影响合同价格的因素有工程变更、索赔、物价涨落、法规变化等。其中,物价涨落和法规变化对合同的价格影响如下:

①物价涨落。对劳务、货物以及其他投入工程的费用,按照它们各自在合同总价格的比例和其"价格指数"进行调整。

②法规变化。如果在基准日期(投标截止日之前 28 d)之后,与承包商所签订的合同有关的工程所在国的法律发生变更(包括对法律解释的变更),则合同价格应做相应调整,并且承包商有权根据变更情况获得费用补偿和工期延长。

8.4.2.2　FIDIC《施工合同条件》对进度的控制

（1）开工、竣工日期

开工日期,指在承包商接到中标函后 42 d 内,工程师向承包商发出的通知中注明的日期。

竣工时间,指在投标函附录中规定的,从开工日期算起到工程或某一区段完工的日期,包括由于非承包商责任引起的工期延长。实际竣工时间由工程师在工程接收证书中注明。

（2）工期延长

如果出现如下任何情况,承包商有权向工程师提出延长工期的要求:

①工程变更或合同中包括的某项工程数量发生了实质性变化;

②根据合同规定承包商有权获得工期延长的其他情况;

③异常不利的气候条件;

④由于传染病或其他政府行为导致人员、货物的短缺;

⑤由于业主人员的责任造成的延误、干扰或阻碍;

⑥由于非承包商责任,工程所在国公共当局延误或干扰了承包商工作。

（3）工期暂停

工程师有权指令承包商暂停工程施工。暂停期间,承包商应保护、保管以及保障该部分工程免遭任何损失。对由于非承包商责任引起的工程暂停,承包商有权根据合同获得工期延长和费用补偿。

当工程已暂停 84 d 以上,承包商可向工程师提出复工请求。如果工程师未在 28 d 内给予许可,承包商可视情况采取如下措施:

①暂停工程影响到局部,则可将这部分工程作为变更删减掉;

②暂停工程影响到整个工程,则可向业主提出终止合同。

（4）追赶施工进度

工程师认为整个工程或部分工程的施工进度滞后于合同中竣工要求的时间时,可以下达赶工指示。承包商应立即采取经工程师同意的必要措施加快施工进度。发生这种情况时,也要根据赶工指令的发布原因,决定承包商的赶工措施是否应该给予补偿。在承包商没有合理理由延长工期的情况下,不仅无权要求补偿赶工费用,而且在他的赶工措施中若包括有夜间或当地公认的休息日加班工作时,还需承担工程师因增加附加工作而需补偿的监理费用。虽然这笔费用按责任应由承包商承担,但不能由他直接支付给工程师,而应由业主支付后从承包商应得款内扣回。

8.4.2.3　FIDIC《施工合同条件》对质量的控制

（1）对材料、工程设备和工艺的检验

①一切材料、工程设备和工艺均应达到合同中所规定的相应等级,并符合工程师的批示要求。承包商应随时按工程师可能提出的要求,在制造、装配或准备地点,或在施工现场,或在合同可能规定的其他某个地点,供工程师进行检验。工程师及其任何授权人员有随时进入施工现场的权利。

②承包商在将材料用于工程之前,应向工程师提交有关材料的样品和资料,取得工程师的同意。此类样品包括承包商自费提供的厂家的标准样品以及合同中规定的其他样品,如果工程师还要求承包商提供任何附加样品,则工程师应以变更形式发出指令。每种样品上应列明原产地和工程中的用途。

③业主人员有权在一切合理的时间进入现场以及天然料场,业主人员还有权在一切合理的时间进入项目设备和材料的制造生产基地,检验和测量永久设备和材料的用料、制造工艺以及进度。

④承包商应提供一切机会协助业主人员完成此类工作,并提供所需设施等。此类检查不解除承包商的任何义务和责任。当完成的一项工作在隐蔽之前,或者任何产品在包装运输之前,承包商应及时通知工程师,工程师应前来检验和测量等,不得无故延误。如果工程师不要求检查,应及时通知承包商;如果承包商没有通知工程师,则在工程师要求时,承包商应自费打开已经覆盖的工程,供工程师检验并随后恢复原状。

⑤如果在商定的时间和地点供检验的材料或工程设备未准备好,或者根据检验结果确认材料或工程设备是不符合合同规定的,那么工程师可以拒收这些材料或工程设备,并应立即通知承包商,通知书写明拒收的原因。承包商应即刻纠正所述缺陷或者保证被拒收的材料或工程设备符合合同规定。

（2）对工程项目施工过程的检查

①对承包商质量自检系统进行检查和监督。承包商应建立质量自检系统，这是最基本的质量管理体系。在施工过程中，工程师应对承包商的质量管理体系进行检查和监督，使其发挥良好的作用。

②对各项工程活动进行检查和监督。工程师应在施工过程中检查和监督承包商的各项工程活动，包括施工中的材料质量、混合料的配比、设备的运行及工艺、人员的组成和操作等情况的每一个环节。

（3）缺陷责任期的质量控制

在缺陷责任期满前的任何时候，承包商都有义务根据工程师的指示调查工程中出现的任何缺陷、收缩或不合格之处的原因，将调查报告报送工程师，并抄送业主。调查费用由造成质量缺陷的责任方承担。

①施工期间承包商应自费进行此类调查。若缺陷原因属于业主应承担的风险，如业主采购的材料不合格、其他承包商施工造成的损害等，应由业主负责调查费用。

②缺陷责任期内只要不是由于承包商使用缺陷材料或设备、施工工艺不合格以及其他违约行为引起的缺陷责任，调查费用应由业主承担。

（4）质量补救措施

尽管工程师已经对材料、设备以及工程施工质量进行了检验或给予了认可，但仍有权做出如下指示：

①承包商换掉不符合合同规定的材料和永久设备；

②不符合合同要求的工作一律返工；

③承包商发生紧急情况，如事故、意外事件等，为了工程的安全需要做的任何工作。

 综合案例

一、案例概况

某设计单位承担了某工程的勘察设计任务，在工作过程中，为了保证工作质量，设计单位聘请了法律顾问对工作质量进行了管理，由于事前防范措施得力，工程在结束后顺利通过了验收。后来工程出现事故，业主提出了质量责任的赔偿请求。由于在工作中质量资料保存完整，有力地对抗了业主请求，法院也驳回了业主的请求。

二、问题

工程勘察、设计单位的质量责任和义务有哪些？

三、案例评析

（1）设计文件应符合国家现行的有关法律、法规、工程设计技术标准和合同的规定。

（2）工程勘察文件应反映工程地质、地形与地貌、水文地质状况，评价准确，数据可靠。

（3）设计文件的深度，应满足相应设计阶段的技术要求。施工图纸应配套，细部、节点应交代清楚，标注说明应清晰、完整。

（4）设计中选用的材料、设备等，应注明其规格、型号、性能、色泽等，并提出质量要求，但不得指定生产厂家。

【学 生 笔 记】

1.简述勘察设计合同中发包人应履行的责任。

2.监理人和委托人的权利和义务有哪些？

3.简述建设工程分包合同履行管理应注意的问题。

4.FIDIC 合同的优势有哪些？

【课 后 题 库】

模块 8
课后题库单选
练习题及答案

模块 8
课后题库多选
练习题及答案

模块9　建设工程索赔

【思维导图】

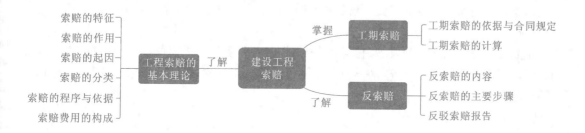

索赔的特征
索赔的作用
索赔的起因
索赔的分类
索赔的程序与依据
索赔费用的构成
——工程索赔的基本理论——了解——建设工程索赔——掌握——工期索赔——工期索赔的依据与合同规定／工期索赔的计算
　——了解——反索赔——反索赔的内容／反索赔的主要步骤／反驳索赔报告

【模块导读】

随着我国基本建设制度与国际接轨,计划经济向市场经济彻底转变,建设项目施工过程中,工程索赔变得尤为突出。工程索赔是合同管理的重要环节,也是项目管理的重要内容,如何面对索赔进行项目管理,是施工企业取得竞争优势,实现可持续发展的关键。

【案例引入】

某公司在北京地区新建一办公楼,建筑面积 20000 m²,开工期为 20××年 6 月 20 日,竣工日期为 20××年 11 月 20 日。

工程按照合同约定顺利开工,在结构工程施工到 1/2 时,甲方与承包商协商,并达成如下协议:甲方将该楼外墙的玻璃幕装修项目、室内隔墙砌筑项目单独发包给专业公司施工,并支付承包商该项目价格的 1.5% 作为管理配合费,专业公司按承包商管理要求的日期进场,有关工程款由甲方直接支付给专业公司。

承担外墙玻璃幕装修项目的专业公司根据有关承包商的要求,于 20××年 4 月 20 日进场施工,但是在进场后的 20××年 6 月 10 日,该专业公司因甲方未按其双方签署的合同约定支付工程款而停工,承包商因外墙装修停工,原计划 20××年 10 月 20 日开始的其他外墙施工项目无法进行。

外墙装修项目在 20××年 6 月份才恢复施工。

在 20××年 5 月 20 日,承包商按进度计划安排,要求室内隔墙砌筑项目的施工单位进场,要求完工日期为 20××年 11 月 2 日。该项目的施工单位按合同约定准时进场。在施工过程中,因施工质量不合格,多次返工,致使承包商的机电施工受到影响。直到 20××年 3 月 20 日才合格地完成砌筑任务,致使机电项目施工拖延了 5 个月。

问题:

(1)承包商是否可以因外墙装修项目停工,向发包人提出工期索赔、经济损失索赔?

(2)发包人是否可以向外墙玻璃幕装修单位因停工提出经济损失的索赔?为什么?

（3）因室内砌筑进展缓慢,承包商是否可以向发包人提出工期索赔和窝工索赔?

9.1 工程索赔的基本理论

工程索赔在建筑市场上是承包商保护自身正当权益,弥补工程损失、提高经济效益的重要和有效手段。因此,应当加强对索赔理论和方法的研究,以便在实践中得到正确的运用。

工程索赔,是指在工程合同履行过程中,合同当事人一方因非自身因素或对方不履行或未能正确履行合同而受到经济损失或权利损害时,通过一定的合法程序向对方提出经济或时间补偿的要求。

索赔是一种正当的权利要求,它是业主方、监理方和承包方之间的一项正常的、大量发生而且普遍存在的合同管理业务,是一种以法律和合同为依据的、合情合理的正当行为,应该予以重视。

9.1.1 索赔的特征

9.1.1.1 索赔的基本特征

从工程索赔的基本概念,可以看出索赔具有以下基本特征:

（1）索赔是双向的,不仅承包商可以向业主索赔,业主同样也可以向承包商索赔,但是在实践中业主向承包商索赔的频率较低。

（2）只有实际发生了经济损失或权利损害,一方才能向对方索赔。

（3）索赔是一种未经对方确认的单方行为,对对方尚未形成约束力,索赔的要求能否得到最终实现,必须通过确认（如双方协商、谈判、调解或仲裁、诉讼）后才能实现。

9.1.1.2 索赔的本质特征

根据索赔的基本特征进行归纳,索赔具有如下本质特征:

（1）索赔是要求给予补偿（赔偿）的一种权利、主张。

（2）索赔的依据是法律、法规、合同文件及工程建设惯例,但主要是合同文件。

（3）索赔是因非自身原因导致的,要求索赔一方没有过错。

（4）与合同相比较,已经发生了额外的经济损失或工期损害。

（5）索赔必须有切实有效的证据。

（6）索赔是单方行为,双方没有达成协议。

9.1.1.3 索赔与违约责任

在工程建设合同中有违约责任的规定,那么为什么还要索赔呢? 这个问题实质上涉及了两者在法律概念上的异同。索赔与违约责任的不同主要可以归纳为以下几点:

（1）索赔事件的发生不一定在合同文件中有约定;而工程合同的违约责任一般是合同中所约定的。

（2）索赔事件的发生,可以是一定行为造成（包括作为和不作为）的,也可以是不可抗力事件引起的;而追究违约责任,必须要有合同不能履行或不能完全履行的违约事实的存在,发生不可抗力可以免除追究当事人的违约责任。

（3）索赔事件的发生,可以是合同的当事人一方引起的,也可以是任何第三方行为引起的;而违反合同则是由于当事人一方或双方的过错造成的。

（4）一定要有造成损失的后果才能提出索赔,因此索赔具有补偿性;而合同的违约不一定要造成损害后果,因为违约责任具有惩罚性。

（5）索赔的损失结果与被索赔人的行为不一定存在法律上的因果关系,如由于业主指定分包商的原因造成承包商损失的,承包商可以向业主索赔等;而违反合同的行为与违约事实之间存在因果关系。

9.1.2　索赔的作用

事实证明,索赔的健康开展对于培养和发展社会主义建筑市场,促进建筑业的发展,提高工程建设的效益,起着非常重要的作用。

（1）有利于促进双方加强内部管理,提高双方管理素质,加强合同的管理,维护市场正常秩序。

（2）有利于工程造价的合理确定,可以把原来加入工程报价中的一些不可预见费用,改为实际发生的损失支付,便于降低工程报价,使工程造价更实事求是。

（3）有利于政府转变职能,使双方依据合同和实际情况实事求是地协商工程造价和工期,从而使政府从烦琐的调整概算和协调双方关系等微观管理工作中解脱出来。

（4）有利于双方更快地熟悉国际惯例,熟练掌握索赔和处理索赔的方法和技巧,有利于对外开放和对外工程承包的开展。

9.1.3　索赔的起因

9.1.3.1　发包人或工程师违约

（1）发包人没有按合同规定的时间和要求提供施工场地、创造施工条件造成违约

《示范文本》详细规定了专用条款约定的时间和要求所要完成的土地征用;房屋拆迁;清除地上、地下障碍;保证施工用水、用电;材料运输;机械进场;办理施工所需各种证件、批件及有关申报批准手续,提供地下管网线路资料等发包人的工作。开工日期经施工合同协议书确定后,承包商要按照既定的开工时间做好各种准备,并需提前进场做好办公、库房及其他临时设施的搭建等工作。如果发包人不能在合同规定的时间内给承包商的施工队伍进场创造条件,使准备进场的人员不能进场,准备进场的机械不能到位,应提前进场的材料运不进场,其他的开工准备工作不能按期进行,导致工期延误或给承包商造成损失的,承包商可提出索赔。

南京某工程施工中发生有关拆迁的工期索赔。在施工单位的施工过程中由于施工现场旁边的旧有配电房直接阻挡了施工进度,使承包商的导墙和地下连续墙的施工停工10天,承包商提出10天的工期索赔。

但是业主认为该导墙施工不在关键线路上而加以拒绝。承包商在对工程网络计划进行分析后,证明由于拖延10天使该导墙施工从原来的非关键线路变成了关键线路。最终业主同意了3天的工期顺延。

（2）发包人没有按施工合同规定的条件提供应供应的材料、设备造成违约

《示范文本》规定了发包人所承担的材料、设备供应责任。如果发包人所供应的材料和设

备到货时间、地点、单价、种类、规格、数量、质量等级与合同附件的规定不符,导致工期延误或给承包商造成损失的,承包商可提出索赔。

(3)发包人没有能力或没有在规定的时间内支付工程款造成违约

按照《示范文本》规定,发包人应按照专用条款规定的时间和数额,向承包商支付预付款和工程款。当发包人没有支付能力或拖期支付及由此引发的停工,导致工期延误或给承包商造成损失的,承包商可提出索赔。

(4)工程师对承包商在施工过程中提出的有关问题久拖不定造成违约

《示范文本》规定,工程师应按照合同文件的要求行使自己的权力,履行合同约定的职责,及时向承包商提供所需指令、批准、图纸等。在施工过程中,承包商为了提高生产效率,增加经济效益,较早发现工程进展中的问题,并向工程师寻求解决的办法,或提出解决方案报工程师批准,如果工程师不及时给予解决或批准,将会直接影响工程的进度,形成违约事件,承包商可以索赔。

(5)工程师工作失误,对承包商进行不正确纠正、苛刻检查等造成违约

《示范文本》中对工程质量的检查、验收等工作程序及争议解决都做了明确规定。但是在实际工作中,由于具体工作人员的工作经历、业务水平、思想素质及工作方式、方法等原因,往往会造成承发包双方工作的不协调,其中因工程师造成的影响会成为索赔的起因。

①工程师的不正确纠正。在施工过程中,可能发生工程师认为承包商某施工部位或项目所采用的材料不符合技术规范或产品质量的要求,从而要求承包商改变施工方法或停止使用某种材料,但事后又证明并非承包商的过错,因此工程师的纠正是不正确的。在此情况下,承包商对不正确纠正所发生的经济损失及时间(工期)损失提出相应补偿是维护自身利益的表现。

②工程师对正常施工工序造成干扰。一般情况下,工程师应根据施工合同发出施工指令,并可以随时对任何部位进行质量检查。但是,工程师对承包商在施工中所采用的方法及施工工序不必过多干涉,只要不违反施工合同要求和不影响工程质量就可以进行。如果工程师强制承包商按照某种施工工序或方法进行施工,就可能打乱承包商的正常工作顺序,造成工程不能按期完成或增加成本开支。

不论工程师意图如何,只要造成事实上对正常施工工序的干扰,其结果都可能导致不应有的工程停工、开工、人员闲置、设备闲置、材料供应混乱等局面,由此而产生的实际损失,承包商必然提出索赔。

③工程师对工程进行苛刻检查。《示范文本》规定了工程师及其委派人员有权在施工过程中的任何时候对任何工程进行现场检查。承包商应为其提供便利条件,并按照工程师及委派人员的要求返工、修改,承担由自身原因导致返工、修改的费用。毫无疑问,工程师的各种检查都会给被检查现场带来某种干扰,但这种干扰应理解为是合理的。工程师所提出的修改或返工的要求应该依据施工合同所指定的技术规范,一旦工程师的检查超出了施工合同范围的要求,超出了一般正常的技术规范要求即认为是苛刻检查。

常见的苛刻检查的种类有:对同一部分工程内容反复检查;使用与合同规定不符的检查标准进行检查;过分频繁检查;故意不及时检查等。

面对具有丰富经验的承包商,工程师对自己权力的行使应掌握好合同界限,过分地不恰当地行使自己的权力,对工程进行苛刻的检查,将会对承包商的施工活动产生影响,必然导致承

包商的索赔。

9.1.3.2　合同变更与合同缺陷

（1）合同变更

合同变更，是指施工合同履行过程中，对合同范围的内容进行修改或补充。合同变更的实质是对必须变更的内容进行新的要约和承诺。现代工程中，对于一个较复杂的建设工程，合同变更会有几十项甚至更多。大量的合同变更正是承包商的索赔机会，每一变更事项都有可能成为索赔依据。合同变更一般体现在由合同双方经过会谈、协商对需要变更的内容达成一致意见后，签署的会议纪要、会谈备忘录、变更记录、补充协议等合同文件中。合同变更的具体内容可划分为工程设计变更、施工方法变更、工程师及委派人的指令等。

①工程设计变更，一般存在两种情况，即完善性设计变更和修改性设计变更。

所谓完善性设计变更，是指在实施原设计的施工中不进行技术上的改动将无法进行施工的变更。通常表现为对设计遗漏、图纸互相矛盾、局部内容缺陷方面的修改和补充。完善性设计变更通过承发包双方协调一致后即可办理变更记录。

所谓修改性设计变更，是指并非设计原因而对原设计工程内容进行的设计修改。此类设计变更的原因主要来自发包人的要求和社会条件的变化。

对于完善性设计变更，是在有经验的承包商意料之中的变更。常常由承包商发现并提交工程师进行解决，办理设计变更手续。这类变更一般情况下对工程量的影响不大，对施工中的各种计划安排、材料供应、人力及机械的调配影响不大，相对应的索赔机会也较少。

对于修改性设计变更，即使是有经验的承包商也难以预料。尽管这种修改性设计变更并非完全是发包人自身的原因，但其往往影响承包商的局部甚至整个施工计划的安排，带来许多对施工方面的不利因素，造成承包商重复采购、调整人力或机械调配、等待设计图纸修改、对已完工程进行拆改等，成本比原计划增加，工期比原计划延长。承包商会抓住这一机会，向发包人提出因设计变更所引起的索赔。

②施工方法变更，是指在执行经工程师批准的施工组织设计时，因实际情况发生变化需要对某些具体的施工方法进行修改。这种对施工方法的修改必须报工程师批准方可执行。

施工方法变更，必然会对预定的施工方案、材料设备、人力及机械调配产生影响，会使施工成本加大，其他费用增加，从而引起承包商索赔。

③工程师及委派人的指令：如果工程师指令承包商加速施工、改换某些材料、采取某项措施进行某种工作或暂停施工等，则带有较大成分的人为合同变更，承包商可以抓住这一合同变更的机会提出索赔。

（2）合同缺陷

合同缺陷，是指承发包当事人所签订的施工合同在进入实施阶段才发现的，合同本身存在的、现在已很难再做修改或补充的问题。

大量的工程合同管理经验证明，施工合同在实施过程中，常发现有如下的情况：

①合同条款用语含糊、不够准确，难以分清双方的责任和权益。

②合同条款中存在漏洞，对实际可能发生的情况未做预料和规定，缺少某些必不可少的条款。

③合同条款之间存在矛盾，即在不同的条款中，对同一问题的规定或要求不一致。

④由于合同签订前没有就各方对合同条款的理解进行沟通，导致双方对某些条款理解不

一致。

⑤对合同一方要求过于苛刻、约束不平衡,甚至发现某些条款是一种圈套,某些条款中隐含着较大风险。

按照我国签订施工合同所应遵守的合法公正、诚实信用、平等互利、等价有偿的原则,合同的签订过程是双方当事人意思自治的体现,不存在一方对另一方的强制、欺骗等不公平行为。因此,签订合同后发现的合同本身存在的问题,应按照合同缺陷进行处理。无论合同缺陷表现为哪一种情况,其最终结果可能是以下两种:一是当事人对有缺陷的合同条款重新解释定义,协商划分双方的责任和权益;二是各自按照本方的理解,把不利责任推给对方,发生激烈的合同争议后,提交仲裁机构裁决。

总之,施工合同缺陷的解决往往是与施工索赔及解决合同争议联系在一起的。

9.1.3.3　不可预见性因素

(1)不可预见性障碍

不可预见性障碍是指承包商在开工前,根据发包人所提供的工程地质勘察报告及现场资料,并经过现场调查,仍然无法发现的地下自然或人工障碍,如古井、墓坑、断层、溶洞及其他人工构筑物类障碍等。

不可预见性障碍在实际工程中表现为不确定性障碍的情况更常见。所谓不确定性障碍是指承包商根据发包人所提供的工程地质勘察报告及现场资料,或经现场调查可以发现地下存在自然的或人工的障碍,但因资料描述与实际情况存在较大差异,而这些差异导致承包商不能预先准确地制定处理方案,估计处理费用。

不确定性障碍属不可预见性障碍范围,但从索赔的角度看,不可预见性障碍的索赔比较容易被批准,而不确定性障碍的索赔则需要根据施工合同细则条款论证。区分不确定性障碍与不可预见性障碍的表现,采取不同的索赔方法是索赔管理人员应注意的。

(2)其他第三方原因

其他第三方原因是指与工程有关的其他第三方所发生的问题对工程施工的影响。其表现的情况是复杂多样的,往往难以划分类型,如下述情况:

①正在按合同供应材料的单位因故被停止营业,使需要的材料供应中断。

②因铁路部门的原因,正常物资运输造成压站,使工程设备迟于安装日期到场,或不能配套到场。

③进场设备运输必经桥梁因故断塌,使绕道运费大增。

诸如上述及类似问题的发生,客观上给承包商造成施工停顿、等候、多支出费用等情况。

如果上述情况中的材料供应合同、设备订货合同及设备运输路线是发包人与第三方签订或约定的,承包商可以向发包人提出索赔。

9.1.3.4　国家政策、法规的变化

国家政策、法规的变化,通常是指直接影响到工程造价的某些国家政策、法规的变化。我国目前正处在改革开放的发展阶段,特别是加入 WTO 以后,正在与国际市场接轨,价格管理逐步向市场调节过渡,每年都有关于对建设工程造价的调整文件出台,这对工程施工必然产生影响。对于这类因素,承发包双方在签订合同时必须引起重视。在现阶段,因国家政策、法规变更所增加的工程费用占有相当大的比重,是一项不能忽视的索赔因素。常见的国家政策、法规的变更有:

(1)由工程造价管理部门发布的建设工程材料预算价格调整。

(2)建筑材料的市场价与概预算定额文件价差的有关处理规定。

(3)国家调整关于建设银行贷款利率的规定。

(4)国家有关部门在工程中停止使用某种设备、某种材料的通知。

(5)国家有关部门在工程中推广某些设备、施工技术的规定。

(6)国家对某种设备、建筑材料限制进口、提高关税的规定等。

显然,上述有关政策、法规对建设工程的造价必然产生影响,承包商可依据这些政策、法规的规定向发包人提出补偿要求。假如这些政策、法规的执行会减少工程费用,受益的无疑应该是发包人。

9.1.3.5　合同中止与解除

施工合同签订后对合同双方都有约束力,任何一方违反合同规定都应承担责任,以此应促进双方较好地履行合同。但是实际工作中,由于国家政策的变化,不可抗力及承发包双方之外的原因导致工程停建或缓建的情况时有发生,必然造成合同中止。另外,由于在合同履行中,承发包双方在合作中不协调、不配合甚至矛盾激化,使合同履行不能再维持下去;或发包人严重违约,承包商行使合同解除权;或承包商严重违约,发包人行使合同解除权等情况,都会产生合同的解除。

由于合同的中止或解除是在施工合同还没有履行完毕时发生的,必然导致承发包双方经济损失,因此发生索赔是难免的。但引起合同中止与解除的原因不同,索赔方的要求及解决过程也大不一样。

9.1.4　索赔的分类

索赔有可能发生在工程项目实施的各个阶段,由于范围比较广泛,其分类随着划分方法以及标准的不同而存在不同,大致有以下几类划分方法:

9.1.4.1　按索赔的性质分类

(1)工程延误索赔

工程延误索赔是指因发包人(业主)原因,如未按合同约定及时交付设计图纸、施工现场、道路等,或由于双方不可控制因素的发生而引起延误,承包商因此受到损失而提出的索赔。

(2)工程变更索赔

①现场条件变更索赔

现场条件变更索赔是指由于现场施工条件与预计情况严重不符,如现场地质条件的变化或天气异常恶劣等所引起的索赔。

②工程范围变更索赔

工程范围变更索赔是指由于业主变更工程范围,以及增加或减少合同工程量,使承包商遭受损失而产生的索赔。

(3)工程加速索赔

工程加速索赔是指由于业主要求提前竣工,或由于业主的原因发生工程延误,业主要求按时竣工而引起承包商费用增加所产生的索赔。

(4)工程终止索赔

工程终止索赔是指由于某种非承包商责任原因,如不可抗力因素影响,使工程在竣工前被迫停止,并不再继续进行,承包商因此蒙受损失而提出的索赔。

(5)其他原因索赔

这里是指其他如货币贬值、汇率变化、物价和工资上涨、政策法规变化等原因引起的索赔。

9.1.4.2　按索赔的合同依据分类

(1)合同内索赔

合同内索赔即合同中明示的索赔,是指索赔所涉及的内容可以在合同条款中找到依据,并可根据合同规定明确划分责任。一般情况下,合同内索赔的处理和解决相对要顺利些。

(2)合同外索赔

合同外索赔即合同中默示的索赔,是指索赔的内容和权利难以在合同条款中找到依据,但可从合同引申含义和合同适用法律或政府颁布的有关法规中找到索赔的根据。

(3)道义索赔

道义索赔是指承包商无论在合同内或合同外都找不到进行索赔的合同依据和法律依据,因而没有提出索赔的条件和理由,但承包商认为自己有要求补偿的道义基础,而对其遭受的损失提出具有优惠性质的补偿要求。

业主一般在下列情形下可能会同意并接受道义索赔:其一,业主若另找承包商,费用会更高;其二,业主为了树立自己的形象;其三,业主出于对承包商的同情和信任;其四,业主谋求与承包商更理想或更长久的合作。

9.1.4.3　按索赔有关当事人分类

(1)总承包商与业主的索赔

它是指总承包商在履行合同过程中,因非己方责任事件影响造成工程延误及额外支出后向业主提出的索赔。非己方责任应理解为非总承包商及其分包商责任。

(2)总承包商与其分包商或分包商之间的索赔

它是指总承包商与分包商或分包商之间,为合同实施过程中的相互干扰事件影响其利益平衡而发生的相互间的索赔。

(3)业主与承包商的索赔

它是指业主向不能按期、按质、按量完成合同任务的承包商提出的索赔。

9.1.4.4　按索赔的目的分类

(1)工期索赔

工期索赔是指由于非承包商自身原因造成的工期延误,承包商向业主提出延长工期,推迟原规定的竣工日期,避免违约误期罚款的要求。

(2)费用索赔

费用索赔是指承包商对非自身原因造成的合同以外的额外费用支出向业主提出的费用补偿要求。

这是工程索赔当中最常用的一种分类方法。

9.1.4.5　按索赔的处理方式分类

(1)单项索赔

单项索赔是针对干扰事件采取的一事一索赔的方式,是指某一干扰事件发生对承包商造成工程延误或额外费用支出时,承包商在事件发生时或发生后立即进行责任分析和损失计算,并在合同规定的索赔有效期内提出的索赔,一般不与其他的索赔事项混在一起。

单项索赔由于是在索赔事件发生时立即进行,其责任、原因的分析与索赔值的计算、论证,相对而言比拖后处理更为容易,但也有些单项索赔金额很大,处理起来比较复杂。

(2)综合索赔

综合索赔又称为一揽子索赔或总索赔。它一般是指在工程竣工前,承包商将工程实施过程中未得到最终解决的多个单项索赔集中起来,综合提出一揽子方案解决索赔问题。

综合索赔中涉及的事件一般都是单项索赔中遗留下来的,双方对其责任的划分、费用的计算等往往意见分歧比较大。有时是由于业主故意拖延对单项索赔的及时处理和解决,致使许多索赔问题集中起来。在国际工程承包中,很多业主常常就以拖延的办法对付承包商的索赔。

综合索赔由于不是在事件发生时立即进行,以致许多事件交织在一起,其原因、责任错综复杂,使得证据资料的收集、整理和援引以及事件原因、责任和影响的分析等变得更为艰难,而且索赔的积累也常造成索赔谈判的困难。因此,在最终的一揽子解决过程中,承包商往往不得不做出较大的让步。

9.1.5　索赔的程序

9.1.5.1　索赔程序和时限的规定

在工程项目施工阶段,每出现一个索赔事件都应按照国家有关规定、国际惯例和工程项目合同条件的规定,认真、及时地协商解决。我国《示范文本》中对索赔的程序和时间要求有明确而严格的规定,主要包括以下几方面:

(1)甲方未能按合同约定履行自己的各项义务或发生错误,以及出现应由甲方承担责任的其他情况,造成工期延误;或甲方延期支付合同价款,或因甲方原因造成乙方的其他经济损失,乙方可按下列程序以书面形式向甲方索赔:

①造成工期延误或乙方经济损失的事件发生后 28 d 内,乙方向工程师发出索赔意向通知。

②发出索赔意向通知后 28 d 内,乙方向工程师提出补偿经济损失和(或)延长工期的索赔报告及有关资料。

③工程师在收到乙方送交的索赔报告和有关资料后,于 28 d 内给予答复,或要求乙方进一步补充索赔理由和证据。

④工程师在收到乙方送交的索赔报告和有关资料后 28 d 内未予答复或未对乙方做进一步要求,则视为该项索赔已被认可。

⑤当造成工期延误或乙方经济损失的该项事件持续进行时,乙方应当阶段性向工程师发出索赔意向,在该事件终了后 28 d 内,向工程师送交索赔的有关资料和最终索赔报告。

(2)乙方未能按合同约定履行自己的各项义务或发生错误给甲方造成损失,甲方也按以上各条款规定的时限和要求向乙方提出索赔。

9.1.5.2　索赔的工作过程

索赔的工作过程,即索赔的处理过程。施工索赔工作一般有以下几个步骤:索赔要求的提出、索赔证据的准备、索赔文件(报告)的编写、索赔文件(报告)的报送、索赔文件(报告)的评审、索赔谈判与调解、索赔仲裁或诉讼。现分述如下:

(1)索赔要求的提出。当出现索赔事件时,在现场先与工程师磋商,如果不能达成妥协方案,则承包商应审慎地检查自己索赔要求的合理性,然后决定是否提出书面索赔要求。按照FIDIC合同条款,书面的索赔通知书应在引起索赔的事件发生后 28 d 内向工程师正式提出,并抄送业主;逾期提送,将遭业主和工程师的拒绝。

索赔通知书一般都很简单,仅说明索赔事项的名称,根据相应的合同条款,提出自己的索赔要求。索赔通知书主要包括以下内容:

①引起索赔事件发生的时间及情况的简单描述。

②依据合同的条款和理由。

③说明将提供有关后续资料,包括有关记录和提供事件发展的动态。

④说明对工程成本和工期产生不利影响的严重程度,以期引起监理工程师和业主的重视。

至于索赔金额的多少或应延长工期的天数,以及有关的证据资料,可稍后再报给业主。

(2)索赔证据的准备。索赔证据的准备是施工索赔工作的重要环节。承包商在正式报送索赔文件(报告)前,要尽可能地使索赔证据完整齐备,不可"留一手"待谈判时再抛出来,以免造成对方的不愉快而影响索赔事件的解决。索赔金额的计算要准确无误,符合合同条款的规定,具有说服力;力求文字清晰,简单扼要,要重事实、讲理由,语言婉转而富有逻辑性。关于索赔证据包括的内容,将在后面做详细介绍。

(3)索赔文件(报告)的编写。索赔文件(报告)是承包商向监理工程师(或业主)提交的要求业主给予一定经济(费用)补偿或工期延长的正式报告。关于索赔文件(报告)的编写内容及应注意的问题等,将在后面做详细介绍。

(4)索赔文件(报告)的报送。索赔文件(报告)编写完毕后,应在引起索赔的事件发生后28 d内尽快提交给监理工程师(或业主),以正式提出索赔。索赔文件报告提交后,承包商不能被动等待,应隔一定的时间,主动向对方了解索赔处理的情况,根据对方所提出的问题进一步做资料方面的准备,或提供补充资料,尽量为监理工程师处理索赔提供帮助、支持和合作。

(5)索赔文件(报告)的评审。监理工程师(或业主)接到承包商的索赔文件(报告)后,应该马上仔细阅读,并对不合理的索赔进行反驳或提出疑问,监理工程师可以根据自己掌握的资料和处理索赔的工作经验提出意见和主张。如:

①索赔事件不属于业主和监理工程师的责任,而是第三方的责任。

②承包商未能遵守索赔意向通知的要求。

③合同中的开脱责任条款已经免除了业主补偿的责任。

④索赔是由不可抗力引起的,承包商没有划分和证明双方责任的大小。

⑤承包商没有采取适当措施避免或减少损失。

⑥承包商必须提供进一步的证据。

⑦损失计算夸大。

⑧承包商以前已明示或暗示放弃了此次索赔的要求。

监理工程师提出这些意见和主张时也应当有充分的根据和理由。评审过程中,承包商应对监理工程师提出的各种质疑给出圆满的答复。

(6)索赔谈判与调解。经过监理工程师对索赔报告的评审,与承包商进行了较充分的讨论后,监理工程师应提出对索赔处理决定的初步意见,并参加业主和承包商进行的索赔谈判,通过谈判,做出索赔的最后决定。

在双方直接谈判没能取得一致解决意见时,为争取通过友好协商办法解决索赔争端,可邀请中间人进行调解。有些调解是非正式的,例如通过有影响的人物(业主的上层机构、官方人士或社会名流等)或中间媒介人物(双方的朋友、中间介绍人、佣金代理人等)进行幕前幕后调解。也有些调解是正式性质的,例如在双方同意的基础上共同委托专门的调解人进行调解,调解人可以是当地的工程师协会或承包商协会、商会等机构。这种调解要举行一些听证会和调查研究,而后提出调解方案,如双方同意则可达成协议并由双方签字和解。

(7)索赔仲裁或诉讼。对于那些确实涉及重大经济利益而又无法用协商和调解办法解决的索赔问题,变成双方难以调和的争端,只能依靠法律程序解决。在正式采取法律程序解决之前,一般可以先通过自己的律师向对方发出正式索赔函件,此函件最好通过当地公证部门登记确认,以表示诉诸法律程序的前奏。这种通过律师致函属于"警告"性质,若多次警告而无法和解(如由双方的律师商讨仍无结果),则只能根据合同中"争端的解决"条款提交仲裁或司法程序解决。

9.1.6　索赔的依据

为了达到索赔成功的目的,承包商必须进行大量的索赔论证工作,以大量的证据来证明自己拥有索赔的权利和应得的索赔款额和索赔工期。在进行施工索赔时,承包商应善于从合同文件和施工记录等资料中寻找索赔的依据,在提出索赔要求的同时,提出必需的证据资料。可以作为索赔依据的资料主要有如下几种:

(1)政策法规文件

政策法规文件是指工程所在国的政府或立法机关公布的有关国家法律、法令或政府文件,如货币汇兑限制指令、外汇兑换率的决定、调整工资的决定、税收变更指令、工程仲裁规则等,这些文件对工程结算和索赔具有重要的影响,承包商必须高度重视。

(2)招标文件、合同文本及附件

如 FIDIC《施工合同条件》中的通用条件和专用条件,以及《示范文本》中的通用条款和专用条款、施工技术规范、工程范围说明、现场水文地质资料和工程量表、标前会议和澄清会议资料等,不仅是承包商投标报价的依据和构成工程合同文件的基础,而且是施工索赔时计算索赔费用的依据。

(3)施工合同协议书及附属文件

施工合同协议书,各种合同双方在签约前就中标价格、施工计划、合同条件等问题进行的讨论纪要文件,以及其他各种签约的备忘录和修正案等资料,都可以作为承包商索赔计价的依据。

(4)往来的书面文件

在合同实施过程中,会有大量的业主、承包商、工程师之间的来往书面文件,如业主的各种认可信与通知,工程师或业主发出的各种指令,如工程变更令、加速施工令等,以及对承包商提出问题的书面回答和口头指令的确认信等,这些信函(包括电传、传真资料等)都将成为索赔的证据。因此,来往的信件一定要留存,自己的回复则要留底。同时,要注意对工程师的口头指令及时书面确认。

(5)会议记录

在合同实施过程中,业主、工程师和承包商召开定期和不定期的工地会议,如施工协调会议、施工进度变更会议、施工技术讨论会议等,在这些会议上研究实际情况做出决议或决定等。这些会议记录均构成索赔的依据,但应注意这些记录若想成为证据,必须经各方签署才具有法律效力。因此,对于会议纪要应建立审阅制度,即做纪要的一方写好纪要稿后,送交参会各方传阅核签,如果有不同意见应在规定期限内提出或直接修改,若不提出意见则视为同意(这个程序需由各方在项目开始前商定）。

(6)批准的施工进度计划和实际进度记录

经过业主或工程师批准的施工进度计划和修改计划、实际进度记录和月进度报表是进行索赔的重要证据。进度计划中不仅指明工作间施工顺序和工作计划持续时间，而且还直接影响劳动力、材料、施工机械和设备的计划安排。如果由于非承包商原因或风险使承包商的实际进度落后于计划进度或发生工程变更，则这类资料对承包商索赔能否成功起到非常重要的作用。

(7)施工现场工程文件

施工现场工程文件包括现场施工记录、施工备忘录、各种施工台账、工时记录、质量检查记录、施工设备使用记录、建筑材料进场和使用记录、工长或检查员及技术人员的工作日记、监理工程师填写的施工记录和各种签证，各种工程统计资料如周报、月报，工地的各种交接记录如施工图交接记录、施工场地交接记录、工程中停电或停水记录等资料，这些资料构成工程的实际状态，是工程索赔时必不可少的依据。

(8)工程照片、录像资料

工程照片和录像作为索赔证据最直观，并且照片上最好注明日期。其内容可以包括工程进度照片和录像、隐蔽工程覆盖前的照片和录像、业主责任或风险造成的返工或工程损坏的照片和录像等。

(9)检查验收报告和技术鉴定报告

在工程中的各种检查验收报告，如隐蔽工程验收报告、材料试验报告、试桩报告、材料设备开箱验收报告、工程验收报告及事故鉴定报告等，这些报告是对承包商工程质量的证明文件，因此成为工程索赔的重要依据。

(10)工程财务记录文件

工程财务记录文件包括工人劳动计时卡和工资单、工资报表、工程款账单、各种收付款原始凭证、总分类账、管理费用报表、工程成本报表、材料和零配件采购单等，它是对工程成本的开支和工程款的历次收入所做的详细记录，是工程索赔中必不可少的索赔款额计算的依据。

(11)现场气象记录

工程水文、气象条件变化，经常引起工程施工的中断或工效降低，甚至造成在建工程的破损，从而引起工期索赔或费用索赔。尤其是遇到恶劣的天气，一定要做好记录，并且请工程师签字。这方面的记录内容通常包括：每月降水量、风力、气温、水位、施工基坑地下水状况等，对地震、海啸和台风等特殊自然灾害更要随时做好记录。

(12)市场行情资料

市场行情资料包括市场价格、官方公布的物价(工资指数、中央银行的外汇比率等)资料，是索赔费用计算的重要依据。

 **应用案例**

一、案例概况

某承包商通过竞争性投标，中标承建一写字楼工程，合同中标价为980000美元。采用

FIDIC《施工合同条件》签订合同。在工程施工过程中,由于地基出现问题,而被迫修改设计,造成多项变更,并且修改的变更图总是延误,多次发生已施工完毕的部分又发生变更,被业主指令拆除。因此,承包商提出索赔。

二、问题

承包商提出索赔应该提供哪些证据?

三、案例评析

承包商应该提供的索赔证据有合同文本、地基出现问题时工程师签发的暂停记录、工程师签发的变更指令、承包商签收施工图和变更图的记录、拆除时的用工量记录、工地会议记录、机械进场记录和租赁费单据等。

索赔证据提供的目的有两个:一个是证明自己有权索赔,另一个就是证明自己的索赔合理。因此,在提供证据时,应当从这两个方面来进行考虑。

9.1.7　索赔费用的构成

索赔费用的构成和施工项目中标时的合同价的构成是一致的,索赔的款项必须是施工合同中已经包括了的内容,而索赔款是超出原来报价的增加部分。从原则上说,只要是承包商有索赔权的事项,导致了工程成本的增加,承包商都可以提出费用索赔,因为这些费用是承包商完成超出合同范围的工作而实际增加的开支。一般索赔费用中主要包括以下内容。

9.1.7.1　人工费

人工费是构成工程成本中直接费的主要项目之一,包括生产工人的基本工资、工资性质的津贴、辅助工资、劳保福利费、加班费、奖金等。索赔费用中的人工费,需考虑以下几个方面:

(1)完成合同计划以外的工作所花费的人工费用。

(2)由于非承包商责任的施工效率降低所增加的人工费用。

(3)超过法定工作时间的加班劳动费用。

(4)法定人工费的增长。

(5)由于非承包商的原因造成工期延误致使人员窝工增加的人工费等。

9.1.7.2　材料费

材料费在直接费中占有很大比重。由于索赔事项的影响,在某些情况下,会使材料费的支出超过原计划材料费支出。索赔的材料费主要包括以下内容:

(1)由于索赔事项材料实际用量超过计划用量而增加的材料费。

(2)对于可调价格合同,由于客观原因导致材料价格大幅度上涨。

(3)由于非承包商责任使工期延长导致材料价格上涨。

(4)由于非承包商原因致使材料运杂费、材料采购与保管费用的上涨等。

索赔的材料费中应包括材料原价、材料运输费、材料包装费、材料的运输损耗等。但由于承包商自身管理不善等原因造成材料损坏、失效等费用损失不能计入材料费索赔。

9.1.7.3　施工机械使用费

由于索赔事项的影响,使施工机械使用费的增加,主要体现在以下几个方面:

(1)由于完成工程师指示的,超出合同范围的工作所增加的施工机械使用费。

（2）由于非承包商的责任导致的施工效率降低而增加的施工机械使用费。

（3）由于业主或者工程师原因导致的机械停工的窝工费等。

9.1.7.4 管理费

（1）工地管理费

工地管理费的索赔是指承包商为完成索赔事项工作，业主指示的额外工作及合理的工期延长期间所发生的工地管理费用，包括工地管理人员的工资、办公费用、通信费、交通费等。

（2）总部管理费

索赔款中的总部管理费是指索赔事项引起的工程延误期间所增加的管理费用，一般包括总部管理人员的工资、办公费用、财务管理费、通信费等。

（3）其他直接费和间接费

国内工程一般按照相应费用定额计取其他直接费和间接费等项，索赔时可以按照合同约定的相应费率计取。

9.1.7.5 利润

承包商的利润是其正常合同报价中的一部分，也是承包商进行施工的根本目的。所以，当一个索赔事项发生的时候，承包商会相应地提出利润的索赔。但是对于不同性质的索赔，承包商可能得到的利润补偿是不一样的。一般由于业主方工作失误造成承包商的损失，可以索赔利润，而业主方也难以预见的事项造成的损失，承包商一般不能索赔利润。在 FIDIC《施工合同条件》中，对于以下几项索赔事项，明确规定了承包商可以得到相应的利润补偿：

（1）工程师或者业主提供的施工图或指示延误。

（2）业主未能及时提供施工现场。

（3）合同规定或工程师通知的原始基准点、基准线、基准标高错误。

（4）不可预见的自然条件。

（5）承包商服从工程师的指示进行试验（不包括竣工试验），或由于业主的原因对竣工试验的干扰。

（6）因业主违约，承包商暂停工作及终止合同。

（7）一部分应属于业主承担的风险等。

9.1.7.6 利息

在实际施工过程中，由于工程变更和工期延误会使承包商的投资增加，业主拖期支付工程款也会给承包商造成一定的经济损失，因此承包商会提出利息索赔。利息索赔一般包括以下几个方面：

（1）业主拖期支付工程进度款或索赔款的利息。

（2）由于工程变更和工期延长所增加投资的利息。

（3）业主错误扣款的利息。

无论是什么原因使业主错误扣款，由承包商提出反驳并被证明是合理的情况下，业主错误扣除的任何款项都应该归还，并应支付扣款期间的利息。

如果工程部分进行分包，分包商的索赔款同样也包括上述各项费用。当分包商提出索赔时，其索赔要求如数列入总包商的索赔要求中，一起向工程师提交。

9.1.7.7 在施工索赔中不允许索赔的几项费用

（1）承包商对索赔事项的发生原因负有全部责任的有关费用。

(2)承包商对索赔事项未采取减轻措施因而扩大的费用。

(3)承包商进行索赔工作的准备费用。

(4)索赔款在索赔处理期间的利息。

(5)工程有关的保险费用。

9.2　工　期　索　赔

工程工期是施工合同中的重要条款之一,涉及业主和承包商多方面的权利和义务关系。工程延期对合同双方一般都会造成损失,业主因为工程不能及时交付使用,就不能按照计划实现投资效果;承包商因为工程延期而增加工程成本,生产效率降低,企业信誉受到影响,最终还可能导致合同规定的误期而受到赔偿费处罚。因此,工程延期的后果是形式上的时间损失和实质上的经济损失,无论是业主还是承包商,都不愿意无缘无故地承担由工程延期给自己造成的经济损失。

工程工期是业主和承包商经常发生争议的问题之一,工期索赔在整个索赔中占据了很高的比例,也是承包商索赔的重要内容之一。

9.2.1　工期索赔的依据与合同规定

在工程实践中,承包商提出工期索赔的依据主要有:

(1)合同约定的工程总进度计划。

(2)合同双方共同认可的详细进度计划,如网络图、横道图等。

(3)合同双方共同认可的月、季、旬进度实施计划。

(4)合同双方共同认可的对工期的修改文件,如会谈纪要、来往信件、确认信等。

(5)施工日志、气象资料。

(6)业主或工程师的变更指令。

(7)影响工期的干扰事件。

(8)受干扰后的实际工程进度。

(9)其他有关工期的进度等。

此外,在合同双方签订的工程施工合同中有许多关于工期索赔的规定,FIDIC合同条件和我国建设工程施工合同条件中有关工期延误和索赔的规定,可以作为工期索赔的法律依据,在实际工作中可供参考。

9.2.2　工期索赔的计算

在工期索赔中,首先要确定索赔事件发生对施工活动的影响及引起的变化,然后再分析施工活动变化对总工期的影响。常用的计算索赔工期的方法有如下四种:

(1)网络分析法

网络分析法是通过分析索赔事件发生前后网络计划工期的差异,计算索赔工期的。这是一种合理的科学计算方法,适用于各类工期索赔。

(2)对比分析法

对比分析法比较简单,适用于索赔事件仅影响单位工程,或分部、分项工程的工期,需要由此计算对总工期的影响。计算公式为：

$$总工期索赔＝原合同总工期×（额外或新工程量价格/原合同总价）$$

 **应用案例**

　　某工程施工合同总价格为 1000 万元，总工期为 24 个月，现业主指令增加额外工程 90 万元。此时承包商可以提出的工期索赔是多少？

　　解析：工期索赔值＝原合同总工期×（额外或新工程量价格/原合同总价）
$$＝24×（90÷1000）$$
$$＝2.16 月$$

（3）劳动生产率降低计算法

　　在索赔事件干扰正常施工导致劳动生产率降低而使工期拖延时，可以按照下列公式进行计算：

$$索赔工期＝计划工期×[（预期劳动生产率－实际劳动生产率）/预期劳动生产率]$$

（4）简单累加法

　　在施工过程中，由于恶劣的气候、停电、停水及意外风险造成全面停工而导致工期拖延时，可以分别列出各种原因引起的停工天数，其累加结果即可作为索赔天数。应该注意的是，由多项索赔事件引起的总工期索赔，最好用网络分析法计算索赔工期。

9.3　反　索　赔

9.3.1　反索赔的内容

　　索赔管理的任务不仅在于对已产生的损失的追索，而且在于对将产生或可能产生的损失的防止。追索损失主要通过索赔手段进行，而防止损失主要通过反索赔进行。

　　在工程项目实施过程中，业主与承包商之间，总承包商和分包商之间，合伙人之间，承包商与材料和设备供应商之间都可能有双向的索赔和反索赔。例如，承包商向业主提出索赔，而业主反索赔；同时业主又可能向承包商提出索赔，而承包商必须反索赔。所以，在工程中索赔和反索赔的关系是很复杂的。

　　索赔和反索赔是进攻和防守的关系，在合同实施过程中承包商必须能攻善守、攻守结合。

　　在合同实施过程中，合同双方都在进行合同管理，都在寻找索赔机会，一经干扰事件发生，都在企图推卸自己的合同责任，并企图进行索赔。不能进行有效的反索赔，同样要蒙受损失，所以反索赔与索赔有同等重要的地位。反索赔的目的是防止损失的发生，包括如下两方面内容。

9.3.1.1　防止对方提出索赔

　　在合同实施中进行积极防御，使自己处于不被索赔的地位，这是合同管理的主要任务。积极防御通常表现如下：

　　（1）尽量防止自己违约，使自己完全按合同办事。通过加强施工管理，特别是合同管理，使对方找不到索赔的理由和根据。工程按合同顺利实施，没有损失发生，不需提出索赔，合同双方没有争执,达到最佳的合作效果。

(2)上述仅为一种理想状态,在合同实施过程中总是有干扰事件,许多干扰是承包商不能影响和控制的。一经干扰事件发生,就应着手研究,收集证据,一方面做索赔处理,另一方面又准备反击对方的索赔。这两者都不可缺少。

(3)在实际工程中,干扰事件常常是双方都有责任,许多承包商采取先发制人的策略,首先提出索赔,好处如下:

①尽早提出索赔,防止超过索赔有效期限制而失去索赔机会。

②争取索赔中的有利地位,因为对方要花许多时间和精力分析研究,以反驳本方的索赔报告。这样打乱了对方的步骤,争取了主动权。

③为最终的索赔解决留下余地。通常索赔解决中双方都必须做让步,而首先提出索赔,且索赔额比较高的一方更有利。

9.3.1.2　反击对方的索赔要求

为了避免和减少损失,必须反击对方的索赔要求。对承包商来说,这个索赔要求可能来自业主、总(分)包商、合伙人、供应商等。

最常见的反击对方索赔要求的措施有:

(1)用本方提出的索赔要求对抗对方的索赔要求,最终是双方做让步,互不支付。在工程实施过程中干扰事件的责任常常是双方面的,对方也有失误和违约的行为,也有薄弱环节,因此要抓住对方的失误,提出索赔,以保证在最终索赔解决中双方都能做出让步。这就是以"攻"对"攻",用索赔对索赔,是一种常用的反索赔手段。

在国际工程中,业主常常用这个措施对待承包商的索赔要求,如找出工程中的质量问题及承包商管理不善之处加重处罚,以对抗承包商的索赔要求,达到少支付或不支付的目的。

(2)反驳对方的索赔报告,找出理由和证据,证明对方的索赔报告不符合事实情况,不符合合同规定,没有根据,计算不准确,以推卸或减轻自己的赔偿责任,使自己不受或少受损失。

在实际工程中,这两种措施都很重要,常常同时使用,索赔和反索赔同时进行,即索赔报告中既有索赔,也有反索赔;反索赔报告中既有反索赔,也有索赔。攻守手段并用会达到很好的索赔效果。

9.3.2　反索赔的主要步骤

在接到对方索赔报告后,应着手分析报告、反驳对方。反索赔与索赔有相似的处理过程。通常对对方提出重大索赔的反驳处理过程,应该按照下面几个方面进行:

9.3.2.1　合同的总体分析

反索赔同样是以合同作为反驳的理由和根据。分析合同的目的是分析、评价对方索赔要求的理由和依据。在合同中找出对对方不利、对本方有利的合同条文,以构成对对方索赔要求否定的理由。合同总体分析的重点是,与对方索赔报告中提出的问题有关的合同条款,通常有:合同的法律基础及其特点;合同的组成及合同变更情况;合同规定的工程范围和承包商责任,工程变更的补偿条件、范围和方法;对方的合作责任;合同价格的调整条件、范围、方法及对方应承担的风险;工期调整条件、范围和方法;违约责任;争执的解决方法等。

9.3.2.2　事态调查

反索赔仍然基于事实基础之上,以事实为根据。这个事实必须有本方对合同实施过程跟踪和监督的结果,即各种实际工程资料作为证据,用以对照索赔报告中所描述的事情经过和所附证据。通过调查可以确定干扰事件的起因、事件经过、持续时间、影响范围等真实的详细的情况。在此应收集整理所有与反索赔相关的工程资料。

9.3.2.3 三种状态分析

在事态调查的基础上,可以做如下分析工作。

(1)合同状态的分析。即不考虑任何干扰事件的影响,仅对合同签订时的情况和依据进行分析,包括合同条件、当时的工程环境、实施方案、合同报价水平。这是对方索赔和索赔值计算的依据。

(2)可能状态的分析。在任何工程中,干扰事件是不可避免的,所以合同状态很难保持。为了分析干扰事件对施工过程的影响并分清双方责任,必须在合同状态分析的基础上分析对方有理由提出索赔的干扰事件。这里的干扰事件必须符合两个条件:

①非对方责任引起的。

②不在合同规定对方应承担的风险范围内,符合合同规定的索赔补偿条件。引用上述合同状态分析过程和方法再一次进行分析。

(3)实际状态的分析。即对实际的合同实施状况进行分析。按照实际工程量、生产效率、劳动力安排、价格水平、施工方案等,确定实际的工期和费用支出。

通过上述分析可以全面地评价合同及合同实施状况,评价双方合同责任的完成情况;对对方有理由提出索赔的部分进行总概括;分析出对方有理由提出索赔的干扰事件有哪些及索赔的大约值或最高值;对对方的失误和风险范围进行具体指认,以此作为谈判中的攻击点;针对对方的失误做进一步分析,以准备向对方提出索赔。这就是在反索赔中同时使用索赔手段。国外的承包商和业主在进行反索赔时,特别注意寻找向对方索赔的机会。

9.3.2.4 对索赔报告进行全面分析,对索赔要求、索赔理由进行逐条分析评价

分析评价索赔报告,可以通过索赔分析评价表进行。其中,分别列出对方索赔报告中的干扰事件、索赔理由、索赔要求,提出本方的反驳理由、证据、处理意见或对策等。

9.3.2.5 起草并向对方递交反索赔报告

反索赔报告也是正规的法律文件。在调解或仲裁中,对方的索赔报告和本方的反索赔报告应一起递交给调解人或仲裁人。反索赔报告的基本要求与索赔报告相似。通常反索赔报告的主要内容有以下几项:

(1)合同总体分析结果简述。

(2)合同实施情况简述和评价。这里重点针对对方索赔报告中的问题和干扰事件,叙述事实情况。应包括前述三种状态的分析结果,对双方合同责任完成情况和工程施工情况做评价。重点应放在本方对对方索赔报告中提出的干扰事件的合同责任。

(3)反驳对方的索赔要求。按具体的干扰事件,逐条反驳对方的索赔要求,详细分析本方的反索赔理由和证据,全部或部分地否定对方的索赔要求。

(4)提出索赔。对经合同分析和三种状态分析得出的对方违约责任,提出本方的索赔要求。对此,有不同的处理方法。通常,可以在本反索赔报告中提出索赔,也可另外出具本方的索赔报告。

(5)总结。反索赔的全面总结通常包括如下内容:

①对合同总体分析做简要概括。

②对合同实施情况做简要概括。

③对对方索赔报告做总评价。

④对本方提出的索赔做概括。

⑤双方要求的比较,即索赔和反索赔最终分析结果比较。

⑥提出解决意见。

(6)附各种证据。即本反索赔报告中所述的事件经过、理由、计算基础、计算过程和计算结果等的证明材料。

9.3.3　反驳索赔报告

9.3.3.1　索赔报告中常见的问题

反驳索赔报告,即找出索赔报告中的漏洞和薄弱环节,以全部或部分地否定索赔要求。任何一份索赔报告,即使是索赔专家做出的,仍然会有漏洞和薄弱环节,问题在于能否找到。这完全在于双方的管理水平、索赔经验及能力的权衡和较量。

对对方(业主、总包或分包等)提出的索赔必须进行反驳,不能直接地、全盘地认可。通常在索赔报告中有如下问题存在:

(1)对合同理解的错误。对方从自己的利益和观点出发解释合同,对合同解释有片面性,致使索赔理由不足。

(2)对方有推卸责任、转嫁风险的企图。在国际工程中,甚至有无中生有或恶人先告状的现象,索赔根据不足。

(3)索赔报告中所述干扰事件证据不足或没有证据。

(4)索赔值的计算多估冒算,漫天要价,将对方自己应承担的风险和失误也都纳入其中。

9.3.3.2　索赔报告的反驳内容

对索赔报告的反驳通常可以从如下几方面着手。

(1)索赔事件的真实性。不真实、不肯定、没有根据或仅出于猜测的事件是不能提出索赔的。事件的真实性可以从两个方面证实:

①对方索赔报告后面的证据。不管事实怎样,只要对方索赔报告后未提出事件经过的得力的证据,本方即可要求对方补充证据,或否定索赔要求。

②本方合同跟踪的结果。从中寻找对对方不利的、构成否定对方索赔要求的证据。

从这两个方面的对比,即可得到索赔事件的实情。

(2)干扰事件责任分析。干扰事件和损失是存在的,但责任不在本方。通常有:

①责任在于索赔者自己,由于其疏忽大意、管理不善造成损失,或在干扰事件发生后未采取得力有效的措施降低损失等,或未遵守工程师的指令、通知等。

②干扰事件是其他方引起的,不应由本方赔偿。

③合同双方都有责任,应按各自的责任分担损失。

(3)索赔理由分析。反索赔和索赔一样,要能找到对本方有利的法律条文,推卸本方的合同责任;或找到对对方不利的法律条文,使对方不能推卸或不能完全推卸自己的合同责任。这样可以从根本上否定对方的索赔要求。例如,对方未能在合同规定的索赔有效期内提出索赔,故该索赔无效;该干扰事件(如工程量扩大、通货膨胀、外汇汇率变化等)在合同规定的对方应承担的风险范围内,不能提出索赔要求,或应从索赔中扣除这部分;索赔要求不在合同规定的赔(补)偿范围内,如合同未明确规定,或未具体规定补偿条件、范围、补偿方法等;虽然干扰事件为本方责任,但按合同规定本方没有赔偿责任。

(4)干扰事件的影响分析。分析干扰事件的影响,可通过网络计划分析和施工状态分析得到其影响范围。如在某工程中,总承包商负责的某种装饰材料未能及时运达工地,使分包商装饰工程受到干扰而拖延,但拖延天数在该工程活动的时差范围内,不影响工期。且总承包商已事先通知分包商,而施工计划又允许人力调整,则不能对工期和劳动力损失索赔。又如业主拖延交付图样造成工程延期。但在此期间,承包商未能按合同规定日期安排劳动力和管理人员进厂,则工期可以顺延,但工期延长对费用的影响很小。

(5)证据分析。证据不足、证据不当或仅有片面的证据,索赔是不成立的。证据不足,即证据还不足以证明干扰事件的真相、全过程或证明事件的影响,则需要重新补充。证据不当,即证据与本索赔事件无关或关系不大。证据的法律证明效力不足。

(6)索赔值的审核。如果经过上面的各种分析、评价,仍不能从根本上否定该索赔要求,则必须对最终认可的合情合理的索赔要求进行认真细致的索赔值的审核。因为索赔值的审核工作量大,涉及资料多,过程复杂,要花费许多时间和精力,这里有许多技术性工作。

实质上,经过本方三种状态的分析,已经很清楚地得到对方有理由提出的索赔值,按干扰事件和各费用项目整理,即可对对方的索赔值计算进行对比、审查与分析。双方不一致的地方也将一目了然。对比分析的重点如下:

①各数据的准确性。对索赔报告中所涉及的各个计算基础数据都必须审查、核对,以找出其中的错误和不恰当的地方。例如,工程量增加或附加工程的实际量结果;工地上劳动力、管理人员、材料、机械设备的实际使用量;支出凭据上的各种费用支出;各个项目的"计划和实际"量差分析;索赔报告中所引用的单价、各种价格指数等。

②计算方法的选用是否合情合理。尽管通常都用分项法计算,但不同的计算方法对计算结果影响很大。在实际工程中,这种争执常常很多,对于重大的索赔,须经过双方协商谈判才能使计算方法达到一致。

综合案例

一、案例概况

某高层酒店工程,计划开工日期为20××年6月5日,竣工日期为20××年10月20日,合同内约定按月进度支付工程款,在统计报告递交后14 d内甲方审定并支付工程进度款的90%。工程按期开工,工程进展顺利,在工程进行到主体结构施工时,出现了下述问题:

事件1.二层结构部分完成时,承包人按合同约定,及时向甲方提交了已完工作量统计报告,但是甲方未按合同约定的付款方式和期限支付工程进度款,乙方在此情况下开始停工,直到甲方支付工程进度款和违约赔偿金后乙方才开始复工,工期耽误了180 d。

事件2.甲方按合同约定支付了工程进度款,乙方按正常管理方式恢复施工。在工程施工到12层时,发生了不幸的事故,某一脚手架工人在施工时因未按规定使用安全设施,不慎从脚手架上坠落,造成死亡,施工单位及时向甲方和国家安全生产管理部门通报,因此工期耽误了20 d。

二、问题

（1）事件 1 中承包商是否可以向甲方提出工人窝工索赔和施工单位在停工期间保护管理施工现场所发生的费用索赔？

（2）事件 2 中承包商是否可以向甲方提出工期索赔？为什么？

（3）如果本工程合同工期为 300 d，甲方批准工期可以延长 180 d，本工程实际完工工期为多少天？因事件 2 造成工期延长 20 d，甲方是否可以向承包商提出因工期延长 20 d 所增加发生的现场管理费的索赔要求？

三、案例评析

（1）可以提出索赔。业主未能按合同约定如期支付工程款，应对停工承担责任，故应当赔偿承包商停工期间发生的实际经济损失和保护施工现场所发生的费用。

（2）不可以提出工期索赔。事件 2 的发生是由于承包商自身管理不善造成的，不属于业主应承担的责任范围。

（3）本工程实际完工工期为 500 d（300＋180＋20）。由于承包商自身原因使工期延误 20 d，根据索赔及反索赔的成立条件，甲方可以向承包商提出因工期延长所增加的甲方现场管理费的索赔要求。

【学生笔记】

1. 简述施工索赔的概念、特点和发生施工索赔的原因。
2. 简述施工索赔的分类，影响施工索赔成败的因素。
3. 简述施工索赔的处理过程。
4. 如何编写索赔报告？
5. 工期索赔的必要条件有哪些？如何计算？
6. 人工费索赔和机械费索赔有何共同之处？
7. 材料费索赔主要考虑哪些因素？如何计算？
8. 现场管理费及总部管理费的索赔值如何计算？
9. 工程师的索赔管理工作有哪些？
10. 承包商怎样做好索赔管理工作？

【课后题库】

模块 9
课后题库练
习题及答案

参 考 文 献

[1] 刘长春,张嘉强,丛林.中华人民共和国招标投标法释义[M].北京:中国法制出版社,1999.

[2] 王利明,房绍坤,王轶.合同法[M].北京:中国人民大学出版社,2002.

[3] 李启明,朱树英,黄文杰.工程建设合同与索赔管理[M].北京:科学出版社,2001.

[4] 中国建设监理协会.建设工程合同管理[M].北京:知识产权出版社,2003.

[5] 成虎.建设工程合同管理与索赔[M].3版.南京:东南大学出版社,2000.

[6] 王俊安.招标投标案例分析[M].北京:中国建材工业出版社,2005.

[7] 陈贵民.建设工程施工索赔与案例评析[M].北京:中国环境科学出版社,2005.

[8] 王平,李克坚.招投标·合同管理·索赔[M].北京:中国电力出版社,2006.

[9] 丛培经.工程项目管理[M].5版.北京:中国建筑工业出版社,2017.

[10] 监理工程师执业资格考试命题研究中心.建设工程合同管理[M].3版.武汉:华中科技大学出版社,2015.

[11] 林密.工程项目招投标与合同管理:土建类专业适用[M].3版.北京:中国建筑工业出版社,2013.

[12] 刘力,钱雅丽.建设工程合同管理与索赔[M].2版.北京:机械工业出版社,2007.

[13] 全国监理工程师执业资格考试试题分析小组.建设工程合同管理[M].北京:机械工业出版社,2013.

[14] 全国招标师职业水平考试辅导教材指导委员会.招标采购案例分析[M].北京:中国计划出版社,2009.

[15] 全国招标师职业水平考试辅导教材指导委员会.招标采购法律法规与政策[M].北京:中国计划出版社,2012.

[16] 张正勤.《建设工程施工合同(示范文本)》新旧对照·解读·应用[M].北京:中国建材工业出版社,2014.